JÖRG ALBERTZ
GRUNDLAGEN DER INTERPRETATION
VON LUFT- UND SATELLITENBILDERN

JÖRG ALBERTZ

# GRUNDLAGEN DER INTERPRETATION VON LUFT- UND SATELLITENBILDERN

## EINE EINFÜHRUNG IN DIE FERNERKUNDUNG

WISSENSCHAFTLICHE BUCHGESELLSCHAFT
DARMSTADT

Einbandgestaltung: Studio Franz & McBeath, Stuttgart.

Einbandbild: Mündung der Tiroler Ache in den Chiemsee (1:5000),
aufgenommen am 3. Oktober 1986 auf Kodak Aerochrome Infrared 2443.
Das Bild wurde freundlicherweise von der Firma Photogrammetrie GmbH, München,
für den Druck zur Verfügung gestellt.

Die Deutsche Bibliothek – CIP-Einheitsaufnahme

**Albertz, Jörg:**
Grundlagen der Interpretation von Luft- und
Satellitenbildern: eine Einführung in die
Fernerkundung / Jörg Albertz. – Darmstadt:
Wiss. Buchges., 1991
ISBN 3-534-07838-1

Bestellnummer 07838-1

© 1991 by Wissenschaftliche Buchgesellschaft, Darmstadt
Gedruckt auf säurefreiem und alterungsbeständigem Bilderdruckpapier
Druck und Einband: Wissenschaftliche Buchgesellschaft, Darmstadt
Printed in Germany

ISBN 3-534-07838-1

Herrn em. o. Professor
Dr.-Ing. habil. RUDOLF BURKHARDT
gewidmet
anläßlich seines 80.Geburtstages und
seines Goldenen Doktor-Jubiläums
im Februar 1991

# INHALT

VIII

# VORWORT

»So wie ich es sehe, ist das Luftbild ein einzigartiges Vehikel für
Staunen, Zorn, Freude, Ärger – kühl läßt es nie. Für den Augenmenschen ist es Nachhilfeunterricht, eine ungewohnte Schule des
Sehens; dem besorgten Zeitgenossen hält es einen Spiegel vor, in
dem er sich selber als umweltbezogenem Wesen begegnet.«

GEORG GERSTER

»Augenmenschen« sind wir alle: die Mehrzahl der Informationen aus der
Umwelt erhalten wir durch unsere Augen. Von jüngster Kindheit an lernen
wir, die optischen Reize, die wir über die Augennetzhaut empfangen, zu verarbeiten und zu interpretieren. Von der Erfahrung, die wir damit haben,
machen wir – im allgemeinen unbewußt – Gebrauch, wenn wir nicht die Welt
als solche, sondern Bilder von ihr betrachten. Luft- und Satellitenbilder ermöglichen uns sonst ungewohnte Ausblicke auf unsere Welt und vermitteln
uns Einsichten, die je nachdem zu Staunen, Zorn, Freude oder Ärger führen
können.

Doch erst die systematische Auswertung von Luft- und Satellitenbildern
vermag das verfügbare Informationspotential voll zu erschließen und praktisch nutzbar zu machen. Dies setzt freilich eine gewisse Kenntnis darüber
voraus, wie solche Bilder entstehen, welche Eigenschaften sie aufweisen und
mit welchen Hilfsmitteln und Methoden die enthaltenen Informationen für
verschiedene Anwendungen ausgewertet werden können.

Die Wissenschaftliche Buchgesellschaft hat deshalb seit langem eine Einführung in die Interpretation von Luft- und Satellitenbildern angekündigt.
Diese soll nicht mit den umfangreichen Lehr- und Handbüchern konkurrieren, die – vor allem in englischer Sprache – in großer Zahl vorliegen.
Vielmehr soll demjenigen, der bisher noch nicht auf diesem Gebiet gearbeitet
hat, eine Übersicht über die Grundlagen und Methoden geboten werden.

Es liegt auf der Hand, daß es sich in dem gegebenen Rahmen nur um eine
sehr kompakte Darstellung handeln kann. Wenn man bedenkt, daß Lehrbücher für einzelne Disziplinen (z.B. Fernerkundung in der Geologie) oder
einzelne Methoden (z.B. Radar-Fernerkundung) meist sehr viel umfang-
reicher sind, wird deutlich, in welchem Maße hier Beschränkung erforderlich
ist. Insbesondere kann die breite Vielfalt der Anwendungsmöglichkeiten hier
nur pauschal angedeutet und exemplarisch veranschaulicht werden. Im übrigen müssen Hinweise auf weiterführende Literatur genügen.

X

Das Buch behandelt die bildhafte Erfassung der Landoberfläche. Für die Beobachtung der Meeresoberfläche und der Atmosphäre wurden besondere Aufnahme- und Auswertetechniken entwickelt, die nicht Gegenstand dieser kurzen Darstellung sein können.

Es wurde versucht, die Verfahren nach ihrer gegenwärtigen oder künftig zu erwartenden Bedeutung zu gewichten. Deshalb werden veraltete oder seltene Methoden nicht berücksichtigt oder nur kurz erwähnt. Ihrer großen praktischen Bedeutung wegen stehen aber zwei Bereiche im Vordergrund, nämlich die Datenaufnahme durch Photographie und die Datenauswertung durch visuelle Bildinterpretation.

Um den Zugang zur Thematik möglichst leicht zu machen, wurde auf spezielle Vorkenntnisse (z.B. in Mathematik oder Physik) weitgehend verzichtet. Auch ist dem interessierten Leser sicher wenig geholfen, wenn er auf schwer erreichbare Spezialliteratur verwiesen wird. Deshalb wurden bei der Auswahl der Literatur vor allem Lehrbücher und Zeitschriften in deutscher und englischer Sprache bevorzugt, von denen anzunehmen ist, daß sie leicht zugänglich sind.

Bei der Vorbereitung des Manuskriptes, der Gestaltung der Zeichnungen sowie der Auswahl und Aufbereitung der Bilder habe ich von vielen Seiten Unterstützung erfahren. Dafür danke ich allen, die auf ihre Weise zur Entstehung des Bandes beigetragen haben. Dies schließt auch alle Personen, Firmen und Institutionen ein, die mir Bilder zur Verfügung gestellt oder die Genehmigung zum Abdruck von Bildern erteilt haben.

Nicht zuletzt danke ich den Mitarbeitern des Verlags Wissenschaftliche Buchgesellschaft für ihre Geduld und ihre Bereitwilligkeit, meinen Wünschen hinsichtlich Gestaltung und Ausstattung des Buches entgegenzukommen.

Wir müssen mehr über die Welt und ihre Veränderungen wissen, wenn wir die Herausforderungen unserer Zeit bestehen und zu einem weiseren Umgang mit den uns anvertrauten Ressourcen finden wollen. Luft- und Satellitenbilder sind dazu reichhaltige Informationsquellen. Möge das Buch dazu beitragen, daß sie künftig intensiver genutzt werden.

Berlin, im Februar 1991                                        JÖRG ALBERTZ

# 1. EINFÜHRUNG

## 1.1 Was ist Fernerkundung?

Die menschliche Umwelt verändert sich ständig. Das Fließen des Wassers, das Wettergeschehen oder der jahreszeitliche Wechsel der Vegetation sind Beispiele für naturgegebene Veränderungen. Diese werden bekanntlich überlagert von der Vielfalt menschlicher Aktivitäten, die die Landoberfläche, die Wasserflächen und die Atmosphäre beeinflussen. Mehr denn je ist es heute erforderlich, die natürlichen Prozesse besser zu verstehen, die menschlichen Aktivitäten sorgfältig zu planen, ihre Auswirkungen zu kontrollieren, also die sich im komplexen Gefüge von Mensch und Naturhaushalt vollziehenden Veränderungen zu beobachten. Dies alles erfordert Informationen über den Zustand der Umwelt und über die Veränderungen dieses Zustandes. Wodurch können wir diese Informationen erhalten?

Soweit es sich um Informationen handelt, die den physikalischen Zustand der Umwelt beschreiben, können diese im Prinzip auf drei verschiedene Arten gewonnen werden, nämlich

- durch *direkte Messung*: das Meßgerät befindet sich dabei am Ort der Messung (Beispiel: Messung der Temperatur mit dem Thermometer);
- durch *Fernmessung*: dabei befindet sich das Meßgerät zwar am Ort der Messung, das Ergebnis wird aber entfernt davon z.b. über Funksignale angezeigt (Beispiel: meteorologische Temperaturmessung in der Atmosphäre durch Radiosonden);
- durch *Fernerkundung*: das Meßgerät befindet sich in einiger Entfernung vom Ort der Messung; die zu messende Größe wird aus der vom Meßobjekt reflektierten oder emittierten elektromagnetischen Strahlung abgeleitet (Beispiel: Messung der Wassertemperatur vom Flugzeug aus mit einem Thermal-Scanner).

Fernerkundung ist also ein indirektes Beobachtungsverfahren. Sie vermittelt uns Informationen über Gegenstände, ohne daß diese unmittelbar berührt werden müßten. Es ist freilich zweckmäßig und auch allgemein üblich, diese sehr allgemeine Definition zu präzisieren und unter *Fernerkundung* nur jene Verfahren zu verstehen, welche

1. zur Gewinnung von Informationen die elektromagnetische Strahlung benutzen, die von einem beobachteten Objekt abgestrahlt wird,
2. die Empfangseinrichtungen für diese Strahlung in Luftfahrzeugen (in der Regel Flugzeugen) oder Raumfahrzeugen (meist Satelliten) mitführen und

3. zur Beobachtung der Erdoberfläche mit allen darauf befindlichen Objekten, der Meeresoberfläche oder der Atmosphäre dienen.

Demnach gehören beispielsweise Nachrichtensendungen des Fernsehens ebensowenig zur Fernerkundung wie zahlreiche Beobachtungs- und Meß-verfahren der Geophysik oder der Astronomie.

Unter den Verfahren der Fernerkundung sind jene besonders wichtig und am weitesten verbreitet, die zu einer bildhaften Wiedergabe der Erdoberfläche führen. Diese *abbildenden Fernerkundungssysteme* sind Gegenstand der folgenden Darstellung. Andere Systeme, mit denen z.B. Bestandteile der Atmosphäre erfaßt werden, kommen vor allem in der Meteorologie und Ozeanographie vor. Sie werden im folgenden nicht weiter berücksichtigt.

Jedes abbildende Fernerkundungssystem besteht aus drei Teilen (Abb.1), nämlich
- der Daten-Aufnahme,
- der Daten-Speicherung und
- der Daten-Auswertung.

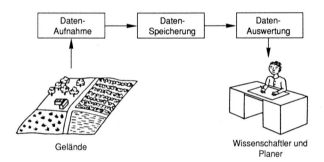

Abb. 1: Schema eines Fernerkundungssystems

Während der Daten-Aufnahme wird die von den Gegenständen der Erd-oberfläche ausgehende elektromagnetische Strahlung durch einen *Sensor* empfangen und in Bilddaten umgesetzt. Zugleich werden diese Daten gespeichert, so daß direkt oder indirekt *Luftbilder* oder *Satellitenbilder* ent-stehen, die zu einem späteren Zeitpunkt ausgewertet werden können. Dies alles setzt voraus, daß die empfangene elektromagnetische Strahlung von den Objekten an der Erdoberfläche in charakteristischer Weise beeinflußt wird, da sonst keine Objektinformationen daraus abgeleitet werden könnten.

Als *Luftbilder* bezeichnet man in erster Linie photographische Bilder eines Teils der Erdoberfläche, die von Luftfahrzeugen – in aller Regel von Flug-zeugen – aus aufgenommen werden. Die Ergebnisse anderer Aufnahmever-fahren werden aber vielfach auch Luftbild genannt. So spricht man oft von Thermal-Luftbildern, wenn eine bildhafte Wiedergabe der Erdoberfläche im thermalen Stahlungsbereich vom Flugzeug aus gewonnen wird. *Satelliten-bilder* nennen wir Bilder der Erdoberfläche, die von bemannten oder unbemannten Satelliten aus gewonnen werden. Dabei wird kein Unterschied gemacht, ob es sich um photographische Aufnahmen handelt oder um die Ergebnisse von anderen Aufnahmetechniken der Fernerkundung, soweit diese zu einer bildhaften Darstellung der Erdoberfläche führen. In derartigen Bildern ist eine Fülle von Informationen über das abgebildete Gelände gespeichert, die für viele Bereiche der Wissenschaft und Technik von großem Wert sind. Die Verfahren, die eingesetzt werden, um dieses Informationspotential nutzbar zu machen, werden allgemein unter dem Begriff *Auswertung* zusammengefaßt. Man unterscheidet dabei die vorwiegend geometrisch orientierte *Photogrammetrie, d.h. die Ausmessung der Bilder*, die z.B. in großem Umfang zur Herstellung topographischer Karten eingesetzt wird, und die vorwiegend inhaltlich orientierte *Interpretation*, die sich mit den Eigenschaften der Erdoberfläche und den darauf befindlichen Objekten befaßt und für die Geowissenschaften im weitesten Sinne, für Planung, Umweltüberwachung u.ä., von großer Bedeutung ist.

Eine strenge Trennung zwischen Messung und Interpretation ist jedoch nicht möglich. In der Photogrammetrie müssen meist abgebildete Objekte, die z.B. topographisch wichtig sind, erkannt – also interpretiert – werden. Andererseits werden in der Interpretation häufig Messungen benötigt, z.B. Baumkronendurchmesser, Böschungshöhen, Längen von Wasserläufen u.ä. Darüber hinaus versucht man jedoch bei der Interpretation von Bildern, aus erkennbaren Einzelheiten Rückschlüsse auf nicht direkt Erkennbares zu ziehen, z.B. aufgrund der Vegetation auf Bodeneigenschaften zu schließen.

Die erfolgreiche Interpretation von Luft- und Satellitenbildern setzt voraus, daß der Bearbeiter die notwendigen Sachkenntnisse hinsichtlich des Gegenstandes der Interpretation mitbringt. Dies kann die Anwendungsdisziplin betreffen (z.B. forstwissenschaftliche Kenntnisse für die forstliche Luftbildinterpretation) oder auch die Region (z.B. landeskundliche Kenntnisse zur Interpretation von Bildern aus einem Entwicklungsland). Darüber hinaus sind Kenntnisse über die Entstehung der Bilder und ihre Eigenschaften erforderlich, um die durch die Interpretation gegebenen Möglichkeiten der Informationsgewinnung voll ausschöpfen zu können und Fehlinterpretationen nach Möglichkeit zu vermeiden.

## 1.2 Historische Hinweise

Die Beobachtung der Erdoberfläche aus der Luft hat bereits vor der Erfindung der Photographie die Ballonfahrer fasziniert (BLACHUT 1988). Die ersten photographischen Bilder vom Ballon aus gelangen G.TOURNACHON, genannt NADAR, über Paris im Jahre 1858. Auch in den folgenden Jahren fehlte es nicht an Versuchen, Luftbilder aufzunehmen, vielfach mit Hilfe von Ballons, manchmal aber auch mittels Drachen, Brieftauben oder mit Hilfe kleiner Raketen. Auch erste Versuche, die heute als frühe Vorläufer der

Abb. 2: Die Stadt Berlin in verschiedenen Bildmaßstäben
Links oben: Detail aus dem Zoologischen Garten (Giraffenhaus) im Maßstab 1:1.000. Links
unten: Gedächtniskirche und Zoologischer Garten im Maßstab 1:10.000. Luftbilder vom
25.4.1989. (Photos: HANSA LUFTBILD GmbH, Münster)

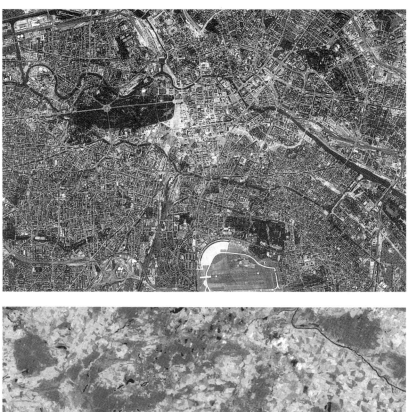

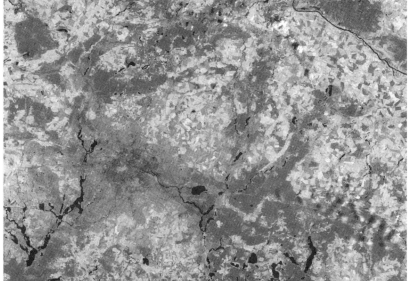

Rechts oben: Die Berliner Innenstadt im Maßstab 1:100.000. (Satellitenbild, aufgenommen durch SPOT am 25.8.1990). Rechts unten: Berlin und sein nordöstliches Umland im Maßstab 1:1.000.000. (Satellitenbild, aufgenommen durch Thematic Mapper am 27.5.1980)

Fernerkundung gesehen werden müssen, wurden unternommen, beispielsweise die erste bekannte forstliche Luftbildaufnahme im Jahre 1887 in Pom-
mern (HILDEBRANDT 1987). Aber weder die Phototechnik noch die Flug-
technik jener Zeit reichten für praktische Anwendungen aus.
Dies änderte sich erst Anfang des 20.Jahrhunderts mit der Entwicklung
der Flugzeuge, von denen aus zunächst überwiegend Schrägbilder aufgenommen wurden. Während des 1.Weltkrieges wurden die Aufnahmegeräte
wesentlich verbessert, und durch den Kinopionier OSKAR MESSTER wurde
die systematische Reihenaufnahme eingeführt. Die dabei gewonnenen Erfahrungen führten ab 1920 zu einer raschen Verbreitung des Luftbildwesens,
insbesondere für forstliche, archäologische und geographische Zwecke.
Wenig später wurden großräumige Erkundungen mit Hilfe von Luftbildern
durchgeführt (z.B. in Indonesien, in der Antarktis und in Grönland). Die
Luftbildmessung wurde zum Standardverfahren für die Topographische Kartierung. Zugleich wurde die Anwendung des Luftbildes in der geographischen Forschung systematisch untersucht und 1939 in einer grundlegenden
Arbeit von CARL TROLL dargestellt (TROLL 1939).
Die Jahre des 2.Weltkrieges waren durch intensiven militärischen Einsatz
von Luftbildern und durch die Herstellung von großen Luftbildplanwerken
gekennzeichnet. Zugleich führten sie zur ersten Verwendung von Farbfilmen
bei der Luftbildaufnahme, und fast gleichzeitig wurden erste Infrarot- und
Farbinfrarotfilme für militärische Zwecke getestet.
Danach entwickelte sich die *Luftbildinterpretation* zu einer selbständigen
Disziplin mit dem Schwerpunkt in den USA. Grundlegende Versuche zur
Verwendung von Farbinfrarotfilmen in der vegetationskundlichen Forschung
wurden um 1956 von R.N.COLWELL eingeleitet. Wenig später erlangten
neben der Photographie auch andere Aufnahme- und Auswertetechniken Bedeutung, insbesondere *Abtast-Systeme* (Scanner) und *Radar-Systeme*. Es ent-
stand die *Fernerkundung* (engl. *Remote Sensing*) als eine übergeordnete Disziplin, die die bisherige Luftbildinterpretation einschließt.
Eine neue Dimension zur Erfassung und Erforschung der Erdoberfläche
wurde etwa ab 1965 mit den photographischen Aufnahmen aus den amerikanischen Gemini- und Apollo-Raumkapseln erschlossen. Die Geowissenschaften konnten mehr Gewinn aus diesen kleinmaßstäbigen Übersichtsbildern
ziehen als zunächst erwartet worden war, und man sprach sogar von einer
»*Dritten Entdeckung der Erde*« (BODECHTEL & GIERLOFF-EMDEN 1974).
Diese Formulierung ist sicher nicht übertrieben, wenn man an die im Juli
1972 eingeleitete Entwicklung denkt. Mit dem Start des ersten amerikanischen LANDSAT-Satelliten (damals noch unter der Bezeichnung ERTS)
wurden systematisch und regelmäßig aufgenommene Bilder der Erdoberfläche verfügbar, die besonders für alle großflächig arbeitenden Geowissenschaften (im weitesten Sinne) bald unentbehrlich wurden. Durch die laufenden technischen Verbesserungen und die Verfeinerung der verfügbaren
Daten hat sich diese Entwicklung kontinuierlich fortgesetzt. So können seit

1986 mit dem französischen SPOT-Satelliten Bilddaten aufgenommen werden, die den Beginn einer neuer Ära für die topographische Kartierung kennzeichnen dürften. Andere Aufnahmesysteme dienen der erdumspannenden Bildaufnahme für meteorologische Zwecke oder werden in absehbarer Zeit durch Anwendung der Radartechnik Bildinformationen unabhängig von Tageslicht und Wolkenbedeckung bieten.

Parallel mit dieser Entwicklung der Satelliten-Aufnahmetechnik sind auch zur Beobachtung der Erdoberfläche von Flugzeugen aus neue Aufnahme-Systeme verfügbar geworden. Deshalb stehen heute Bilddaten in einem sehr breiten Maßstabsbereich (vom sehr niedrig fliegenden Kleinflugzeug bis zum geostätionären Satelliten in 36.000 km Höhe) und in einem sehr großen Wellenlängenbereich (vom sichtbaren Licht über die Thermalstrahlung bis zu den Mikrowellen) zur Verfügung.

Die große Spannweite der aufnahmetechnisch gegebenen Möglichkeiten können einige Bildbeispiele veranschaulichen. Die Abb. 2 zeigt in einer Serie die Stadt Berlin in ganz unterschiedlichen Bildmaßstäben: Im sehr großen Maßstab 1:1.000 wird eine Fülle von Einzelheiten an Gebäuden, Bäumen, Fußwegen usw. sichtbar. Das andere Extrem ist der sehr kleine Bildmaßstab 1:1.000.000, der die landschaftliche Gliederung des Berliner Umlandes (im Nordosten bis zur Oder) überschaubar wiedergibt.

Die Abb. 3 soll die Verschiedenheit der Informationen verdeutlichen, die durch die Fernerkundung in den einzelnen Spektralbereichen vermittelt werden. Der uns vertrauten Wiedergabe einer von der Sonne beleuchteten Landschaft im photographischen Bild steht einerseits die bildhafte Erfassung der Oberflächentemperaturen gegenüber, andererseits die nach wiederum anderen physikalischen Zusammenhängen entstehende Radarabbildung. Jeder Spektralbereich vermittelt andere Informationen.

Auch die Methoden zur Nutzung dieses ungeheuer vielfältigen Informationspotentials haben sich weiterentwickelt; sie machen heute in großem Umfang von den Techniken der *Digitalen Bildverarbeitung* Gebrauch. Insgesamt sind die technischen Lösungen aber bei weitem nicht so ausgereift, daß man von einer automatischen Auswertung sprechen könnte. Aus diesem Grunde spielt die ursprüngliche Methode der *visuellen Bildinterpretation* in der Fernerkundung nach wie vor eine zentrale Rolle.

In vielfältiger Hinsicht ist die Auswertung von Luft- und Satellitenbildern Teil der Arbeitsmethoden von Wissenschaftlern und Planern im weitesten Sinne geworden. In zunehmendem Maße bedient man sich für Raumplanung, Umweltschutz, Versorgungswirtschaft usw. auch der Möglichkeiten, welche die Entwicklung von *Geoinformationssystemen* bietet. Bei der Erarbeitung und der laufenden Aktualisierung des für solche Systeme benötigten Datenbestandes werden der Interpretation von Luft- und Satellitenbildern neue Aufgaben zuwachsen.

Im sichtbaren Licht gewonnenes Bild, entstanden durch Aufnahme des reflektierten Sonnen-
lichts im Wellenlängenbereich 0,7-0,9 μm. (Thematic Mapper-Aufnahme, 13.8.1988)

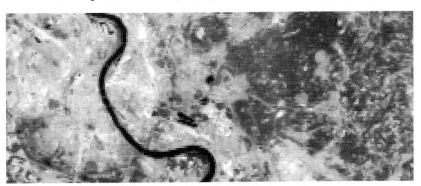

Thermalbild, gewonnen durch Abtastung der von der Erdoberfläche ausgehenden Wärme-
strahlung im Wellenlängenbereich 10-12,5 μm. (Thematic Mapper-Aufnahme, 13.5.1988)

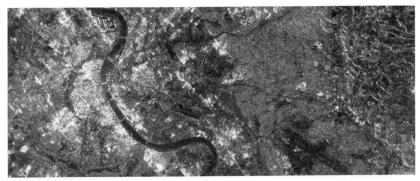

Radarbild, entstanden durch Aufnahme der von der Geländeoberfläche reflektierten künstlichen Mikrowellenstrahlung von 23 cm Wellenlänge. (SEASAT, DLR Oberpfaffenhofen)

Abb. 3: Das Bild einer Landschaft in verschiedenen Spektralbereichen
Köln und Umgebung im Maßstab 1:250.000

## 2. WIE ENTSTEHEN LUFT- UND SATELLITENBILDER ?

Jedes Bild ist das Ergebnis eines Abbildungsprozesses, dem sowohl geometrische als auch radiometrische (physikalische) Aspekte zugrunde liegen. Deshalb sind in Bildern stets geometrische und physikalische Informationen gespeichert. Der geometrische Aspekt besagt, daß eine Information aus einer bestimmten räumlichen Richtung kommt, der physikalische Aspekt sagt etwas über die Intensität und die spektrale Zusammensetzung der Strahlung aus. Beide Arten der Information werden bei der Ausmessung und Interpretation der Bilder genutzt.

Jedes System zur *Aufnahme* von Luft- und Satellitenbildern muß deshalb so ausgelegt sein, daß es sowohl die Richtung, aus der die Strahlung kommt, als auch deren Intensität ermittelt. Beim Vorgang der Aufnahme wird dann die von der Erdoberfläche ausgehende und am Flugzeug oder Satelliten ankommende elektromagnetische Strahlung durch einen Empfänger in Meßsignale umgesetzt und gespeichert. Hierzu geeignete Systeme bezeichnet man allgemein als *Fernerkundungs-Sensoren*. Sie liefern als Ergebnis des Aufnahmevorgangs entweder unmittelbar ein Bild – wie die photographische Aufnahme –, oder es muß aus den registrierten Meßwerten durch bestimmte Verarbeitungsprozesse erst ein Bild erzeugt werden. Die Fernerkundungs-Sensoren können nach verschiedenen Gesichtspunkten eingeteilt werden.

Nach der Quelle der empfangenen Strahlung unterscheidet man passive und aktive Systeme. *Passive Systeme* benutzen ausschließlich die in der Natur vorhandene elektromagnetische Strahlung. Dabei kann es sich um Sonnenstrahlung handeln, die an der Erdoberfläche reflektiert wird. Es kann jedoch auch die Eigenstrahlung aufgenommen werden, die von jedem Körper aufgrund seiner Oberflächentemperatur abgegeben wird (*Temperaturstrahlung*). *Aktive Systeme* enthalten dagegen eine Energiequelle, die die Erdoberfläche künstlich bestrahlt. Aufgenommen wird dann vom Flugzeug oder Satelliten aus der vom Gelände reflektierte Anteil der Strahlung.

Daneben unterscheidet man die einzelnen Systeme zur Datenaufnahme nach den Wellenlängenbereichen der empfangenen elektromagnetischen Strahlung. Die betreffenden Spektralbereiche werden als *Kanäle* (oder auch *Bänder*) bezeichnet. Wenn gleichzeitig mehrere Meßwerte in verschiedenen Wellenlängenbereichen erfaßt und aufgezeichnet werden, spricht man von einem *Multispektral-System*.

Eine weitere Gliederung der Systeme zur Aufnahme von Bilddaten ergibt sich aus der Art der verwendeten Strahlungsempfänger und der damit verbundenen technischen Systeme. Dabei werden vor allem *Photographische*

*Systeme, Abtast-Systeme* und *Radar-Systeme* unterschieden. Die Darstellung
der Abschnitte 2.2 bis 2.4 folgt dieser Gliederung. Außerdem gibt es noch
eine Reihe weiterer Systeme zur Aufnahme von Fernerkundungsdaten, z.B.
Fernsehsysteme, passive Mikrowellensysteme, aktive Abtastsysteme. Ihre
Bedeutung für geowissenschaftliche, raumplanerische u.ä. Zwecke ist jedoch
relativ gering. Sie werden deshalb im folgenden nicht weiter behandelt. Man
findet Näheres dazu z.B. in COLWELL (1983).

### 2.1 Physikalische Grundlagen

Die Wiedergabe der Erdoberfläche in Luft- und Satellitenbildern wird –
außer von den Eigenschaften des Sensors – von der elektromagnetischen
Strahlung bestimmt, die bei der Aufnahme auf den Sensor einwirkt (Abb.4).
Von Bedeutung ist dabei sowohl die Intensität der Strahlung als auch deren
spektrale Zusammensetzung. Diese hängen bei der Photographie und der Aufnahme mit Abtast-Systemen in erster Linie von der Beleuchtung des Geländes
und den Reflexionseigenschaften der Geländeobjekte ab. Bei Thermal-Aufnahmen sind die Oberflächentemperaturen und die Emissionskoeffizienten
der Materialien für die entstehende Bildwiedergabe ausschlaggebend. Bei
Radar-Aufnahmen kommt es vor allem auf das Zusammenwirken der verwendeten Strahlung mit den Materialien an der Erdoberfläche an.

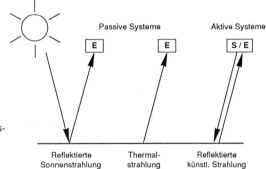

Abb. 4: Schema des Strahlungs-
flusses bei der Datenaufnahme
E = Empfänger oder Sensor
S = Sender

Die folgenden Abschnitte geben eine Übersicht über die wichtigsten physikalischen Zusammenhänge in der Fernerkundung.

### 2.1.1 Elektromagnetische Strahlung

Die elektromagnetische Strahlung ist eine Form der Energieausbreitung.
Sie kann als Wellenstrahlung aufgefaßt werden, d.h. als ein sich periodisch
änderndes elektromagnetisches Feld, das sich mit Lichtgeschwindigkeit aus-

breitet. Gekennzeichnet wird sie durch die Frequenz $v$, die in Hertz (Hz) gemessen wird, oder die Wellenlänge $\lambda$. Dabei gilt die Beziehung $\lambda = c/v$, wenn c die Ausbreitungsgeschwindigkeit (= Lichtgeschwindigkeit) ist. In der Fernerkundung ist es weitgehend üblich, die Wellenlänge $\lambda$ zur Charakterisierung der elektromagnetischen Strahlung zu benutzen. Dazu werden folgende Einheiten benutzt:

$$1 \text{ nm (Nanometer)} = 1 \cdot 10^{-9} \text{ m,} \qquad 0,000\,000\,001\ m$$
$$1 \text{ µm (Mikrometer)} = 1 \cdot 10^{-6} \text{ m,} \qquad 0,000\,001\ m$$
$$1 \text{ mm (Millimeter)} = 1 \cdot 10^{-3} \text{ m.} \qquad 0,001\ m$$

Die Gesamtheit der bei der elektromagnetischen Strahlung vorkommenden Wellenlängen wird im *elektromagnetischen Spektrum* dargestellt (Abb. 5). Nach der Art ihrer Entstehung und nach der Wirkung der Strahlung teilt man das gesamte Spektrum in verschiedene Bereiche ein, die ohne scharfe Grenzen ineinander übergehen und sich teilweise überlappen. Am besten vertraut ist jedermann mit dem *sichtbaren Licht*, einem sehr kleinen Ausschnitt zwischen etwa 400 und 700 nm (0,4 bis 0,7 µm) Wellenlänge. Nach den kürzeren Wellenlängen schließt sich das nahe, dann das allgemeine *Ultraviolett* an, weiter die *Röntgenstrahlen*, die *Gammastrahlen* und schließlich die extrem kurzwellige *kosmische Strahlung*. Auf der längerwelligen Seite folgt auf das sichtbare Licht die *Infrarot-Strahlung*, die ihrerseits unterteilt wird in das nahe Infrarot (bis etwa 1 µm), das mittlere Infrarot (etwa 1 bis 7 µm) und das ferne Infrarot (ab etwa 7 µm), das man auch als *Thermalstrahlung* bezeichnet. Danach folgen die *Mikrowellen* (etwa 1 mm bis 1 m) und die *Radiowellen*.

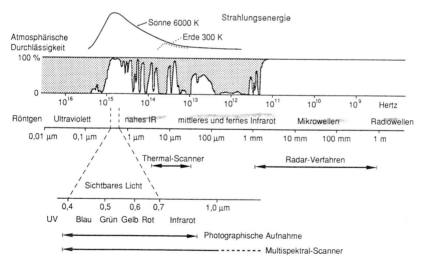

Abb. 5: Das elektromagnetische Spektrum und die Bereiche verschiedener Sensoren
Den Wellenlängenbereichen des elektromagnetischen Spektrums ist die Strahlungsenergie der Sonne und die Durchlässigkeit der Atmosphäre gegenübergestellt. Zur Fernerkundung können nur einzelne Bereiche in »atmosphärischen Fenstern« benutzt werden.

Die Fernerkundung benutzt nicht alle Wellenlängenbereiche, sondern nur den Teil des Spektrums zwischen dem nahen Ultraviolett und dem mittleren Infrarot und außerdem den Mikrowellenbereich. Die Arbeitsbereiche der wichtigsten Systeme zur Daten-Aufnahme sind in Abb.5 dargestellt.

Jeder Körper befindet sich durch die elektromagnetische Strahlung in ständiger Wechselwirkung mit seiner Umgebung. Von dort wirkt Strahlung auf ihn ein, und er gibt Strahlung an seine Umgebung ab. Auf den objekt- bzw. materialspezifischen Eigenschaften dieser Wechselwirkung beruht die ganze Fernerkundung.

Die elektromagnetische Strahlung, die auf einen Körper trifft, wird zu einem Teil an seiner Oberfläche reflektiert, ein weiterer Teil wird von ihm absorbiert, und der Rest durchdringt den Körper. Die einzelnen Anteile bei diesen Vorgängen variieren sehr stark und hängen außer von der Beschaffenheit des Körpers von der Wellenlänge der betreffenden Strahlung ab. Zu einer quantitativen Beschreibung benutzt man drei dimensionslose Verhältniszahlen, die *Reflexionsgrad, Absorptionsgrad* und *Transmissionsgrad* genannt werden. Angenommen, auf einen Körper treffe der Strahlungsfluß $\Phi$ auf und der reflektierte Anteil sei der Strahlungsfluß $\Phi_r$, der absorbierte $\Phi_a$ und der durchgelassene $\Phi_d$; dann erhält man:

Reflexionsgrad $\qquad \rho = \Phi_r/\Phi$

Absorptionsgrad $\qquad \alpha = \Phi_a/\Phi$

Transmissionsgrad $\qquad \tau = \Phi_d/\Phi$

Da die Summe der drei Anteile gleich dem ankommenden Strahlungsfluß sein muß, gilt $\rho + \alpha + \tau = 1$. Für die strahlungsundurchlässigen Körper an der Erdoberfläche, mit denen es die Fernerkundung in der Regel zu tun hat, gilt demnach $\rho + \alpha = 1$.

Die Strahlung, die ein Körper aufgrund seiner Oberflächentemperatur an seine Umgebung abgibt, läßt sich dagegen nicht auf so einfache Weise kennzeichnen. Man muß sich dazu auf einen idealen Temperaturstrahler beziehen, der *Schwarzer Körper* genannt wird. Der Schwarze Körper absorbiert die auf ihn treffende elektromagnetische Strahlung vollständig.

Nennt man $\Phi_e$ den von einem realen Körper mit einer bestimmten Oberflächentemperatur ausgehenden Strahlungsfluß und $\Phi_s$ den Strahlungsfluß, den der Schwarze Körper bei derselben Temperatur aussendet, so erhält man den *Emissionsgrad* des Körpers:

Emissionsgrad $\qquad \varepsilon = \Phi_e/\Phi_s$

Das *Kirchhoffsche Gesetz* besagt nun, daß der Emissionsgrad eines Körpers stets gleich dem Absorptionsgrad ist, daß also gilt $\varepsilon = \alpha$. Demnach ist ein Körper, der stark absorbiert, stets auch ein guter Strahler und umgekehrt.

$\varepsilon$ und $\alpha$ sind bei allen Körpern stark wellenlängenabhängig. Schnee beispielsweise reflektiert das sichtbare Licht sehr stark, verhält sich aber im Thermalbereich nahezu wie ein Schwarzer Körper. Die für die Fernerkundung sehr wichtige Wellenlängenabhängigkeit bringt man deshalb in den spektralen Größen zum Ausdruck und spricht dann vom spektralen Emissionsgrad $\varepsilon(\lambda)$, vom spektralen Absorptionsgrad $\alpha(\lambda)$ usw. Dabei gilt das Kirchhoffsche Gesetz für jede Wellenlänge, es gilt also stets $\varepsilon(\lambda) = \alpha(\lambda)$. Es ist zweckmäßig und üblich, die spektralen Reflexionsgrade von Oberflächen in den zur Fernerkundung genutzten Spektralbereichen in graphischer Form darzustellen. Beispiele für diese sogenannten »Reflexionskurven« findet man im Abschnitt 2.1.3.

Vollständig beschrieben wird die Temperaturstrahlung eines Schwarzen Körpers durch das *Plancksche Strahlungsgesetz*. Es gibt seine spektrale Strahldichte $L_S$ in Abhängigkeit von der Wellenlänge und der absoluten Temperatur T der Oberfläche an. Abb.6 macht deutlich, daß die von einem Schwarzen Körper abgestrahlte Energie mit seiner Temperatur sehr stark ansteigt und daß sich dabei das Maximum der Strahldichte zu immer kürzeren Wellenlängen hin verschiebt.

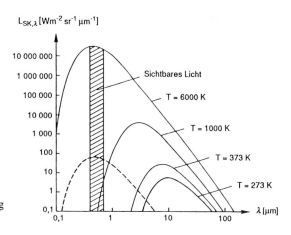

Abb. 6: Spektrale Strahldichten eines Schwarzen Körpers bei verschiedenen Oberflächentemperaturen T nach dem Planckschen Strahlungsgesetz
Die gestrichelte Kurve gibt die ungefähre Strahldichte der an der Erdoberfläche reflektierten Sonnenstrahlung wieder.

Für die Fernerkundung ist daraus ein wichtiger Zusammenhang ablesbar. Die Sonne strahlt – ähnlich wie ein Schwarzer Körper mit 6000 K Oberflächentemperatur – mit einem Strahlungsmaximum im sichtbaren Licht (um 0,5 µm Wellenlänge). In der Fernerkundung nutzbar ist jedoch nur der an der Erdoberfläche reflektierte Strahlungsanteil. Berechnungen ergeben, daß diese von der Erdoberfläche abgehende spektrale Strahldichte viel geringer ist und – bei Annahme eines mittleren Reflexionsgrades – etwa der gestrichelten Kurve in Abb.6 entspricht. Außerdem steht für die Fernerkundung diejenige Strahlung zur Verfügung, die die Erdoberfläche aufgrund ihrer Temperatur direkt abgibt. Hierfür kann eine mittlere Oberflächentemperatur um 0° C (273 K) angenommen werden. Wie die Abb.6 zeigt, liegt dann das Maximum der Thermalstrahlung bei etwa 10 µm Wellenlänge.

Daraus folgt, daß zur Beobachtung der Erdoberfläche im sichtbaren Licht und im nahen Infrarot (bis etwa 2,5 µm) ausschließlich reflektierte Sonnenstrahlung zur Verfügung steht, im thermalen Infrarot (etwa 8 bis 15 µm) ausschließlich die Eigenstrahlung der Erdoberfläche. In einem Übergangsbereich (etwa von 2,5 bis 8 µm) tritt am Tage eine (für die Fernerkundung wenig geeignete) gemischte Strahlung auf, während der Nacht kann ebenfalls die Eigenstrahlung der Erde beobachtet werden.

## 2.1.2 Einflüsse der Atmosphäre

Die elektromagnetische Strahlung, die in der Fernerkundung als Informationsträger dient, hat stets vom Objekt aus den Weg durch die Atmosphäre bis zum Empfänger im Flugzeug oder Satelliten zu durchlaufen. Bei allen Verfahren, die reflektierte Strahlung benutzen, führt zuvor schon der Weg von der Strahlungsquelle zum Objekt durch die Atmosphäre. Deshalb kommen zur Aufnahme von Fernerkundungsdaten nur Wellenlängenbereiche in Betracht, in denen die Atmosphäre für die elektromagnetische Strahlung weitgehend durchlässig ist.

Die von der Sonne kommende *extraterrestrische Sonnenstrahlung* erreicht zunächst die oberen Schichten der Atmosphäre, wo ein Teil in den Weltraum reflektiert wird. Der verbleibende Anteil unterliegt auf dem weiteren Weg bis zur Erdoberfläche der Refraktion, der Absorption und der Streuung.

Die *Refraktion* oder atmosphärische Strahlenbrechung ist eine Folge der Dichteänderungen der Luft. Sie führt zu Strahlenkrümmungen, die bei genauen photogrammetrischen Auswertungen berücksichtigt werden müssen, im übrigen aber für die Fernerkundung vernachlässigt werden können.

Demgegenüber spielen *Absorption* und *Streuung* eine große Rolle. Bei der Absorption handelt es sich um eine Energieumwandlung, bei der ein Teil der elektromagnetischen Strahlung in Wärme oder andere Energieformen umgesetzt wird. Infolge der Streuung werden Teile der Strahlung durch kleine Materieteilchen (*Aerosol*) nach allen Richtungen hin abgelenkt. Intensität und Streuungscharakteristik hängen in starkem Maße von der Art und Größe der Teilchen (Dunst, Staub, Wassertröpfchen u.ä.) und von der Wellenlänge der Strahlung ab. Absorption und Streuung beruhen also auf verschiedenen physikalischen Ursachen, führen aber beide zu einer Schwächung der die Atmosphäre durchlaufenden Strahlung und werden deshalb häufig unter der Bezeichnung *Extinktion* zusammengefaßt. Ausführliche Darstellungen zu diesem Thema findet man u.a. bei DIETZE (1957), FOITZIK & HINZPETER (1958), MÖLLER (1957).

Die Durchlässigkeit wird gekennzeichnet durch den Transmissionsgrad $\tau$. Wie Abb. 7 zeigt, ist der Transmissionsgrad der Atmosphäre in starkem Maße wellenlängenabhängig. Dies ist die Folge der Absorptionseigenschaften der in ihr vorkommenden Gase, insbesondere Wasserdampf, Kohlendioxid und Ozon. Außerdem absorbieren Stickstoff und Sauerstoff, die den größten Anteil in der Zusammensetzung der Atmosphäre ausmachen, die ultraviolette

Strahlung unter 0,3 μm Wellenlänge fast vollständig. Die übrigen, weitgehend durchlässigen und damit für die Fernerkundung nutzbaren Bereiche werden treffend als *Atmosphärische Fenster* bezeichnet. Die wichtigsten dieser Fenster liegen im sichtbaren Licht und im nahen Infrarot ($\approx$ 0,3 - 2,5 μm), im mittleren Infrarot ($\approx$ 3 - 5 μm) und im thermalen Infrarot ($\approx$ 8 - 13 μm). Außerdem ist die Atmosphäre für Mikrowellen vollständig durchlässig.

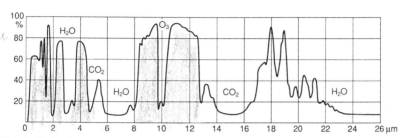

Abb. 7: Spektraler Transmissionsgrad $\tau_\alpha$ der Atmosphäre
$CO_2$, $H_2O$ und $O_3$ kennzeichnen die wichtigsten Absorptionsbereiche.

Die *Streuung* in der Atmosphäre ist von großer Bedeutung für die Beleuchtungsverhältnisse auf der Erdoberfläche und damit auch für die Fernerkundung. Ohne sie wäre der Himmel schwarz, und die Sonne würde sich von ihm extrem hell und scharf abheben. Durch die Streuung wird jedoch der ganze atmosphärische Raum mit einer diffusen Strahlung erfüllt, so daß er zur sekundären Energiequelle wird und nach jeder Richtung hin Strahlung abgibt. Für die Erdoberfläche entsteht auf diese Weise die diffuse *Himmelsstrahlung* (oder Himmelslicht). In der Himmelsstrahlung überwiegt bei klarem und wolkenlosem Himmel der kurzwellige Anteil im ultravioletten und blauen Spektralbereich sehr stark (es entsteht der blaue Himmel). Mit zunehmender Trübung der Atmosphäre nimmt die Intensität der Himmelsstrahlung zu, der Relativanteil der kurzwelligen Strahlung jedoch ab (das Himmelslicht geht dadurch in weißliche Farbe über).

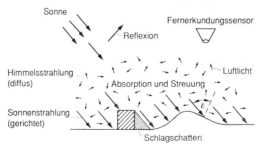

Abb. 8: Strahlungsverhältnisse bei der Aufnahme (schematisch)
Absorption und Streuung in der Atmosphäre beeinflussen sowohl die Geländebeleuchtung (Himmelslicht) als auch die Bilddatenaufnahme (Luftlicht).

Auf eine Geländefläche fallen demnach stets zwei Arten von Strahlung, nämlich die trotz Absorption und Streuung verbleibende direkte (gerichtete) Sonnenstrahlung und die indirekte (diffuse) Himmelsstrahlung (Abb.8). Ihre Summe, also die gesamte auf eine Geländefläche fallende Strahlungsenergie, wird *Globalstrahlung* genannt (Abb.9). Sie unterliegt hinsichtlich Intensität und spektraler Zusammensetzung einer großen Schwankungsbreite und hängt in erster Linie von der Sonnenhöhe, vom Trübungszustand der Atmosphäre, von der Exposition (Neigung und Neigungsrichtung) sowie von der Höhe über NN der betrachteten Geländefläche ab.

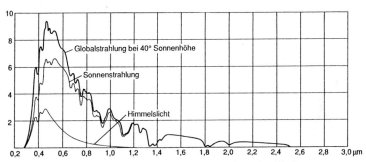

Abb. 9: Relative spektrale Energieverteilung auf einer horizontalen Fläche (in Meereshöhe bei 40° Sonnenhöhe)

Die Atmosphäre wirkt sich aber nicht nur auf die Beleuchtung des Geländes aus. Da die an den Geländeobjekten reflektierte Strahlung auf dem Weg zu dem im Flugzeug oder Satelliten eingebauten Sensor erneut einen Teil der Atmosphäre durchlaufen muß, unterliegt dieser Strahlungsanteil erneut denselben physikalischen Gesetzmäßigkeiten wie sie für die ankommende Sonnenstrahlung gelten. Dabei überlagert sich der reflektierten Strahlung ein in Richtung auf den Sensor wirksamer Anteil der diffusen Himmelsstrahlung, den man in diesem Fall als *Luftlicht* bezeichnet (Abb.8). Das Luftlicht verringert die durch die Objektreflexion gegebenen Kontraste je nach Atmosphärenzustand, Flughöhe, Beobachtungswinkel und beobachtetem Spektralbereich. Aus physikalischen Gründen überwiegt im Luftlicht wiederum der kurzwellige (blaue) Anteil. Deshalb kann beispielsweise bei der photographischen Aufnahme der unerwünschten Kontrastminderung durch Verwendung von Gelb- oder Orangefiltern entgegengewirkt werden. Außerdem kann man durch Verwendung von photographischen Schichten mit steiler Gradation (vgl. 2.2.1) die kontrastmindernde Wirkung des Luftlichts zum Teil kompensieren. Dies macht das Beispiel in Abb.10 deutlich.

Wenn auch das Luftlicht in der Fernerkundung stets als Störfaktor auftritt, so ist seine praktische Bedeutung doch unterschiedlich zu bewerten. Bei der visuellen Interpretation von Bildern stört es am wenigsten, da sich das menschliche Auge Kontrastunterschieden in weiten Grenzen gut anzupassen vermag. In anderen Fällen, beispielsweise bei der automatischen Klassifizierung von Multispektraldaten (vgl. 5.3.1), kann es die Ergebnisse stark verfälschen. Da sich dabei die Richtungsabhängigkeit des Luftlichtes besonders störend auswirkt, muß sein Einfluß durch Korrekturen, die aus Modellvorstellungen abgeleitet werden, oder geeignete methodische Ansätze möglichst weitgehend eliminiert werden.

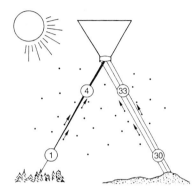

Abb. 10: Schematische Darstellung zur kontrastmindernden Wirkung des Luftlichtes
Ein dunkles Objekt (z.B. Nadelwald) reflektiert im sichtbaren Bereich etwa 1 % der auftreffenden Strahlung, ein helles Objekt (wie z.b. trockener Sand) etwa 30 %. Der »Objektumfang« beträgt also im Gelände 1:30. In Flughöhen um 3000 m werden unter normalen atmosphärischen Bedingungen etwa 3 % der Sonnenstrahlung als Luftlicht überlagert. Dabei verringert sich der Objektumfang auf 4:33 oder etwa 1:8. Um im Bild wieder einen Schwärzungsumfang von etwa 1:30 zu erhalten, muß Photomaterial mit einem Gamma-Wert von etwa 1,6 verwendet werden.

Die Atmosphäre hat noch in ganz anderer Weise Einfluß auf die Fernerkundung, denn die Aufnahme von Luft- und Satellitenbildern wird durch die *Bewölkung* in gravierender Weise beeinträchtigt. Alle Aufnahmen im sichtbaren Licht, im nahen Infrarot und im Thermal-Infrarot setzen voraus, daß sich zwischen der Erdoberfläche und dem Sensor keine Wolken befinden. In der Regel ist diese Forderung gleichbedeutend mit wolkenfreiem Himmel. Nur in Ausnahmefällen können Luftbilder auch unter einer hochliegenden Wolkendecke aufgenommen werden (die für diesen Zweck möglichst gleichmäßig sein sollte). Lediglich Mikrowellen, die zur Aufnahme von Radarbildern eingesetzt werden, durchdringen Wolken und erlauben einen wetterunabhängigen Einsatz von Fernerkundungsmethoden.

Vielfach wird das Bewölkungsproblem in seiner praktischen Auswirkung unterschätzt. In Mitteleuropa mit seinem sehr unregelmäßigen Wettergeschehen kann es die Aufnahme von Luftbildern oft wochenlang verzögern (vgl. z.b. WINKELMANN 1961). Während man in diesem Fall wenigstens noch flexibel reagieren und vielleicht nur wenige Stunden bestehende günstige Wetterlagen ausnutzen kann, ist die Aufnahme von Satellitenbildern noch stärker eingeschränkt. Aufgrund der Bahnparameter wird nämlich eine bestimmte Region nur in regelmäßigen Abständen (z.B. alle 16 Tage) überflogen. Die Wahrscheinlichkeit, zu diesen Zeitpunkten Wolkenfreiheit vorzufinden, hängt naturgemäß von den regionalen und saisonalen Klimabedingungen ab. Sie ist aber meist geringer, als gemeinhin angenommen wird. Selbst in ariden und semiariden Gebieten, in denen Niederschläge sehr selten sind, kann es schwierig sein, wolkenfreie Satellitenbilder zu gewinnen. Mit dem Aufnahmesystem des SPOT-Satelliten (vgl. 2.3.2) kann man zwar auf die aktuelle Wolkensituation flexibler reagieren, doch läßt sich das Problem damit nur verringern, nicht lösen.

### 2.1.3  Reflexionseigenschaften des Geländes

Für die Aufnahme von Fernerkundungsdaten ist es entscheidend, daß sich die Geländeoberfläche und die auf ihr befindlichen Objekte gegenüber der auftreffenden Strahlung sehr unterschiedlich verhalten. Die Reflexionseigenschaften der Geländeobjekte hängen vor allem von dem jeweiligen Material, seinem physikalischen Zustand (z.B. Feuchtigkeit), der Oberflächenrauhigkeit und den geometrischen Verhältnissen (Einfallswinkel der Sonnenstrahlung, Beobachtungsrichtung) ab. Nur dank der Vielfalt dieser Faktoren ist es uns überhaupt möglich, Gegenstände unmittelbar oder in Bildwiedergaben zu sehen.

Von den Objekten wird immer nur ein Teil der auftreffenden Strahlung reflektiert. Über die Art der Reflexion entscheidet die Rauhigkeit der Grenzfläche. An Oberflächen, deren Rauhigkeit im Vergleich zur Wellenlänge klein ist, findet *spiegelnde Reflexion* statt. Sie wird durch das Reflexionsgesetz beschrieben, nach dem der Einfallswinkel $\varepsilon$ gleich dem Reflexionswinkel $\varepsilon'$ ist und außerdem einfallender Strahl, Einfallslot und reflektierter Strahl in einer Ebene liegen (Abb.11). In der Fernerkundung tritt die spiegelnde Reflexion häufig an Wasserflächen auf; sie gilt als störend und wird deshalb durch die Wahl der Aufnahmeparameter möglichst vermieden. An Oberflächen, deren Rauhigkeit in der Größenordnung der Wellenlängen der auftreffenden Strahlung liegt, findet *diffuse Reflexion* statt, d.h. die Strahlung wird nach allen Richtungen zurückgeworfen. Der Idealfall der diffus reflektierenden Oberfläche ist die *Lambertsche Fläche,* die richtungsunabhängig reflektiert und darum stets aus allen Richtungen gleich hell erscheint. Bei den meisten in der Natur vorkommenden Oberflächen liegt jedoch weder spiegelnde noch diffuse Reflexion vor, sondern eine Mischung von beiden; bei der *gemischten Reflexion* wird die auftreffende Strahlung zwar nach allen Richtungen zurückgeworfen, jedoch ungleich stark. Diese Art der Reflexion läßt sich deshalb nicht in einfachen Funktionen beschreiben (vgl. z.B. KRIEBEL u.a. 1975, KRAUS & SCHNEIDER 1988).

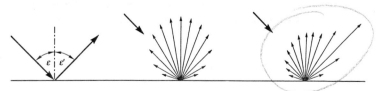

Abb. 11: Verschiedene Arten der Reflexion an einer Oberfläche
Links: Spiegelnde Reflexion. Mitte: Diffuse Reflexion (Lambertsche Fläche). Rechts: Gemischte Reflexion

Von zentraler Bedeutung für die Fernerkundung ist der *Reflexionsgrad ρ* und seine Abhängigkeit von der Wellenlänge der Strahlung. Es ist üblich, den *spektralen Reflexionsgrad* von Oberflächen graphisch darzustellen. In der Literatur sind zahlreiche Reflexionskurven veröffentlicht. Da sie jedoch unter verschiedenen Bedingungen aufgenommen sind und auch die Eigenschaften der Objektoberflächen große Variationen aufweisen, sind diese Kurven nur bedingt zu vergleichen. Dennoch läßt sich für viele Oberflächenarten ein charakteristischer Verlauf der Reflexionskurven angeben, dessen Kenntnis von großem praktischem Nutzen ist.

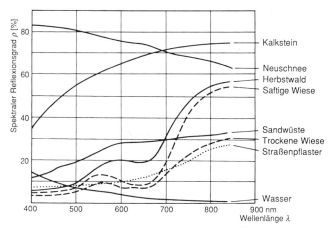

Abb. 12: Spektrale Reflexionsgrade verschiedener Oberflächen
(Nach E.L.KRINOW, aus SCHWIDEFSKY 1976)

Abb. 12 zeigt die spektrale Zusammensetzung der reflektierten Strahlung in dem für die Luftbildaufnahme interessanten Wellenlängenbereich am Beispiel einiger Oberflächenarten.

Besonders wichtig ist der charakteristische Unterschied zwischen dem sichtbaren und dem infraroten Spektralbereich. Vor allem ist der steile Anstieg des Reflexionsgrades von grünen Pflanzen bei 0,7 μm, also am Übergang des sichtbaren Lichts zur infraroten Strahlung, zu beachten. Diese Erscheinung rührt von den spezifischen Reflexionsverhältnissen in den Blättern grüner Pflanzen her (Abb.13). Sie hängt eng mit der Wasserversorgung der Pflanze und anderen Vitalitätsfaktoren zusammen. Deshalb unterliegt sie vielfältigen Variationen, welche für die Interpretation der Bilder sehr nützlich sind, insbesondere zum Erkennen von Schädigungen und Streßsituationen (vgl. 6.5). Die Änderung der Reflexion einiger Oberflächenarten unter verschiedenen Bedingungen ist exemplarisch in den Abb.14 bis 16 gezeigt.

Das Laub von Bäumen ändert sein Reflexionsverhalten im Verlauf der Vegetationsperiode durch Veränderung der Blattpigmentierung und die Wachstumsprozesse sehr stark (Abb.14).

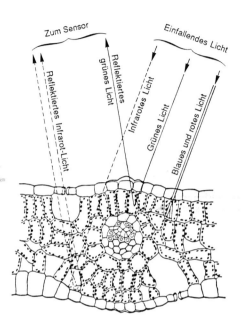

Abb. 13: Absorption und Reflexion an grünen Blättern (schematisch) Von den Chloroplasten (chlorophyllhaltigen Blattpigmenten) wird blaues und rotes Licht weitgehend absorbiert, grünes jedoch reflektiert, so daß die Blätter grün erscheinen. Dagegen wird der überwiegende Teil der infraroten Strahlung an den Grenzflächen (Zellwänden, luftgefüllte Hohlräume) mehrfach gespiegelt und dadurch zu einem hohen Anteil reflektiert. (Nach COLWELL 1963)

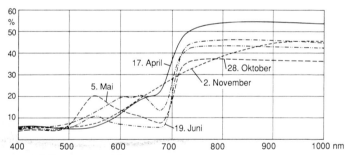

Abb. 14: Spektraler Reflexionsgrad von Eichenblättern. (Nach GATES 1970)

Auch die Objektform wirkt sich bei Objekten mit einer ausgeprägten räumlichen Oberflächenstruktur auf die Reflexionsverhältnisse aus. In der Abb. 15 ist dies am Beispiel von runden Baumkronen bei schräg einfallender Sonnenbeleuchtung schematisch dargestellt. Dabei tritt ein *Mitlichtbereich* auf, in dem überwiegend die sonnenbestrahlten Objektteile aufgenommen werden, und ein *Gegenlichtbereich*, in dem die Schattenteile überwiegen. Dazwischen gibt es einen kontinuierlichen Übergang. Diese Erscheinung bewirkt beispielsweise, daß Waldflächen oder andere Vegetationsbestände aus verschiedenen Beobachtungsrichtungen sehr ungleich wiedergegeben werden (vgl. Tafel 2).

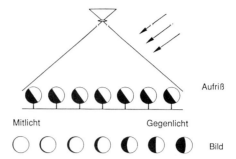

Abb. 15: Mitlichtbereich und
Gegenlichtbereich bei der Auf-
nahme unter schräg einfallender
Sonnenbeleuchtung

Als weiterer Faktor, der die Reflexionseigenschaften beeinflußt, ist die
Feuchtigkeit der betreffenden Materialien zu nennen. In der Regel nimmt die
Reflexion von Böden und anderen Materialien mit zunehmender Feuchtigkeit
über den ganzen Spektralbereich ab. Deshalb wird feuchter Boden in Luft-
und Satellitenbildern stets dunkler wiedergegeben als trockener.

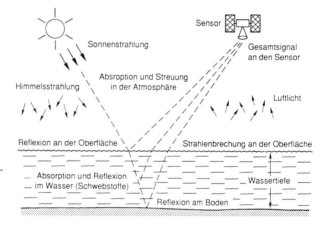

Abb. 16:
Schematische Darstel-
lung der Strahlungs-
verhältnisse an Was-
serflächen

Besonders kompliziert sind die Reflexionsverhältnisse bei Wasserflächen.
Die am Sensor ankommende Strahlung hängt u.a. vom Zustand des Wasser-
körpers, von der Tiefe, vom Gewässerboden und von der Beleuchtungs- und
Beobachtungsrichtung ab (Abb.16). Da diese Parameter stark variieren, werden Gewässer in Fernerkundungsdaten sehr unterschiedlich wiedergegeben.
    Für manche Anwendungen reicht die allgemeine Kenntnis der Reflexions-
charakteristik von Oberflächen nicht aus. Das ist zum Beispiel dann der Fall,
wenn die vom Flugzeug oder Satelliten aus aufgenommenen Meßdaten kalibriert werden sollen oder die genaue Kenntnis der spektralen Reflexionseigenschaften von Oberflächen benötigt wird. Dann sind spezielle Messungen
erforderlich, die im Gelände durchgeführt werden müssen (z.B. WEICHELT
1990). Dazu werden geeignete Fahrzeuge mit Einrichtungen versehen, die
Strahlungsmessungen aus 10 bis 15 m Höhe möglich machen (Abb.17).

Abb. 17: Meßwagen für
Strahlungsmessungen im Gelände
Das Fahrzeug ist mit Spektral-
radiometern, Datenaufzeichnungs-
geräten und anderen Hilfsmitteln
ausgestattet. Der 8 m lange Aus-
legerarm ist schwenk- und kipp-
bar. (Photo: Zentralinstitut für
Physik der Erde, Potsdam)

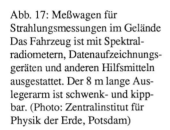

Benutzt werden für diesen Zweck *Radiometer* bzw. *Spektralradiometer*
verschiedener Bauart, wobei häufig mehrere Meßeinheiten miteinander kombiniert sind. Damit wird sowohl die ankommende Globalstrahlung als auch
die von der Geländeoberfläche reflektierte Strahlung gemessen, um daraus
das Reflexionsverhalten ableiten zu können. Solche Messung erfordern aber,
daß die betreffende Oberfläche auch in anderer Hinsicht detailliert beschrieben wird. So müssen beispielsweise zur Charakterisierung einer Bodenart
Angaben über Bodenprofil, Bodenfeuchtigkeit, Humusgehalt, Krümelung
usw. erfaßt werden. Andernfalls ließe sich von den Reflexionsmessungen bei
der Auswertung von Fernerkundungsdaten nicht in sinnvoller Weise Gebrauch machen. Insgesamt gesehen ist der technische und meist auch der logi-
stische Aufwand für derartige Messungen beträchtlich.

### 2.1.4 Thermalstrahlung

Die Thermalstrahlung, die die Geländeobjekte aufgrund ihrer Oberflächentemperatur abgeben, wird in der Fernerkundung vorwiegend im atmosphärischen Fenster zwischen 8 und 14 µm Wellenlänge genutzt. In diesem
Bereich liegt für die an der Geländeoberfläche vorkommenden Temperaturen
auch das Maximum der Strahlung (vgl. Abb.6) und die Datenaufnahme ist
von reflektiertem Sonnenlicht praktisch unbeeinflußt.

Dennoch besteht kein einfacher Zusammenhang zwischen der Oberflächentemperatur und der ausgesandten Strahlung. Das Plancksche Strahlungsgesetz gilt nur für den (idealen) Schwarzen Körper. Alle realen Körper strahlen weniger. Dies wird gekennzeichnet durch den *Emissionsgrad* $\varepsilon$, der das
Verhältnis der Strahldichte eines realen Körpers zur Strahldichte des Schwarzen Körpers gleicher Temperatur angibt. Der Emissionsgrad ist wellen-

längenabhängig, so daß streng genommen der spektrale Emissionsgrad $\varepsilon(\lambda)$ benutzt werden müßte.

Mit genügender Genauigkeit kann man jedoch für die meisten Oberflächen einen wellenlängenunabhängigen Emissionsgrad $\varepsilon$ annehmen. In Tab. 1 sind Beispiele für die Emissionsgrade solcher Oberflächen zusammengestellt. Auch für Wasseroberflächen ist der Emissionsgrad zwischen 8 und 14 µm veränderlich. Er hat bei 11 µm ein Maximum und nimmt mit größer werdender Wellenlänge stark ab. Deshalb eignet sich zur Messung der Temperatur von Wasseroberflächen am besten ein Bereich von 9,5 bis 11,5 µm Wellenlänge (WEISS 1971).

Tabelle 1: Emissionsgrade einiger Oberflächen (8 - 14 µm Wellenlänge) (Nach LORENZ 1973 u.a.)

| Oberfläche | $\varepsilon$ | Oberfläche | $\varepsilon$ |
|---|---|---|---|
| Granit, rauh | 0,898 | Beton | 0,942 - 0,966 |
| Basalt, rauh | 0,934 | Asphalt | 0,950 - 0,956 |
| Basalt-Splitt, fein | 0,952 | Versch. Pflanzenblätter | 0,920 - 0,970 |
| Dolomit, rauh | 0,958 | Rasen, dicht, kurz | 0,973 |
| Sandsteine | 0,935 - 0,985 | Luzerne, dichter Bestand | 0,976 |
| Sande (verschiedener | | Wasser, verschiedene | |
| Wassergehalt) | 0,880 - 0,985 | Verschmutzung | 0,973 - 0,979 |
| Vulkanaschen | 0,965 - 0,980 | Wasser mit Ölschichten | 0,960 - 0,979 |
| Böden | 0,936 - 0,980 | Schnee | 0,990 |

Wie die Tab. 1 zeigt, streuen die Werte von $\varepsilon$ für die im Gelände vorkommenden Oberflächen verhältnismäßig wenig. Vernachlässigt man diese Unterschiede und setzt $\varepsilon \approx 1$, so kann man nach dem Planckschen Strahlungsgesetz eine der gemessenen Strahldichte entsprechende fiktive Temperatur ableiten. Man nennt sie die *Strahlungstemperatur* $T_s$. Sie ist stets niedriger als die wahre Temperatur der betreffenden Oberfläche. Um die wahre Temperatur T zu bestimmen, müßte man an den Meßwerten im einzelnen Korrekturen anbringen. In der Fernerkundung ist man jedoch vielfach vor allem an Temperaturdifferenzen interessiert. Deshalb nimmt man Vernachlässigungen in Kauf und ermittelt aus gemessenen Strahldichten genäherte Oberflächentemperaturen, wobei z.B. ein durchschnittlicher Emissionsgrad von $\varepsilon \approx 0,95$ vorausgesetzt wird. Meist wird diese Temperaturbestimmung durch Messungen im Gelände (*in situ*) gestützt, um mit guter Näherung wirkliche Oberflächentemperaturen bestimmen zu können.

Die Eigenschaften, die die *Atmosphäre* im Bereich der Thermalstrahlung aufweist, unterscheiden sich wesentlich von denen im optischen Bereich. Streuungsvorgänge spiele keine nennenswerte Rolle. Dagegen treten starke Absorptionserscheinungen auf, die zur Folge haben, daß die Atmosphäre selbst Strahlung abgibt. Derjenige Anteil, der zur Erdoberfläche gelangt, wird in der Meteorologie als *Gegenstrahlung* bezeichnet. Der zum Sensor gerichtete Anteil der atmosphärischen Thermalstrahlung wirkt sich in der Fernerkundung als Störfaktor aus, da er sich der von der Erdoberfläche abgehenden Thermalstrahlung überlagert.

Um die Störeinflüsse möglichst klein zu halten, ist es zweckmäßig, in den Wellenlängenbereichen der geringsten Absorption zu messen. Hierzu kommt insbesondere das »große Fenster« zwischen 8 und 13 µm Wellenlänge in Frage (Abb. 5). In diesem Bereich tritt lediglich ein ausgeprägtes Absorptionsband des Ozons (bei 9,6 µm) auf. Für die Beobachtung von Flugzeugen aus ist dies jedoch ohne Belang, da Ozon vor allem in den höheren Schichten der Atmosphäre auftritt.

Es darf nicht übersehen werden, daß bei der Datenaufnahme vom Flugzeug aus vielfach große Beobachtungswinkel auftreten und sich die wirksame Luftschicht deshalb mit der Beobachtungsrichtung stark ändert. Die Bestimmung von Korrekturen für die im Thermalbereich aufgenommenen Daten ist schwierig (LORENZ 1973). Für viele praktische Aufgaben kann jedoch der Einfluß der Atmosphäre vernachlässigt oder durch die angewandte Methodik, beispielsweise die Verwendung von Referenzmessungen im Gelände, eliminiert werden.

Die Analyse von Oberflächentemperaturen ist jedoch alles andere als eine triviale Aufgabe (z.B. LORENZ 1971). Sie muß insbesondere berücksichtigen, daß die beobachtete momentane Temperatur das Ergebnis vorausgegangener Prozesse der Energieumwandlung und des Energieaustausches ist. Dazu geht man zweckmäßig von der *Wärmehaushaltsgleichung* aus, die die Energieströme zusammenfaßt, welche auf die Geländeoberfläche auftreffen oder von ihr abgehen. Die Gleichung lautet S + B + L + V = 0. Dabei beschreibt:

S die *Strahlungsbilanz*, d.h. die Summe aller in Form von Strahlung ausgetauschten Energie,

B den *Bodenwärmestrom*, d.h. die Energie, welche die Geländeoberfläche an den darunter liegenden Boden abgibt oder von dort erhält,

L den *Wärmeaustausch* mit der Luft und

V den *Strom latenter Wärme*, der der Erdoberfläche durch Verdunstung entzogen bzw. durch Kondensation zugeführt wird.

Eingehende Darstellungen dieser für die Auswertung von Thermal-Aufnahmen wichtigen Zusammenhänge findet man z.B. bei GEIGER (1961), WEISCHET (1977) und MÖLLER (1973).


## 2.1.5 Mikrowellen

Mikrowellen unterscheiden sich in ihrem Verhalten grundlegend von der elektromagnetischen Strahlung im optischen und im thermalen Spektralbereich. Sie werden von der Atmosphäre kaum beeinflußt und vermögen auch

Wolken, Dunst, Rauch, Schnee und leichten Regen fast ungestört zu durchdringen. Deshalb ist ihre Anwendung in der Fernerkundung praktisch unabhängig vom Wetter.

Die Wellenlängen der betreffenden Strahlung liegen zwischen etwa 1 mm und 1 m; das entspricht Frequenzen zwischen 300 GHz und 300 MHz. Strahlung dieser Art wird von den Materialien an der Erdoberfläche aufgrund ihrer Temperatur abgegeben. Diese Signale, die mit *Mikrowellenradiometern* empfangen werden können (SCHANDA 1976, 1986), vermögen Informationen über Schneebedeckung, Bodenfeuchte, Ölverschmutzung u.ä. zu vermitteln. Da sie jedoch stets von geringer Intensität sind, lassen sie sich nur in grober geometrischer Auflösung erfassen. Deshalb können durch *passive* Mikrowellen-Fernerkundung keine zur Interpretation geeigneten Bilder erzeugt werden.

Detaillierte Bildwiedergaben lassen sich dagegen durch *aktive* Systeme gewinnen, welche Mikrowellen-Strahlung einer ganz bestimmten Wellenlänge selbst erzeugen, vom Flugzeug oder Satelliten aus schräg auf die Erdoberfläche abstrahlen und die reflektierten Signale in Bilddaten umsetzen. Die Funktionsweise solcher *Radar-Systeme* sowie die Wechselwirkung der künstlich erzeugten Strahlung mit den Materialien an der Erdoberfläche wird im Abschnitt 2.4 behandelt.

## 2.2 Photographische Aufnahme-Systeme

Die photographische Aufnahme von Luft- und Satellitenbildern beruht auf dem allgemein bekannten Prinzip der Photographie: Durch ein Objektiv wird das aufzunehmende Objekt für meist nur kurze Zeit auf eine lichtempfindliche photographische Schicht projiziert, die dadurch so verändert wird, daß durch den *photographischen Prozeß* ein dauerhaftes Bild entsteht (siehe z.B. SOLF 1986).

Die Photographie ist ein passives Verfahren, das die Strahlung im sichtbaren Licht und im nahen Infrarot (von etwa 0,4 bis 1,0 µm) aufnimmt. Unter den Aufnahmeverfahren der Fernerkundung nimmt sie wegen ihrer großen *Vorteile* eine Sonderstellung ein. Sie ist das einzige Verfahren, bei dem das strahlungsempfindliche Material – die photographische Schicht – zugleich als Speichermedium dient. Sie erlaubt die *gleichzeitige* flächenhafte Aufnahme sowie die Speicherung riesiger Datenmengen auf kleinem Raum bei geringen Kosten. Für die Auswertung bieten photographische Bilder die vielseitigsten Möglichkeiten. Diesen Vorteilen stehen freilich auch gewichtige *Nachteile* gegenüber, denn die radiometrische Kalibrierung photographischer Systeme ist schwierig und unsicher, der photographisch erfaßbare Spektralbereich ist ziemlich eng, und der photographische Prozeß stellt einen unzweckmäßigen Zwischenschritt dar, wenn die aufgenommenen Daten rechnerisch verarbeitet werden sollen.

### 2.2.1 Photographischer Prozeß

Die meisten photographischen Schichten (*Emulsionen*) beruhen auf der Lichtempfindlichkeit von Silbersalzen, die in einer 10 bis 15 µm dicken Gelatineschicht eingebettet und auf einem *Schichtträger* (Film, Papier o.ä.) aufgebracht sind. Die Eigenschaften der Schichten können durch bestimmte Herstellungstechniken vielfältig beeinflußt werden.

Durch das Einwirken relativ kleiner Lichtmengen (*Belichtung*) wird die photographische Schicht zwar nicht äußerlich aber in ihrem Kristallgefüge verändert. Bringt man eine belichtete Schicht in eine wässerige Lösung geeigneter chemischer Substanzen (*Entwickler*), so werden die betroffenen Silbersalzkristalle zu metallischen, schwarz erscheinenden Silberkörnern reduziert. Dieser Vorgang (*Entwicklung*) führt – je nach der Lichtmenge, die zuvor eingewirkt hat – zu einer mehr oder weniger starken *Schwärzung* der Schicht. Nicht belichtete und deshalb auch nicht reduzierte Kristalle der Silbersalze verbleiben zunächst in der Schicht und müssen in einer weiteren chemischen Lösung (*Fixierbad*) entfernt werden. Erst durch das Fixieren wird das entstandene Bild lichtbeständig (während das photographische Material zuvor vor Licht geschützt und in der *Dunkelkammer* verarbeitet werden muß). Nach dem Wässern zum Auswaschen der Chemikalien wird die Schicht getrocknet.

Das Bild, das auf die skizzierte Weise entsteht, ist ein photographisches *Negativ*. Um positive Kopien oder Vergrößerungen herzustellen, muß derselbe Prozeß nochmals angewandt werden.

Den Zusammenhang zwischen der *Belichtung*, das ist die auf eine photographische Schicht einwirkende Lichtmenge, und der entstehenden Schwärzung beschreibt die *Schwärzungskurve*. Ein Maß für die Schwärzung gewinnt man aus dem Vergleich eines auf die Schicht auffallenden Lichtstromes $\Phi_0$ mit dem hindurchgelassenen Lichtstrom $\Phi$. Die *Schwärzung* oder *Dichte* D ist definiert als D = log ($\Phi_0/\Phi$). D ist eine dimensionslose Zahl. Die Dichte 1 liegt vor, wenn 10 % des auffallenden Lichtstromes durchgelassen werden, die Dichte 2 bei einem Durchlaßgrad von 1 %.

Den typischen Verlauf der Schwärzungskurve zeigt Abb. 18. Auf der Abszisse ist der Logarithmus der Belichtung E·t aufgetragen, auf der Ordinate die Schwärzung D. Auch ohne Belichtung tritt eine geringe Schwärzung auf (*Schleier*). Bei zu geringer Belichtung (*Unterbelichtung*) oder zu starker Belichtung (*Überbelichtung*) sind die entstehenden Schwärzungen unproportional zur Belichtung; diese Bereiche sind zum Photographieren nicht geeignet. Nur im etwa gradlinig verlaufenden Teil (*Normalbelichtung*) werden Helligkeitsunterschiede der abgebildeten Objekte in angemessene Schwärzungsunterschiede umgesetzt; durch den Belichtungsunterschied $\Delta$log E·t entsteht der Dichteunterschied $\Delta$D. Der gerade Teil ist deshalb entscheidend für die Eigenschaften einer photographischen Schicht: seine Steigung kennzeichnet die *Gradation*, seine Lage die *Empfindlichkeit*.

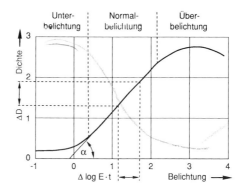

Abb. 18: Schwärzungskurve
Typischer Verlauf der Schwär-
zungskurve photographischer
Schichten

Als *Gradation* bezeichnet man die Eigenschaft, Objektkontraste als mehr oder weniger große Schwärzungsunterschiede wiederzugeben. Als Maß hierfür dient der Gamma-Wert, der die Steigung des geraden Teils der Schwärzungskurve darstellt ($\gamma = \tan \alpha$). Man unterscheidet weiche Schichten ($\gamma < 1$), die kontrastarme Bilder ergeben, normale Schichten ($\gamma \approx 1$) und harte Schichten ($\gamma > 1$), die zu kontrastreichen Bildern führen (Abb. 19).

Abb. 19: Auswirkung verschiedener Gradationen
Bildwiedergabe auf weich arbeitendem (links) und hart arbeitendem (rechts) Photomaterial

Die *Empfindlichkeit* gibt an, welche Lichtmenge erforderlich ist, um bei der Entwicklung eine bestimmte Schwärzung zu erhalten. Gemessen wird die Empfindlichkeit nach verschieden definierten Systemen, meist nach der amerikanischen Norm ASA oder der deutschen Norm DIN. Zur Umrechnung kann folgende Tabelle dienen:

| ASA | 12 | 15 | 18 | 21 | 24 | 27 | 30 | 33 |
|-----|----|----|----|-----|-----|-----|-----|------|
| DIN | 12 | 25 | 50 | 100 | 200 | 400 | 800 | 1600 |

Eine Schicht mit der Empfindlichkeit 24 DIN/200 ASA ist zum Beispiel doppelt so empfindlich und deshalb halb so viel zu belichten wie eine Schicht mit 21 DIN/100 ASA. Zur Kennzeichnung der Empfindlichkeit von Luftbildfilmen wird vielfach ein besonderes System benutzt, das *Aerial Film Speed* (AFS) genannt wird. Es führt zu ähnlichen Zahlenwerten wie das ASA-System, ist jedoch weniger von der Form der Schwärzungskurve abhängig (MEIER 1972).

Gradation und Empfindlichkeit gelten nur für genormte Bedingungen. Vor allem die Wahl des Entwicklers, die Entwicklertemperatur und die Entwicklungszeit beeinflussen den Verlauf der Schwärzungskurve.

## 2.2.2 Spektrale Empfindlichkeit photographischer Schichten

Photographische Schichten sind zunächst nur für kurzwelliges Licht bis etwa 0,5 μm empfindlich (violett bis blaugrün). Da die Empfindlichkeit des menschlichen Auges davon stark abweicht, erhält man beim Photographieren eine Hell-Dunkel-Verteilung im Bild, die der subjektiven Helligkeitswahrnehmung völlig widerspricht. Im Positiv werden blaue Flächen sehr hell, grüne, gelbe oder rote dagegen dunkel bis schwarz wiedergegeben. Diesem Mangel wird durch *Sensibilisierung* der Schichten begegnet. Dabei wird die Emulsion so beeinflußt, daß sie auch durch die Einwirkung von längerwelligem Licht entwicklungsfähig gemacht wird. Man unterscheidet mehrere Typen von photographischen Schichten (Abb. 20).

*Unsensibilisierte* und *orthochromatische* Schichten, die bis etwa 0,5 μm bzw. 0,58 μm empfindlich sind, kommen als Positivmaterial vor und können in der Dunkelkammer bei langwelligem Licht verarbeitet werden. Zur normalen photographischen Aufnahme sind sie nicht geeignet.

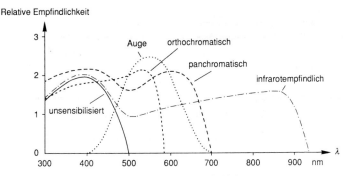

Abb. 20: Spektrale Empfindlichkeit photographischer Schichten
Die spektrale Empfindlichkeit verschieden sensibilisierter Schichten ist der spektralen Hellempfindlichkeit des menschlichen Auges gegenübergestellt. Auch ohne Filter werden die kurzen Wellenlängen (etwa bis 0,4 μm) durch den Glaskörper der Objektive absorbiert.

*Panchromatische* Schichten sind bis etwa 0,7 µm empfindlich, also für den gesamten Bereich des sichtbaren Lichts. Da sie alle Farben in angemessenen Grautönen wiedergeben, sind sie am weitesten verbreitet und dienen allgemein als Aufnahmematerial.

*Infrarotempfindliche* Schichten sind über 0,7 µm hinaus empfindlich. Bei ihnen trägt auch die nicht sichtbare infrarote Strahlung zur Bildentstehung bei, was in der Luftbildinterpretation vielfach erwünscht ist. Das hat zur Folge, daß die entstehenden Grautöne von dem Helligkeitsempfinden des Menschen abweichen, wenn die Objekte im Infraroten wesentlich anders reflektieren als im sichtbaren Licht. Der Effekt wird noch verstärkt, wenn die kurzwellige Strahlung durch geeignete Filter abgehalten und deshalb das Bild weitgehend durch infrarote Strahlung erzeugt wird (Abb. 21). Aufgrund der Unterschiede in den Reflexionseigenschaften der Geländeobjekte und der Luftlichteinflüsse unterscheiden sich panchromatische und infrarote Bilder vor allem durch die in der Tab. 2 aufgeführten Besonderheiten.

Tabelle 2: Wiedergabe von Objekten in verschiedenen Bildern

| Objekt | Panchromatisches Bild | Infrarot-Bild |
|---|---|---|
| Wasserflächen | versch. Grautöne | tiefschwarz |
| Grüne Blattpflanzen | mittel- bis dunkelgrau | hellgrau |
| Schatten | dunkelgrau | tiefschwarz |

Abb. 21: Panchromatisches und Infrarot-Luftbild: Langenburg (Württemberg)
Links: Panchromatisches Bild (mit einem Gelbfilter aufgenommen). Rechts: Infrarot-Bild (mit einem Orangefilter aufgenommen). (Photo: CARL ZEISS, Oberkochen)

Infrarotbilder wirken wegen der kräftigen Schatten besonders kontrastreich. Sie eignen sich vor allem zur Unterscheidung von Laub- und Nadelbäumen, zur Ermittlung offener Wasserflächen bzw. Uferlinien u.ä.

### 2.2.3 Farbphotographie

*Farbfilme* müssen – da jede Farbe auf drei Grundfarben zurückgeführt werden kann – stets aus drei Schichten aufgebaut sein. Die oberste Schicht ist für blaues Licht empfindlich. Durch eine danach folgende Gelbfilterschicht wird verhindert, daß die anderen Schichten von blauem Licht getroffen werden. Auf die zweite Schicht wirkt nur grünes, auf die dritte Schicht nur rotes Licht. Bei der üblichen farbphotographischen Umkehrentwicklung entstehen in den Schichten Farbstoffe, die durch subtraktive Farbmischung so zusammenwirken, daß ein positives Abbild des Geländes entsteht. Dieser Vorgang ist in Abb. 22 schematisch dargestellt. Außerdem gibt es auch Farbnegativfilme, von denen ein positives Bild erst durch einen Kopierprozeß erzeugt werden kann.

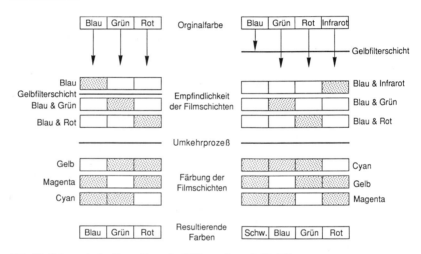

Abb. 22: Schematische Darstellung der Bildentstehung in Farbfilmen
Links: Farbumkehrfilm (es entstehen die Farben des Originals). Rechts: Farbinfrarotfilm (grün, rot und infrarot werden zu blau, grün und rot; blau wird gar nicht wiedergegeben)

*Farbinfrarotfilme* erhält man dadurch, daß eine der Schichten für den infraroten Spektralbereich sensibilisiert wird. Für den Entwicklungsprozeß muß dieser Schicht willkürlich eine bestimmte Farbe zugeordnet werden. Meist werden die Farben so gewählt, daß durch die subtraktive Farbmischung der drei Schichten grüne Objekte blau, rote Objekte grün und stark infrarotreflektierende Objekte rot erscheinen (Abb. 22 und Tafel 1). Es entsteht also ein Bild mit völlig unnatürlicher Farbwirkung (deshalb war früher auch die Bezeichnung *Falschfarbenfilm* verbreitet). Diese speziell für die Luftbildinterpretation entwickelte Filmart kommt in der allgemeinen Photographie kaum vor. Für die Luftbildinterpretation spielt sie aber eine große Rolle, insbesondere im Zusammenhang mit Vegetationsuntersuchungen. Man macht sich dabei die Tatsache zunutze, daß die spezifischen Reflexionseigenschaften der Vegetation im nahen Infrarot in direktem Zusammmenhang mit dem Vitalitätszustand der Pflanzen stehen (z.B. KENNEWEG 1979).

Es soll nicht unerwähnt bleiben, daß in der Sowjetunion ein zweischichtiger Farbfilm entwickelt wurde, der u.a. auch zur Aufnahme von Satellitenbildern eingesetzt wird. Dieser *Spektrozonalfilm* besteht aus einer infrarotempfindlichen und einer panchromatisch (also für das sichtbare Licht) sensibilisierten Schicht. Bei der Entwicklung entsteht ein Farbnegativ; bei der Kopie davon ein Positiv, in dem die infrarotempfindliche Schicht rot, die panchromatische grün gefärbt wird.

### 2.2.4 Filme zur Luftbildaufnahme

An die Filme zur Aufnahme von Luftbildern werden außerordentlich hohe Anforderungen gestellt. Sie müssen eine hohe Empfindlichkeit aufweisen, da wegen der Eigenbewegung des Flugzeugs nur kurze Belichtungszeiten (in der Regel zwischen 1/100 und 1/1000 s) zulässig sind. Andererseits wird ein hohes Auflösungsvermögen verlangt, damit möglichst viele Details noch im Bild wiedergegeben werden können. Diese beiden Forderungen widersprechen einander, so daß bei der Filmherstellung ein Kompromiß eingegangen werden muß. Darüber hinaus ist eine steile Gradation erforderlich, um trotz der vom Flugzeug aus geringen Helligkeitskontraste des Geländes eine gute Bildwiedergabe zu erzielen. Meist werden Gamma-Werte zwischen 1,1 und 1,4 gebraucht, während sie bei normalen photographischen Aufnahmen um 0,8 liegen. In einzelnen Fällen kommen bei der Luftbild-Aufnahme aber auch Gamma-Werte über 2 vor. Die spektrale Empfindlicheit der photographischen Schicht soll bei der Luftbildaufnahme aus physikalischen Gründen vor allem im roten Bereich hoch sein, gegebenenfalls auch im Infrarot. Schließlich wird für die Photogrammetrie auch eine hohe Maßhaltigkeit der Schichtträger verlangt.

Eine Übersicht über wichtige Filme für die Luftbildaufnahme und ihre Eigenschaften gibt die Tab. 3.

### 2.2.5 Filter und ihre Wirkung

*Filter* dienen stets dazu, unerwünschte Strahlungsanteile abzuhalten, so daß diese nicht auf den Strahlungsempfänger wirken können. Bei der photographischen Aufnahme werden im allgemeinen Glasfilter vor dem Objektiv verwendet. Bei anderen Aufnahmesystemen dienen Filter teilweise zur Trennung der Strahlung in verschiedene Spektralbereiche (Kanäle).

Eine gewisse Filterwirkung kommt schon durch den Glaskörper eines Objektivs oder andere optische Bauelemente zustande, wobei die Strahlung unter etwa 0,4 μm fast vollständig absorbiert wird. Zusätzlich werden bei der panchromatischen Schwarzweißaufnahme meist Gelbfilter, Orangefilter oder sogar Rotfilter verwendet, um die kurzwelligen (insbesondere blauen) Strahlungsanteile des kontrastmindernden Luftlichtes abzuhalten.

Tabelle 3: Filme für die Luftbildaufnahme (Auswahl)

| Hersteller Bezeichnung Typ | Relative spektrale Empfindlichkeit | Empfindlichkeit EAFS | Auflösung L/mm | Gamma |
|---|---|---|---|---|
| Agfa-Gevaert Aviphot Pan 50 PE panchromatisch | | 32-80 | 81 | 1,1-1,9 |
| Agfa-Gevaert Aviphot Pan 200 PE panchromatisch | | 125-400 | 50 | 0,9-1,9 |
| Agfa-Gevaert, Aviphot Chrome 200 PE 1 farbpositiv | | 200 | 25 | |
| Agfa-Gevaert, Aviphot Color N 200 PE 1 farbnegativ | | 200 | 50 | |
| Kodak, Double-X Aerographic 2405 panchromatisch | | 64-500 | 50 | 0,7-1,3 |
| Kodak, Panatomic-X Aerographic 2412 panchromatisch | | 32-64 | 125 | 1,3-2,2 |
| Kodak, High Definition Aerial 3414 panchromatisch | | 4-16 | 250 | 1,7-2,5 |
| Kodak, Infrared Aerographic 2424 infrarot | | 200-800 | 50 | 0,6-2,1 |
| Kodak Aerocolor Negative 2445 farbnegativ | | 100 | 40 | |
| Kodak Aerochrome MS 2448 farbpositiv | | 32 | 40 | |
| Kodak, Aerochrome Infrared 2443 farbinfrarot | 400  500  600  700  800 nm | 40 | 32 | |

Wenn reine Infrarot-Bilder (vgl. Abb. 21) hergestellt werden sollen, so sind starke Rotfilter oder Infrarotfilter zu verwenden, die fast alle sichtbare Strahlung absorbieren. Bei Farbaufnahmen muß man sich auf die Verwendung von praktisch farblosen Filtern beschränken, die sehr kurzwellige Strahlung abhalten, da farbige Filter das Bild völlig verfälschen würden. In der Farbinfrarot-Photographie können dagegen auch Gelb- oder Orangefilter eingesetzt werden. Bei der Verwendung von Filtern muß die Belichtungszeit stets verlängert, d.h. mit einem sog. Filterfaktor multipliziert, werden.

Das photographische Bild ergibt sich aus dem Zusammenwirken aller beteiligten Einzelfaktoren. Der Anteil, den die Strahlung einer bestimmten Wellenlänge $\lambda$ an der entstehenden Schwärzung D hat, ist

$$D_\lambda = E_\lambda \cdot \rho_\lambda \cdot \tau_\lambda \cdot S_\lambda,$$

wenn E die Objektbeleuchtung, $\rho$ der Reflexionsgrad der Objektoberfläche, $\tau$ die Durchlässigkeit von Filter und Objektiv und S die Empfindlichkeit der photographischen Schicht ist.

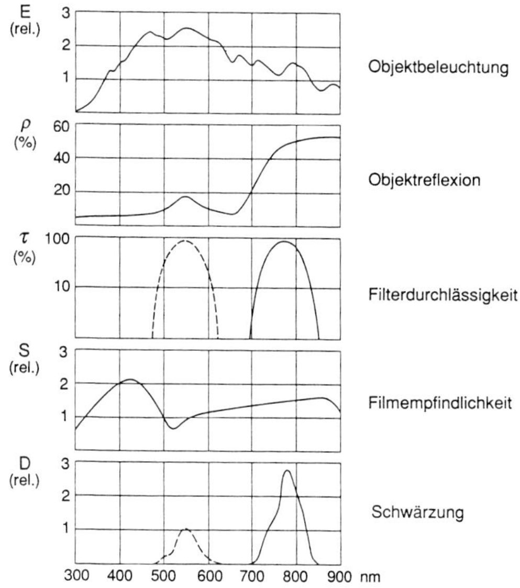

Abb. 23: Schematische Darstellung des Zusammenwirkens der Einzelfaktoren in der Photographie
Im grünen Spektralbereich mit dem gestrichelt dargestellten Grünfilter entsteht eine geringe Schwärzung (im Negativ). Im infraroten Bereich mit dem Infrarotfilter ergibt sich eine starke Schwärzung.

Ein Beispiel ist in Abb. 23 gegeben, nämlich die Aufnahme grüner Pflanzen auf einem infrarotempfindlichen Film unter Verwendung von zwei verschiedenen Filtern, wie sie in der Multispektralphotographie üblich sind. Da sich bei der Belichtung die Anteile der einzelnen Wellenlängen summieren, ist die entstehende Schwärzung proportional zu den Flächen unter der Kurve »Schwärzung«. Würde sich einer der beteiligten Faktoren ändern, wäre auch die Gesamtwirkung entsprechend anders.

### 2.2.6 Aufnahmegeräte

Zum Photographieren vom Flugzeug (oder auch vom Satelliten) aus eignet sich im Prinzip jede gewöhnliche Kamera. Die meisten Luftbilder werden jedoch mit Kameras aufgenommen, die speziell zu diesem Zweck gebaut sind. Für Geräte dieser Art hat sich die Bezeichnung *Kammer* eingebürgert. Man unterscheidet Handkammern, Reihenmeßkammern, Multispektralkammern und Aufklärungskammern. Außerdem wurden einige Kammern speziell für die Aufnahme von Satellitenbildern gebaut.

*Gewöhnliche Kameras* werden überwiegend für Gelegenheitsaufnahmen von Verkehrs- und Sportflugzeugen aus verwendet. Daneben kommen sie auch im Rahmen von Fernerkundungsprojekten vor, z.b. zur Dokumentation von lokalen Vegetationserscheinungen oder von Tierherden, für großmaßstäbige Stichproben als Ergänzung von kleinmaßstäbigen flächendeckenden Luftbild-Aufnahmen oder auch bei Stereoaufnahmen aus sehr niedriger Flughöhe (z.b. SCHÜRHOLZ 1972, RHODY 1977).

*Handkammern* zur Luftbildaufnahme zeichnen sich durch feste Handgriffe, große Sucher und verhältnismäßig große Bildformate aus. Kammern dieser Art (Abb. 24) dienen überwiegend der Aufnahme von Schrägbildern.

Abb. 24: Handkammer Aero Technika 45 EL der Firma LINHOF Bildformat 9 × 12 cm², Objektivbrennweiten von 90 bis 250 mm, mit Motorantrieb für Rollfilme in Saugkassetten (Photo: LINHOF, München)

Zur Aufnahme von Senkrechtbildern von Flugzeugen aus, insbesondere zur systematischen Aufnahme größerer Flächen, werden im allgemeinen *Reihenmeßkammern* benutzt. Der Begriff deutet an, daß mit diesen Kammern die systematische Aufnahme von Bildreihen möglich ist und die aufgenommenen Bilder für photogrammetrische (Meß-) Zwecke geeignet sind. Alle Reihenmeßkammern bestehen aus dem eigentlichen Kammerkörper, der Filmkassette, der Kammeraufhängung und Zusatzgeräten (Abb. 25).

Der *Kammerkörper* enthält das Objektiv mit dem Verschluß, den Objektivkonus und den Anlegerahmen sowie Bauteile, die den Funktionsablauf der Kammer bewirken. Der Objektivkonus verbindet das Objektiv starr mit dem Anlegerahmen, der die Ebene der photographischen Schicht im Augenblick der Belichtung definiert; eine Fokussierung ist nicht erforderlich (und für photogrammetrische Zwecke auch nicht erwünscht). An das *Objektiv* werden hohe Anforderungen gestellt. Diese betreffen insbesondere die Bild-qualität, die Lichtstärke und die Verzeichnung.

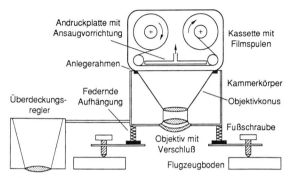

Abb. 25: Stark schematisierter Querschnitt durch eine Reihenmeßkammer

Die *Bildqualität* des Objektivs bestimmt zusammen mit dem Film das Auf-lösungsvermögen des ganzen Systems und damit die Möglichkeit zur Wieder-gabe kleiner Details (vgl. 3.3.1).

Die Luftbildaufnahme verlangt sehr kurze Belichtungszeiten, da sonst die während des Belichtens auftretenden Bewegungen (die sog. Bildwanderung) zu Unschärfen führen würden. Dies setzt eine hohe *Lichtstärke* und damit ein großes Öffnungsverhältnis des Objektivs voraus. Aus physikalischen Grün-den tritt mit größer werdendem Bildfeld ein zum Bildrand hin wachsender *Helligkeitsabfall* auf, d.h. die Bestrahlungsstärke auf der photographischen Schicht verringert sich von der Bildmitte zum Bildrand und vor allem zu den Bildecken hin. Dieser Erscheinung kann mit technischen Mitteln nur zum Teil entgegengewirkt werden. Deshalb verbleibt auch bei modernen Objektiven ein beträchtlicher Helligkeitsabfall. Die damit aufgenommenen Bilder werden deshalb (im Positiv) von der Mitte zu den Ecken hin dunkler, was bei der Interpretation unter Umständen beachtet werden muß.

Bei der photogrammetrischen Auswertung geht man von der Annahme aus, daß das Luftbild eine zentralperspektive Abbildung des Geländes dar-stellt. Die Abweichung von dieser Idealvorstellung nennt man *Verzeichnung*. Sie ist bei modernen Luftbildobjektiven so klein, daß sie für Interpretations-zwecke keiner Berücksichtigung bedarf.

Die Reihenmeßkammern weisen heute mit nur wenigen Ausnahmen das einheitliche Bildformat $23 \times 23$ cm² auf. Sie werden jedoch mit verschiedenen Objektiven ausgestattet, um unterschiedlichen Aufnahmeanforderungen ge-recht werden zu können. Dabei unterscheidet man mehrere Typen, die durch ihre Brennweite und den maximalen Bildwinkel (über die Diagonale des Bildes gemessen) gekennzeichnet sind (Tab.4).

Über den *Kammerkörper* ist das Objektiv fest mit dem Anlegerahmen ver-bunden. Dadurch wird eine feste *innere Orientierung* gewährleistet. Darunter

versteht man die räumliche Lage des Projektionszentrums relativ zur Bildebene. Die Kenntnis dieses Zusammenhangs ist Voraussetzung für die photogrammetrische Auswertung der aufgenommenen Bilder, da sonst das zentralperspektive Aufnahmestrahlenbündel nicht rekonstruiert werden könnte. Um
für jedes einzelne Bild die Lage des Projektionszentrums O bestimmen zu
können, benutzt man ein Bildkoordinatensystem x', y' (Abb.26).

Tabelle 4: Objektivtypen für Reihenmeßkammern

| Objektiv-Typ | Brennweite | Maximaler Bildwinkel |
|---|---|---|
| Schmalwinkel-Objektiv | ≈ 61 cm | ≈ 33 gon (30°) |
| Normalwinkel-Objektiv | ≈ 30 cm | ≈ 62 gon (56°) |
| Zwischenwinkel-Objektiv | ≈ 21 cm | ≈ 83 gon (75°) |
| Weitwinkel-Objektiv | ≈ 15 cm | ≈ 104 gon (94°) |
| Überweitwinkel-Objektiv | ≈ 9 cm | ≈ 134 gon (121°) |

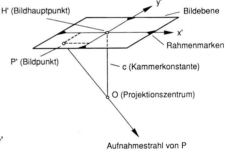

Abb. 26: Bildkoordinatensystem x', y'
und Kammerkonstante c

Die Lage des Projektionszentrums O wird festgelegt durch zwei Bildkoordinaten x' und y' und den senkrechten Abstand von der Bildebene, die
*Kammerkonstante* c. Durch Justierung wird erreicht, daß der Fußpunkt des
Lotes von O auf die Bildebene mit dem Ursprung des Bildkoordinatensystems
im *Bildhauptpunkt* H' zusammenfällt. Für einen beliebigen Bildpunkt P' mit
den Bildkoordinaten x', y' läßt sich damit der Aufnahmestrahl zum Geländepunkt P rekonstruieren. Das alles setzt voraus, daß das Bildkoordinatensystem für jedes Bild bekannt ist. Man erreicht dies durch die Abbildung von
*Rahmenmarken*, die in der Ebene des Anlegerahmens angebracht sind und
zugleich mit dem Bild auf den Film belichtet werden. Am Anlegerahmen befinden sich außerdem einige Nebenabbildungen, die mit jeder Belichtung auf
den Bildrand kopiert werden: Kammer-Nummer, Kammerkonstante, Bild-
nummer, Uhrzeit, meist eine Notiztafel und weitere Angaben.

Über dem Anlegerahmen wird auf den Kammerkörper die *Filmkassette*
aufgesetzt (Abb.25). Sie kann Filme von mindestens 120 m Länge aufnehmen

und läßt sich während des Bildflugs auswechseln. Durch die Kassette wird das Photomaterial vor unerwünschter Bestrahlung geschützt. Für die kurze Zeit der Belichtung muß sich der Film genau in der Ebene des Anlegerahmens befinden. Dies erfordert eine pneumatische Einrichtung, da mit anderen Mitteln eine genügende Ebenheit des Films nicht zu erreichen ist. Die Filmrückseite wird durch Unterdruck an die ebene Andruckplatte angesaugt und diese zusammen mit dem verebneten Film gegen den Anlegerahmen gepreßt. Nach der Belichtung muß die Platte abgehoben und der Unterdruck gelöst werden, bevor der Film weitertransportiert werden kann. Diese Vorgänge können nicht beliebig schnell ablaufen. Bei den meisten Reihenmeßkammern dauert ein Belichtungszyklus deshalb wenigstens 1,6 bis 2 Sekunden.

Bei längeren Belichtungszeiten tritt die schon erwähnte *Bildwanderung* auf, welche die Bildqualität beeinträchtigt. Deswegen werden seit einigen Jahren auch spezielle Kassetten eingesetzt, mit denen dieser Effekt durch eine Bewegung der Andruckplatte mit dem angesaugten Film während der Belichtung kompensiert wird. Diese Technik ist unter FMC (*Forward Motion Compensation*) bekannt und führt nicht nur allgemein zu höherer Bildqualität, sondern ermöglicht es auch, Luftbildaufnahmen unter relativ ungünstigen Beleuchtungsverhältnissen zu machen, die sonst zu lange Belichtungszeiten erfordern würden.

Die Kammer mit der aufgesetzten Filmkassette ist in der *Kammeraufhängung* gelagert, die über einer Lukenöffnung auf dem Boden des Flugzeugrumpfs aufsitzt. Um die Aufnahmerichtung genähert senkrecht zu stellen, benutzt man eine verstellbare, stoßgedämpfte Dreipunktlagerung. Außerdem muß die Kammer um eine senkrechte Achse drehbar sein, damit der Einfluß der Abtrift (Wirkung des Seitenwindes beim Flug) ausgeglichen werden kann. Zu diesem Zweck ist sie in einem Drehring gelagert (Abb. 27).

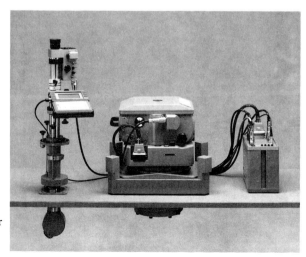

Abb. 27: Reihenmeß-
kammer RMK 15/23
der Firma CARL ZEISS
mit Überdeckungsregler
(Photo: CARL ZEISS,
Oberkochen)

Die praktische Nutzung der Reihenmeßkammern erfordert noch einige Zusatzgeräte. In erster Linie ist ein *Überdeckungsregler* zu nennen. Er ist entweder in ein an der Reihenmeßkammer angebrachtes Sucherfernrohr eingebaut oder als getrenntes Zusatzgerät ausgebildet. Der die Kammer bedienende Operateur kann im Fernrohr oder auf einer Mattscheibe das Bild des überflogenen Geländes verfolgen und eine bewegliche Anzeige einregulieren, so daß sie mit derselben Geschwindigkeit läuft wie das Geländebild. Dann steuert der Überdeckungsregler die Kamerafunktionen so, daß sich aufeinanderfolgende Bilder zu einem vorher eingestellten Prozentsatz überdecken (Längsüberdeckung). Außerdem kann die Bewegungsrichtung kontrolliert und eine durch Seitenwind verursachte Abtrift bestimmt werden. Die Kammer ist dann um den Abtriftwinkel zu drehen, damit eine ungestörte Bildreihe entsteht. Als Hilfsgeräte dienen auch *Navigationsfernrohre*, die die Einhaltung einer gewählten Flugtrasse und der geforderten Querüberdeckung erleichtern. Auch zur Regelung der Belichtung werden vielfach Zusatzgeräte eingesetzt. Außerdem gibt es für photogrammetrische Zwecke weitere Hilfsmittel, die vor allem der Bestimmung der äußeren Orientierung der Bilder dienen. Die Tab. 5 gibt eine Übersicht über technische Daten einiger Reihenmeßkammern.

Tabelle 5: Technische Daten einiger Reihenmeßkammern

| Hersteller | CARL ZEISS | CARL ZEISS | WILD | JENOPTIK |
|---|---|---|---|---|
| Kammer-Typ | RMK A 15/23 | RMK A 30/23 | RC 10A | LMK |
| Bildformat | 23 × 23 cm² | 23 × 23 cm² | 23 × 23 cm² | 23 × 23 cm² |
| Brennweite | 15 cm | 30 cm | 15 cm* | 15 cm* |
| Bildfeld | 83 gon | 47 gon | 83 gon | 83 gon |
| Objektiv | Pleogon A | Topar A | Univ.-Aviogon | Lamegon PI |
| Blenden | 1:4 bis 1:11 | 1:5,6 bis 1:11 | 1:4 bis 1:22 | 1:4,5 bis 1:11 |
| Belichtungszeit | 1/100 -1/1000 s | 1/100 -1/1000 s | 1/100 -1/1000 s | 1/50 -1/1000 s |
| Kassettenvolumen | 120 m | 120 m | 120 m | 120 m |
| Kürzeste Bildfolge | 2 s | 2 s | 2 s | 2 s |
| Gewicht** | etwa 110 kg | etwa 110 kg | etwa 130 kg | etwa 120 kg |

* austauschbar 9, 15, 30 cm                        ** mit Aufhängung, Kassette und Steuergerät

Die Farbphotographie ist im Sinne der Fernerkundung ein dreikanaliges Aufnahmesystem, da für jede Geländefläche drei Meßwerte in den einzelnen Schichten der Farbfilme registriert werden. Will man die Zahl der Kanäle vermehren, so muß man zu einer mit mehreren Objektiven ausgestatteten *Multispektralkammer* greifen. Damit werden vier oder mehr geometrisch identische Bilder gleichzeitig aufgenommen, jedes in einer besonderen Film-Filter-Kombination. Für den Flugzeug-Einsatz steht beispielsweise die Multispektralkammer MSK 4 von JENOPTIK zur Verfügung. Die Multispektralphotographie hat allerdings nur begrenzte Bedeutung erlangt, wohl weil der Informationsgewinn gegenüber der Farbphotographie bescheiden ist und sich mit Abtastsystemen Multispektraldaten gewinnen lassen, die in radiometrischer Hinsicht genauer sind und sich direkt digital weiterverarbeiten lassen.

Für die militärische Aufklärung werden in der Regel andere Anforderungen an die Kammern gestellt als im zivilen Luftbildwesen. Zugunsten anderer Parameter verzichtet man deshalb bei *Aufklärungskammern* meist auf eine feste innere Orientierung. Tabellarische Aufstellungen derartiger Kammern findet man z.B. in REEVES (1975).

Zur photographischen Aufnahme von Satelliten aus wurden verschiedenartige Kameras eingesetzt. Besondere Beachtung haben die *Metric Camera* und die *Large Format Camera* gefunden, die 1983 und 1984 im Rahmen von *Space Shuttle*-Flügen eingesetzt wurden. Sie lieferten Meßbilder von hoher Qualität im Luftbildformat bzw. im Großformat 23 × 46 cm². Dabei war es das erklärte Ziel, die stereophotogrammetrische Kartierung der Erdoberfläche in mittleren Kartenmaßstäben (1:50.000 bis 1:100.000) zu testen. Da es sich in beiden Fällen aber nur um experimentelle Einsätze handelte, ging davon keine nachhaltige Wirkung aus.

Anders ist das mit den Kammern, die im Rahmen der sowjetischen Weltraumprogramme systematisch weiterentwickelt wurden. Neben den Systemen KATE-140 (mit 140 mm Brennweite) und KATE-200 (mit 200 mm Brennweite) wird die *Meßbildkammer* KFA-1000 kontinuierlich eingesetzt. Sie ist derzeit das am weitesten entwickelte photographische System der Satelliten-Fernerkundung und kann auch von unbemannten Satelliten der Kosmos-Serie aus automatisch betrieben werden. Verwendung findet dabei entweder panchromatischer Film oder zweischichtiger Farbfilm (Spektrozonalfilm).

Abb. 28: Multispektralkammer MKF 6
Aufnahme in 6 Spektralkanälen im sichtbaren Licht und nahen Infrarot. (JENOPTIK GmbH, Jena)

Auch die photographische Multispektraltechnik wurde von Satelliten aus eingesetzt. Dabei kommt der *Multispektralkammer* MKF 6 der Firma JENOPTIK große Bedeutung zu, da sie seit 1978 regelmäßig im sowjetischen Weltraumprogramm benutzt wurde (Abb.28). Sie kann gleichzeitig sechs Bilder in verschiedenen Film-Filter-Kombinationen aufnehmen. Für die Auswertung der Bilder gibt es spezielle Farbmischprojektoren (vgl. 4.2.1). Neuerdings wird für denselben Zweck die in der Sowjetunion entwickelte Multispektralkammer MK 4 eingesetzt.

Die Tab.6 gibt eine Übersicht über die photographischen Systeme zur Aufnahme von Satellitenbildern.

Tabelle 6: Technische Daten photographischer Systeme zur Satelliten-Fernerkundung

| Kammer | Bildformat mm$^2$ | Brennweite mm | Flughöhe km | Bildfläche km$^2$ | Bildmaßstab |
|---|---|---|---|---|---|
| Metric Camera (MC) | 230 x 230 | 305 | 250 | 185 × 185 | 1:820.000 |
| Large Format Camera (LFC) | 230 x 457 | 305 | 240 bis 370 | 180 × 350 bis 270 × 540 | 1:780.000 bis 1:1.200.000 |
| KFA-1000 | 300 x 300 | 1000 | 200 bis 270 | 60 × 60 bis 80 × 80 | 1:200.000 bis 1:270.000 |
| Multispektral- kammer MKF 6-M | 55 x 81 | 125 | 250 bis 350 | 140 × 160 bis 150 × 225 | 1:2.000.000 bis 1:2.800.000 |

## 2.2.7 Aufnahmetechnik

Die Aufnahme von Senkrecht-Luftbildern erfolgt in der Regel in sich überlappenden Parallelstreifen (Abb.29). Dabei wird in Flugrichtung eine bestimmte *Längsüberdeckung* s−b eingehalten (s = Bildseite im Gelände, b = *Basis*). Die Fläche F$_m$ ist deshalb in zwei aufeinanderfolgenden Bildern wiedergegeben und kann daher stereoskopisch betrachtet werden (vgl. 5.1.2). Um sicherzustellen, daß jeder Punkt des Geländes in mindestens einem Stereobildpaar enthalten ist, muß mit einer Längsüberdeckung von 60% (also s−b = 0,6 s) aufgenommen werden. Der Abstand a zwischen den Flugstreifen wird meist so gewählt, daß die *Querüberdeckung* s−a ungefähr 20% beträgt.

Für manche Aufgaben ist die Aufnahme in Parallelstreifen nicht zweckmäßig, da nur ein schmaler Gelände-Korridor gebraucht wird, z.B. entlang von Trassen, Gewässern, Küstenlinien u.ä. Aus flugtechnischen Gründen können Senkrechtbilder aber nur im Geradeaus-Flug aufgenommen werden. Deshalb sind längere Korridore entlang solcher Linien häufig durch eine Folge von Einzelstreifen zu erfassen (Abb.30).

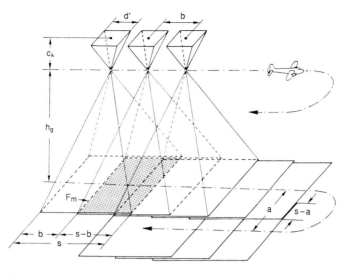

Abb. 29: Flächenhafte Luftbildaufnahme
Die aufzunehmende Fläche wird durch parallele, sich teilweise überlappende Streifen abgedeckt.

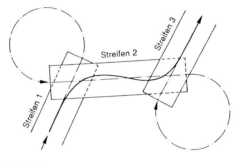

Abb. 30: Schema der Luftbildaufnahme entlang einer gekrümmten Linie
Aufgenommen wird in einzelnen durch Schleifen miteinander verknüpften geraden Streifen.

Bei der *Wahl der Reihenmeßkammer* sind die Auswirkungen verschiedener Bildwinkel zu bedenken. Der Helligkeitsabfall in der Bildebene, die Mitlicht-Gegenlicht-Unterschiede und die Lageversetzungen durch Gelände- und Objekthöhen wachsen mit zunehmendem Bildwinkel an. Ihr Einfluß ist deshalb bei Normalwinkelkammern ($c \approx 30$ cm) oder gar Schmalwinkelkammern wesentlich geringer als bei *Weitwinkelkammern* ($c \approx 15$ cm). Im Zweifelsfalle sind aus diesem Grunde Normalwinkelkammern vorzuziehen. Dem stehen jedoch oft andere Gründe entgegen, z.B. Beschränkungen der Flughöhe oder die Absicht, eine Fläche aus einer bestimmten Flughöhe mit einer geringen Zahl von Bildern zu erfassen. In solchen Fällen bieten Weitwinkelkammern große Vorteile. Sie führen außerdem zu einem größeren Basisverhältnis (vgl. 5.1.2) und damit zu Verbesserungen beim stereoskopischen Sehen und Messen.

Kein Bildmaßstab ist für alle Zwecke gleich gut geeignet. Für die *Wahl des Bildmaßstabes* zur topographischen Kartierung gilt als Faustregel

$$m_b \approx 250 \sqrt{m_k},$$

wobei $m_b$ die Bildmaßstabszahl und $m_k$ die Kartenmaßstabszahl ist. Demnach ist beispielsweise zur Kartierung im Maßstab 1:25.000 ein Bildmaßstab von etwa 1:40.000 zweckmäßig. Für geologische oder andere geowissenschaftliche Aufgaben werden häufig Bildmaßstäbe zwischen 1:20.000 und 1:30.000, für regionale Aufgaben auch 1:50.000 bevorzugt. Beim Straßenbau dienen Bilder in den Maßstäben 1:12.000 bis 1:13.000 meist der Vorplanung, während der späteren Planungsphasen werden Maßstäbe um 1:4.000 sowohl zur Interpretation als auch für Vermessungszwecke bevorzugt. Die forstliche Luftbildinterpretation benutzt für viele Aufgaben Luftbilder in Maßstäben um 1:12.000, für Großrauminventuren aber wesentlich kleinere, für die Interpretation von Baumschädigungen dagegen größere Maßstäbe. Allgemein ist festzustellen, daß in größeren Bildmaßstäben die Interpretation von Einzelobjekten leichter ist, es aber schwieriger wird, Zusammenhänge zu überschauen. Außerdem ist zu bedenken, daß die Anzahl der aufzunehmenden und zu handhabenden Bilder mit dem Maßstab anwächst.

Die Wahl der *Jahreszeit* für die Luftbildaufnahme stellt ein ernstes Problem dar. Das Bild der meisten Landschaften wechselt im Jahreslauf stark, insbesondere durch Veränderungen der Vegetation. In der Abb.31 ist das am Beispiel panchromatischer Bilder eines mitteleuropäischen Mischwaldes verdeutlicht. Die verschiedenen Nutzungsarten und Bearbeitungszustände von Ackerflächen führen zu einer großen Vielfalt im Erscheinungsbild mit starken Veränderungen im Jahreslauf (vgl. STEINER 1961, MEIENBERG 1966).

Die Entscheidung für einen bestimmten Befliegungszeitpunkt hängt vor allem von der Zielsetzung und von regionalen Gegebenheiten ab. Für photogrammetrische Zwecke wird in Mitteleuropa das Frühjahr vor dem Laubausbruch bevorzugt. Dann herrscht die für topographische Vermessungen beste Bodensicht. Für die Landnutzungskartierung ist dagegen der Frühsommer besser geeignet. Zur Beobachtung von Vegetationsschäden sind Farbinfrarotbilder vom Spätsommer besonders günstig.

Für die Wahl der Aufnahmezeit können aber auch viele andere Gesichtspunkte (z.B. meteorologische Bedingungen, Beleuchtungsverhältnisse, Forderungen an die Aktualität der Luftbilder u.ä.) entscheidend sein. Angesichts oft verschiedenartiger Anforderungen stellt eine Entscheidung über den Aufnahmezeitpunkt vielfach einen Kompromiß dar.

Durchgeführt werden die sogenannten *Bildflüge* in Deutschland von darauf spezialisierten Firmen, in anderen Ländern vielfach auch von staatlichen Einrichtungen. Dabei hat die Flugzeug-Besatzung (Abb.32) die Aufgabe, die vorher geplanten und meist in Karten eingetragenen Flugtrassen in der entsprechenden Höhe abzufliegen und Luftbilder mit den gewünschten Überdeckungen aufzunehmen. Dies erfordert eine sorgfältige Navigation, die entweder mit vergleichsweise einfachen Hilfsmitteln als Sichtnavigation oder –

vor allem in kartographisch weniger erschlossenen Gebieten – als Instrumentennavigation durchgeführt wird.

Abb. 31: Wechsel des Landschaftsbildes mit der Jahreszeit
Im Frühjahr vor dem Laubausbruch (oberes Bild) sind die Laubbäume »durchsichtig«; Waldwege, Bäche, Gräben u.ä. sind gut sichtbar. Die dunklen Nadelbäume sind gut zu erkennen. Im Sommer (mittleres Bild) ähneln sich die Laub- und Nadelwälder (nur in Infrarotbildern können sie leicht unterschieden werden). Wege, Gräben usw. sind weitgehend durch das Kronendach verdeckt. Im Herbst (unteres Bild) verfärben sich die Kronen der Laubbäume allmählich, je nach Baumart und Standort zu verschiedenen Zeitpunkten. Einen ebenfalls sehr ausgeprägten Wandel machen die Ackerflächen (links und oben rechts an den Wald anschließend) im Jahreslauf durch. Wiesen- und Weideflächen (links oben, unten und rechts an den Wald anschließend) verändern sich verhältnismäßig wenig mit der Jahreszeit. (Entnommen aus SCHNEIDER 1974)

Abb. 32: Operateur während eines Bildfluges
mit der Reihenmeßkammer WILD RC 10
(Photo: WILD Heerbrugg)

Angestrebt wird in der Regel die genau lotrechte Lage der Aufnahmerichtung. Tatsächlich läßt sich dieses Ideal aber nicht erreichen. Da andererseits die Daten der äußeren Orientierung einer Kammer, d.h. ihre Lage im
Raum, mit der erforderlichen Genauigkeit nicht direkt gemessen werden
können, bedient man sich sogenannter *Paßpunkte*, um die Orientierung der
Kammer nachträglich zu ermitteln (vgl. 5.2).

Näheres zur Bildflugtechnik enthalten die Lehrbücher der Photogramme-
trie (z.B. KRAUS 1982, KONECNY & LEHMANN 1984, RÜGER u.a. 1987).
Eine ausführliche Darstellung der Luftbild-Photographie bieten GRAHAM &
READ (1986).

### 2.3 Aufnahme mit Abtast-Systemen (Scanner)

Im Gegensatz zur Photographie, mit der gleichzeitig ein Gesamtbild einer
größeren Geländefläche gewonnen wird, beobachtet man mit einem *Scanner*
oder *Abtaster* stets nur die von einem kleinen Flächenelement des Geländes
ausgehende Strahlung. Um ein größeres Gebiet aufzunehmen, müssen viele
derartige Einzelbeobachtungen zusammengefügt werden. Dabei wird einerseits zwischen *optisch-mechanischen* und *optoelektronischen Scannern* unterschieden, andererseits zwischen den nur in einem Spektralbereich aufnehmen-
den *einkanaligen* und den mehrkanaligen oder *Multispektral-Scannern*.

### 2.3.1 Optisch-mechanische Scanner

Die Arbeitsweise eines optisch-mechanischen Scanners ist in Abb. 33 stark
schematisiert dargestellt. Die von einem Geländeflächenelement in Richtung

auf einen Spiegel ausgesandte elektromagnetische Strahlung wird durch ein spiegeloptisches System auf einen Detektor fokussiert und durch diesen in ein meßbares elektrisches Signal (Photostrom) umgewandelt. Wenn nun der Spiegel um eine zur Flugrichtung parallele Achse rotiert, wandert das Flächenelement quer zur Flugrichtung über das Gelände. Da sich außerdem das Flugzeug selbst vorwärtsbewegt, wird – wenn die Bewegungen richtig aufeinander abgestimmt sind – ein breiter Geländestreifen Zeile für Zeile abgetastet. Die empfangenen Werte des Photostromes werden verstärkt und nacheinander in geeigneter Weise gespeichert. Dazu werden sie in der Regel digitalisiert und auf Magnetband aufgezeichnet. Sie können dann z.B. mit den Mitteln der Digitalen Bildverarbeitung (vgl. 4.3) bearbeitet und zu einem Bildstreifen zusammengefügt werden.

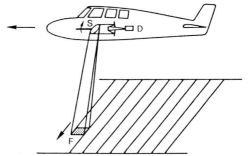

Abb. 33: Zeilenabtastung mit einem optisch-mechanischen Scanner
F = Geländeflächenelement, S = rotierender Spiegel, D = Detektor. Die Bildelemente einer Zeile werden nacheinander aufgenommen.

Ein derartiges System arbeitet passiv. Es kann zur Beobachtung von reflektierter Sonnenstrahlung und zur Aufnahme der Thermalstrahlung des Geländes benutzt werden. Der jeweilige Wellenlängenbereich hängt in erster Linie von der Art des verwendeten Detektors ab, kann jedoch durch optische Bauelemente (z.B. Filter) variiert werden. *Einkanalige Systeme*, die mit nur einem Detektor arbeiten, kommen in der Regel bei der Aufnahme der Thermalstrahlung vor.

Mit geeigneten optischen Bauelementen läßt sich die von einem Abtastsystem empfangene Strahlung in verschiedene Wellenlängenbereiche aufteilen. Dadurch entstehen mehrkanalige Systeme, die man *Multispektral-Scanner* nennt. Sie dienen meist dazu, die Strahlung im sichtbaren Licht und im nahen Infrarot in mehreren Spektralbereichen (Kanälen) aufzunehmen.

Im Flugzeug werden die Scanner in ähnlicher Weise eingebaut und betrieben wie Reihenmeßkammern. Ihr Einsatz ist jedoch aufwendiger als der Betrieb einer Kamera. Außerdem führen die Flugbewegungen zu komplizierten geometrischen Verzerrungen (vgl. 3.1.2), die die Auswertung erschweren. Deshalb werden *Flugzeug-Scanner* nur dann benutzt, wenn Daten gewonnen werden sollen, die photographische Systeme nicht liefern können. Dies ist einerseits bei der Aufnahme der Thermalstrahlung der Fall, andererseits bei der Gewinnung von Multispektraldaten. Als Detektoren dienen Kristalle, die auf auftreffende elektromagnetische Strahlung mit meßbaren

Änderungen ihrer elektrischen Eigenschaften reagieren. Es erscheint zweckmäßig, die entstehenden Bildwiedergaben als *Thermalbilder* zu bezeichnen. Die *Thermalstrahlung* wird meist im Wellenlängenbereich zwischen 8 und 13 μm aufgenommen. Dabei müssen die Detektoren stark gekühlt werden, da sie sonst durch ihre eigene Strahlung gestört würden. Es hat sich bewährt, zur Kühlung flüssige Gase (meist Stickstoff) zu verwenden. Da die Temperaturen an der Erdoberfläche durch eine Vielzahl von Faktoren beeinflußt werden und sich laufend ändern, muß der Zeitpunkt der Aufnahme je nach dem angestrebten Zweck sorgsam gewählt werden (vgl. z.B. 6.11).

Zur *Multispektral-Aufnahme* dienen optisch-mechanische Scanner, die die empfangene Strahlung mit Bauelementen der technischen Optik (Filter, Prismen oder Gitter) in einzelne Spektralbereiche zerlegen. Für jeden Bereich wird ein Meßwert ermittelt, so daß mehrere Bilddatensätze entstehen, die geometrisch identisch sind, sich aber in den Grauwerten entsprechend der spektralen Zusammensetzung der von der Geländeoberfläche ausgehenden Strahlung unterscheiden. Vielfach liegt einer der Spektralkanäle im Thermalbereich. Die Abb. 34 zeigt den Vorgang schematisch.

Ein moderner optisch-mechanischer Scanner wie der AADS 1268 der Firma DAEDALUS benutzt 11 Spektralkanäle, von denen 10 die reflektierte Sonnenstrahlung zwischen 0,4 und 2,4 μm erfassen, einer die Thermalstrahlung zwischen 8,5 und 13 μm. Das System ist so ausgelegt, daß mit einem momentanen Gesichtsfeld (IFOV = *Instantaneous Field of View*) von 2,5 oder 1,25 mrad aufgenommen werden kann (d.h. aus 1000 m Flughöhe werden Geländeflächenelemente von 2,5 bzw. 1,25 m Ausdehnung erfaßt; vgl. auch 3.1.2).

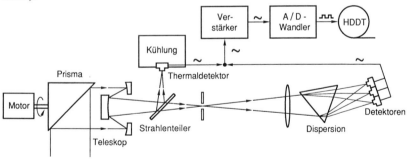

Abb. 34: Zerlegung der empfangenen Strahlung in einzelne Spektralbereiche
(Nach KRAUS & SCHNEIDER 1988)

Während die Flugzeug-Systeme nur für besondere Aufgaben eingesetzt werden, haben die optisch-mechanischen Scanner der LANDSAT-Satelliten weltweit eine enorme Bedeutung erlangt. Sie bedürfen deshalb einer eingehenderen Betrachtung.

Um praktisch die ganze Erdoberfläche beobachten zu können, wurden für die Satelliten kreisförmige, polnahe *Umlaufbahnen* gewählt (Abb. 35). Die

Bahnen liegen »sonnensynchron«, d.h. die Satelliten überqueren den Äquator stets zur selben Ortszeit (9.30 Uhr), so daß im Rahmen des Möglichen gleichbleibende Aufnahmebedingungen gegeben sind.

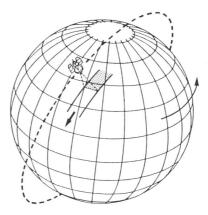

Abb. 35: Die Umlaufbahn der LANDSAT-Satelliten

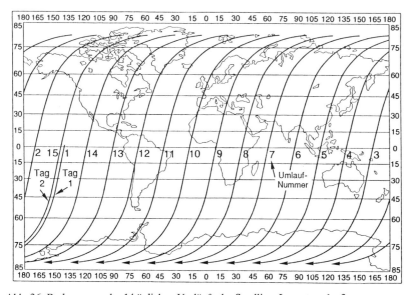

Abb. 36: Bodenspuren der 14täglichen Umläufe der Satelliten LANDSAT 1 - 3
Dargestellt sind die auf der Tagseite verlaufenden Hälften der Bahnen; angedeutet ist ferner die Spur des ersten Umlaufes vom folgenden Tag (Bahn 15).

Durch die Rotation der Erdkugel wandert die Erdoberfläche unter der Satellitenbahn hindurch. Die Bodenspuren der aufeinanderfolgenden Umläufe sind deshalb gegeneinander versetzt (Abb.36). Die Bahnparameter sind so gewählt, daß nach und nach die ganze Erdoberfläche aufgenommen werden kann und sich der Vorgang nach 18 Tagen – bei LANDSAT- 4 und -5 nach 16 Tagen – wiederholt (vgl. Tab. 7). Ausgenommen sind lediglich die Polkappen, die nicht erreicht werden, weil die Bahn gegen die Äquatorebene um einige Grad geneigt ist.

Diese Konfiguration der *Umlaufbahnen* hat sich bewährt und wird deshalb – mit gewissen Modifikationen – auch bei anderen Satelliten-Systemen (z.b. SPOT) benutzt. Die dabei entstehende Systematik macht es möglich, die Daten nach weltweiten Referenzsystemen zu ordnen und für Archivierung und Vertrieb aufzubereiten (vgl. 2.5).

Ausgestattet wurden die Satelliten mit optisch-mechanischen Abtast-Systemen, nämlich LANDSAT-1 bis -5 (ab 1972) mit dem *Multispectral Scanner* (MSS), LANDSAT- 4 und -5 (ab 1982) zusätzlich mit dem *Thematic Mapper* (TM). Daneben wurden bei den ersten 3 Satelliten auch *Return Beam Vidicon* genannte Fernsehsysteme eingesetzt, von denen jedoch keine nachhaltige Wirkung ausging.

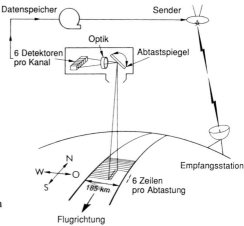

Abb. 37: Schematische Darstellung der Aufnahme mit dem MSS-System der LANDSAT-Satelliten

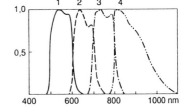

Abb. 38: Relative spektrale Empfindlichkeit der 4 Kanäle des LANDSAT-MSS
Die Kanäle wurden zunächst mit 4 bis 7 beziffert; seit LANDSAT-4 wurde die Bezifferung von 1 bis 4 eingeführt.

Der *Multispectral Scanner* (MSS) tastet die Erdoberfläche mit Hilfe eines hin- und herwippenden Spiegels in Zeilen quer zur Flugrichtung ab (Abb. 37). Dabei werden mit einer Spiegelbewegung gleichzeitig 6 Zeilen in je vier

Spektralkanälen beobachtet. Zu diesem Zweck wird die aufgefangene Strahlung entsprechend auf 24 Detektoren fokussiert. Zwei Kanäle liegen im sichtbaren und zwei im infraroten Spektralbereich (Abb. 38 und Tab. 7). Der aufgenommene Geländestreifen ist 185 km breit, das einzelne Bildelement etwa $80 \times 80$ m². Die Daten werden entweder direkt oder nach einer Zwischenspeicherung auf Magnetband zu weltweit verteilten Empfangsstationen übertragen.

Tabelle 7: Technische Daten der LANDSAT-Sensoren

| | LANDSAT 4, 5 (1 - 3)<br>Multispectral Scanner (MSS) | LANDSAT 4, 5<br>Thematic Mapper (TM) |
|---|---|---|
| Betrieb | seit 1972 | seit 1982 |
| Flughöhe | 705 km (915 km) | 705 km |
| Wiederholrate | 16 (18) Tage | 16 Tage |
| Pixelgröße | $79 \times 79$ m² | $30 \times 30$ m² |
| Bildformat | $185 \times 185$ km² | $185 \times 185$ km² |
| Spektralkanäle | 1 (4)   0,50 - 0,60 µm | 1   0,45 - 0,52 µm |
| | 2 (5)   0,60 - 0,70 µm | 2   0,52 - 0,60 µm |
| | 3 (6)   0,70 - 0,80 µm | 3   0,63 - 0,69 µm |
| | 4 (7)   0,80 - 1,10 µm | 4   0,76 - 0,90 µm |
| | | 5   1,55 - 1,73 µm |
| | | 6   10,4 - 12,5 µm* |
| | | 7   2,08 - 2,35 µm |

* Die Pixelgröße im Spektralkanal 6 beträgt $120 \times 120$ m²

Der *Thematic Mapper* (TM) der Satelliten LANDSAT 4 und 5 benutzt einen ähnlichen optisch-mechanischen Scanner, der eine technische Weiterentwicklung des MSS darstellt. Die wichtigsten Verbesserungen sind die Erweiterung auf Spektralkanäle im sichtbaren und infraroten Spektralbereich (Tab. 7), die Erhöhung der geometrischen Auflösung auf 30 m Pixelgröße und die Einbeziehung eines Thermalkanals (Kanal 6), der jedoch mit nur 120 m Auflösung arbeitet. Bemerkenswert ist ferner, daß bei der Aufnahme nunmehr 16 Zeilen gleichzeitig in einem Abtastvorgang erfaßt werden.

Dank dieser Verbesserungen und weiterer Fortschritte in der Aufnahme-, Übertragungs- und Vorverarbeitungstechnik sind die TM-Daten den MSS-Daten in jeder Hinsicht überlegen. Deshalb werden sie für viele praktische Anwendungen bevorzugt. Die MSS-Daten sind jedoch noch immer von Interesse für großräumige Untersuchungen sowie – da die Daten seit 1972 ununterbrochen aufgezeichnet wurden – für die Erfassung von landschaftlichen Veränderungen.

Ausführliche Beschreibungen der Aufnahmesysteme MSS und TM, der Kalibrierung, der Datenformate usw. findet man in COLWELL (1983) und insbesondere in USGS (1979), EOSAT (1985). Einige Hinweise zur Beschaffung von LANDSAT-Daten werden im Abschnitt 2.5 gegeben.

### 2.3.2  Optoelektronische Scanner

Bei den optoelektronischen Scannern erzielt man die Bildaufnahme mit Hilfe zeilenweise angeordneter Halbleiter-Bildsensoren. Dies sind hochintegrierte Schaltungen auf Siliziumchips. Sie enthalten für jeden Bildpunkt einen Photosensor sowie das zum Auslesen der Meßwerte erforderliche Leitungsnetzwerk. Am wichtigsten sind die *Charge Coupled Devices* (CCD), die aus Ketten von Kondensatoren bestehen, in welchen durch Belichtung Ladungen erzeugt werden. Diese Ladungen werden zum Ausgang des Chips verschoben und ergeben dadurch eine Bildzeile in Form eines Videosignals. Flächenhafte Anordnungen von CCDs kommen insbesondere in der Fernsehtechnik vor, spielen jedoch in der Fernerkundung noch keine Rolle.

Zur Bildaufnahme von Flugzeugen und Satelliten aus werden Zeilen von CCD-Sensoren in der Bildebene eines Objektives angeordnet (Abb. 39). Damit ist es möglich, alle Pixel einer quer zur Flugrichtung orientierten Bildzeile gleichzeitig zu erfassen. Durch die Eigenbewegung des Sensorträgers wird bei entsprechender Aufnahmefrequenz ein Geländestreifen zeilenweise abgebildet.

Die Anwendung dieser Aufnahmetechnik vom Flugzeug aus ist bisher auf experimentelle Arbeiten beschränkt geblieben. Zur Aufnahme von Satelliten-Bilddaten werden CCD-Sensoren dagegen schon seit Jahren mit großem Erfolg eingesetzt. Dabei ist es besonders vorteilhaft, daß der Aufnahmevorgang nicht von mechanischen Bewegungen abhängig ist. Außerdem führt die Tatsache, daß eine ganze Zeile simultan aufgenommen wird, zu – im Vergleich mit optisch-mechanischen Scannern – besseren geometrischen Eigenschaften der Bilddaten. Schließlich läßt sich die geometrische Auflösung durch Wahl eines entsprechenden Objektives in einem weiten Bereich variieren.

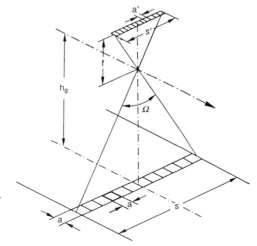

Abb. 39: Optoelektronische Bildaufnahme mit einem CCD-Sensor Alle Bildelemente einer Zeile werden zugleich aufgenommen. Durch die Wahl der Abbildungsoptik (Brennweite f) und der Flughöhe $h_g$ können der Öffnungswinkel $\Omega$ und die Pixelgröße a an der Erdoberfläche variiert werden.

Mit CCDs arbeitet das Aufnahmesystem des französischen Satelliten SPOT (*Système Probatoire d'Observation de la Terre*). SPOT-1 wurde 1986 gestartet, SPOT-2 mit gleicher Ausstattung 1990. An Bord befinden sich je zwei identische Sensorsysteme, die offiziell die Bezeichnung *Instrument Haute Résolution Visible* (HRV) tragen. Diese Systeme können Daten wahlweise im sogenannten XS-Mode (in 3 Spektralkanälen) oder im P-Mode (panchromatisch) aufnehmen. In der Praxis ist es üblich geworden, einfach von multispektralen bzw. panchromatischen SPOT-Daten zu sprechen. Die wichtigsten technischen Daten sind in Tab. 8 zusammengestellt.

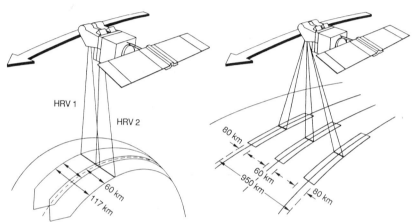

Abb. 40: Schematische Darstellung der Aufnahmemöglichkeiten des SPOT-Satelliten
Links: Senkrechtaufnahme einer 117 km breiten Zone in zwei parallelen Streifen. Rechts: Schrägaufnahme von bis zu 80 km breiten Streifen innerhalb eines 950 km breiten Gebietes

Tabelle 8: Technische Daten der SPOT-Sensoren

|  | SPOT - HRV (XS-Mode) multispektral | SPOT - HRV (P-Mode) panchromatisch |
|---|---|---|
| Betrieb | seit 1986 | seit 1986 |
| Flughöhe | 832 km | 832 km |
| Wiederholrate | 26 Tage* | 26 Tage* |
| Pixelgröße | $20 \times 20$ m$^2$ | $10 \times 10$ m$^2$ |
| Bildformat | $60 \times 60$ km$^2$ | $60 \times 60$ km$^2$ |
| Spektralkanäle | 1  0,50 - 0,59 µm | 0,51 - 0,73 µm |
|  | 2  0,61 - 0,69 µm |  |
|  | 3  0,79 - 0,89 µm |  |
| * Durch Neigung der Aufnahmerichtung kann ein bestimmtes Gebiet gezielt wesentlich häufiger aufgenommen werden | | |

Das SPOT-Sensorpaket weist – im Vergleich zu LANDSAT – zwei signifikante Verbesserungen auf. Erstens ist die geometrische Auflösung höher. Die multispektralen Daten werden nämlich mit 20 m, die panchromatischen Daten sogar mit 10 m Pixelgröße aufgenommen. Die Erkennbarkeit topographischer Einzelheiten wird dadurch wesentlich erhöht. Die in Abb.63 einander gegenübergestellten Bildausschnitte machen diesen Fortschritt anschaulich.

Zweitens kann die Aufnahmerichtung der Sensoren geneigt werden. Zu diesem Zweck läßt sich ein Umlenkspiegel vor der Optik durch Fernsteuerung von der Bodenstation aus stufenweise so kippen, daß gezielt Gebiete neben der Bodenspur des Satelliten aufgezeichnet werden. In der Grundstellung mit senkrechter Aufnahmerichtung nehmen die beiden Sensoren zwei je 60 km breite Streifen auf, die sich zu 3 km überlappen (Abb.40). Die maximale Neigung der Aufnahmerichtung beträgt 27° nach beiden Seiten hin. Dabei wächst die Breite eines aufgenommenen Streifens durch die schräge Sicht bis zu 80 km an. Der Gesamtbereich, der von einer Umlaufbahn aus der Beobachtung zugänglich wird, beträgt dann 950 km (Abb.40). Durch diese Systemkonfiguration ist es möglich, bei der Datenaufnahme die aktuelle Wolkenbedeckung zu berücksichtigen oder Gebiete besonderen Interesses (z.B. aufgrund einer Katastrophensituation) häufig aufzunehmen. Die »normale« Wiederholrate (bei senkrechter Aufnahme) beträgt 26 Tage. Durch die Neigung der Aufnahmerichtung kann ein Gebiet am Äquator in dieser Zeit bis zu 7mal, ein Gebiet in 45° Breite sogar bis zu 11mal erfaßt werden. Schließlich ist damit auch der enorme Vorteil verbunden, daß man ein Gebiet aus zwei Richtungen aufnehmen und dadurch Stereobilder gewinnen kann (Abb.41). Dadurch wird nicht nur die stereoskopische Betrachtung zur Interpretation der Bilddaten möglich, sondern auch die photogrammetrische Auswertung zur topographischen Kartierung. Die Daten-Aufnahme mit dem SPOT-System ist also insgesamt sehr flexibel und kann weitgehend aktuellen Erfordernissen angepaßt werden.

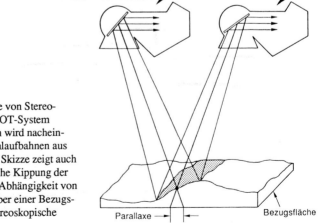

Abb. 41: Aufnahme von Stereobildern mit dem SPOT-System
Ein Geländestreifen wird nacheinander von zwei Umlaufbahnen aus
aufgenommen. Die Skizze zeigt auch
die dazu erforderliche Kippung der
Umlenkspiegel. In Abhängigkeit von
der Geländehöhe über einer Bezugsfläche entstehen stereoskopische
Parallaxen.

Einschränkend muß aber betont werden, daß der spektrale Informationsgehalt der multispektralen SPOT-Daten mit nur 3 Kanälen hinter dem der TM-Daten erheblich zurückbleibt. Eine eingehende Darstellung des SPOT-Systems enthält CNES (1988). Hinweise zur Beschaffung von SPOT-Bilddaten findet man im Abschnitt 2.5.

Ebenfalls unter Verwendung der CCD-Technologie wurde in Deutschland der *Modular Optoelectronic Multispectral Scanner* (MOMS) entwickelt. Das System MOMS-01 konnte in zwei Shuttle-Flügen 1983 und 1984 erfolgreich erprobt werden. Dabei wurden Daten in zwei Spektralkanälen mit der damals höchsten Auflösung von 20 m gewonnen (z.B. BODECHTEL 1984). Die Weiterentwicklung unter der Bezeichnung MOMS-02 wird zu einem Stereo-System führen, das photogrammetrische Anforderungen erfüllt. Der Einsatz ist im Rahmen der zweiten deutschen Spacelab-Mission für 1992 vorgesehen (ACKERMANN u.a. 1989). Bisher ist nicht abzusehen, wann es zu einer regelmäßigen Datenaufnahme mit einem solchen Sensor kommen wird.

Der 1987 gestartete japanische *Marine Observation Satellite* (MOS) macht ebenfalls von der CCD-Technologie Gebrauch. Er liefert Multispektraldaten in 4 Kanälen bei einer Auflösung von 50 m. Da diese aber gegenüber den TM-Daten keine Vorteile bieten, finden sie außerhalb Japans kaum Interesse.

## 2.4 Aufnahme mit Radar-Systemen

Die Aufnahme von Bilddaten durch Radar-Systeme unterscheidet sich grundlegend von den bisher genannten Verfahren. Dies gilt sowohl für die verwendete elektromagnetische Strahlung und die Aufnahmetechnik als auch für die physikalischen Parameter, die bei der Entstehung von Radarbildern maßgebend sind.

Radar ist ein *aktives Fernerkundungsverfahren*, d.h. die verwendete elektromagnetische Strahlung wird vom Aufnahme-System selbst erzeugt. Dabei handelt es sich stets um Mikrowellenstrahlung einer bestimmten Frequenz im Bereich zwischen etwa 1 und 100 cm Wellenlänge. Die Daten-Aufnahme ist deshalb unabhängig von den naturgegebenen Strahlungsverhältnissen und – da die Mikrowellen Wolken, Dunst und Rauch durchdringen – auch unabhängig von der jeweiligen Wetterlage. Diese Eigenschaften verleihen der Radartechnik eine Sonderstellung unter den Fernerkundungsverfahren.

In Abb. 42 ist die Funktionsweise eines einfachen Radar-Systems skizziert. Im Flugzeug wird ein kombinierter Sender/Empfänger mitgeführt, dessen Antenne schräg nach unten gerichtet ist. Sie ist so konstruiert, daß sich die in einem Bruchteil einer Sekunde ausgestrahlten Mikrowellen in einen sehr schmalen aber langen Raumwinkel hinaus senkrecht zur Flugrichtung ausbreiten. Zu einem bestimmten Zeitpunkt erreicht die Front der ausgesandten Wellen ein bestimmtes Flächenelement des Geländes. Von diesem wird die auftreffende Mikrowellenstrahlung teilweise reflektiert; ein gewisser Anteil der reflektierten Strahlung kehrt zurück zur Antenne und wird dort als Signal empfangen und registriert. Da die von den Mikrowellen bestrahlte Fläche über das Gelände hinwegwandert, können die Reflexionssignale von einem schmalen Geländestreifen nacheinander erfaßt und als Bildzeile aufgezeichnet werden. Durch die Vorwärtsbewegung des Flugzeugs entsteht dann – wenn die Folge von Senden und Empfangen systematisch wiederholt wird – eine vollständige zeilenweise Bildaufzeichnung eines neben dem Flugzeug verlaufenden Geländestreifens. Ein nach diesem Prinzip arbeitendes System wird *Seitensicht-Radar* (engl. *Sidelooking Airborne Radar* oder SLAR) genannt.

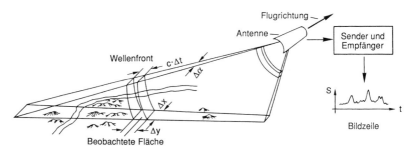

Abb. 42: Schematische Darstellung der Radar-Aufnahme
Die entstehende Bildzeile ist als Grauwertprofil dargestellt.

Offenbar wird die mit einem solchen System erreichbare geometrische Auflösung von der Größe des Flächenelementes F bestimmt, welches einem Bildelement entspricht. Seine Ausdehnung $\Delta y$ in Zeilenrichtung hängt vor allem von der Dauer des ausgestrahlten Mikrowellenimpulses $\Delta t$ ab. Die Ausdehnung $\Delta x$ in Flugrichtung wird im wesentlichen durch den Winkel $\Delta \alpha$ bestimmt, unter dem die Antenne abstrahlt, und wächst mit der Entfernung an. Die (streng genommen keulenförmige) Abstrahlcharakteristik der Antenne ist eine Funktion der Baulänge, so daß die Winkelauflösung $\Delta \alpha$ nicht beliebig gesteigert werden kann. Deshalb eignen sich Systeme dieser Art – sie werden auch als Systeme mit *realer Apertur* bezeichnet – nur für geringe Flughöhen, bei denen die Entfernung zwischen Antenne und Gelände nicht zu groß ist.

Um in Flugrichtung eine höhere Auflösung zu erreichen und insbesondere die Aufnahme von Radarbildern auch von Satelliten aus möglich zu machen, müssen Radar-Systeme mit *synthetischer Apertur* (engl. *Synthetic Aperture Radar* oder SAR) eingesetzt werden. Dabei wird nur eine kurze Antenne verwendet, welche die Mikrowellenimpulse in einer breiten Keule mit dem Öffnungswinkel $\alpha$ abstrahlt. Während des Fluges werden deshalb die einzelnen Geländepunkte wiederholt bestrahlt (Abb. 43). Dementsprechend tragen sie mehrfach zu den empfangenen Reflexionssignalen bei, welche dadurch allerdings in komplexer Weise miteinander korreliert werden. Bei der Verarbeitung können die Daten jedoch so behandelt werden, als würden sie von einzelnen Elementen eines sehr langen Antennensystems stammen. Dadurch lassen

Tafel 1: Vergleich zwischen Farbfilm und Farbinfrarotfilm
Das Dorf Winterkasten im Odenwald, aufgenommen auf Farbfilm Kodak Ektachrome Aero (oben) und Farbinfrarotfilm Kodak Infrared Aero (unten); Bildmaßstab etwa 1:13.000; Aufnahme-Datum: 30.7.1967. (Photo: Aero-Photo GmbH, Egelsbach)

Tafel 2: Zusammenwirken von Beleuchtung und Beobachtungsrichtung
Die Ausschnitte aus drei aufeinanderfolgenden Bildern zeigen erhebliche Helligkeits-, Farb-
und Kontrastunterschiede zwischen Mitlichtbereich (oben), Bildmitte (mitte) und Gegenlichtbereich (unten). Bildmaßstab 1:4.000. (Photo: Hansa-Luftbild GmbH, Münster)

Tafel 3: Luftbild und Topographische Karte: Landschaft im Odenwald (Maßstab 1:20.000)
Oben: Ausschnitt aus der Topographischen Karte 1:25.000 (vergrößert), Blatt 6318 Linden-
fels (herausgegeben vom Hessischen Landesvermessungsamt). Unten: Luftbild, Original-
maßstab 1:13.000 (verkleinert). (Photo: Aero-Photo GmbH, Egelsbach)

Tafel 4: Satelliten-Bild und Topographische Karte: Landschaft in Somalia (1:100.000)
Oben: Ausschnitt aus der offiziellen Topographischen Karte 1:100.000 von Somalia, Blatt
Boosaaso. Unten: Teil eines Satellitenbildes, das durch Kombination von panchromatischen
SPOT-Daten und Thematic Mapper-Daten erstellt wurde. (Bearbeitung: TU Berlin)

sich Bilddaten mit hoher geometrischer Auflösung ableiten. Je weiter die Geländepunkte von der Antenne entfernt sind, desto häufiger werden sie abgebildet und desto länger ist die scheinbare (synthetische) Antenne. Dies führt dazu, daß die Auflösung $\Delta x$ in der Flugrichtung entfernungsunabhängig wird.

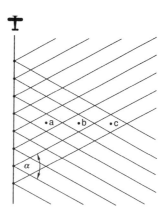

Abb. 43: Zur Wirkungsweise von Radar-Systemen mit synthetischer Apertur
Die nahe gelegenen Geländepunkte werden nur wenige Male während einer kurzen Flugstrecke, die entfernt gelegenen während einer längeren Flugstrecke häufiger erfaßt (hier: a = 2mal, b = 4mal, c = 6mal).

Der technische Aufwand für ein Radar-System mit synthetischer Apertur ist sehr hoch. Deshalb sind weltweit nur wenige Flugzeuge damit ausgerüstet worden. Am bekanntesten ist das SAR-System der Firma GOODYEAR, das beispielsweise im brasilianischen RADAM-Projekt eingesetzt wurde (vgl. 7.1). Bei diesem System wurden die Meßdaten auf einen hologrammartigen Datenfilm aufgezeichnet und bei der Auswertung durch einen Laser-Korrelator in Bildform umgesetzt.

Zur Anwendung des SAR-Prinzips in Satelliten kommt nur die digitale Aufzeichnung und Verarbeitung der Daten in Frage. Bisher wurden SAR-Daten kurzfristig in experimentellen Missionen gewonnen, nämlich 1978 vom Satelliten SEASAT-1 (L-Band, 25 m Auflösung) und 1981 bzw. 1984 während Space-Shuttle-Flügen durch das *Shuttle Imaging Radar* (SIR-A und SIR-B im L-Band, 40 bzw. 30 m Auflösung). Der europäische Fernerkundungssatellit ERS-1 *(European Remote Sensing Satellite,* vorgesehener Start im August 1991) wird mit einem SAR-System ausgestattet sein, welches im C-Band mit 30 m Auflösung arbeitet.

Die Art und Weise, wie die Erdoberfläche in Radar-Bildern wiedergegeben wird, hängt vom Zusammenwirken vieler Einzelfaktoren ab. Dabei handelt es sich um

- *Parameter des Aufnahmesystems,* wie die Wellenlänge der Strahlung, ihre Polarisation und den Depressionswinkel, sowie um
- *Parameter der Geländeoberfläche,* wie die Oberflächenrauhigkeit, die Oberflächenform und die elektrischen Eigenschaften der Materialien.

Die *Wellenlänge* bzw. *Frequenz* der verwendeten Mikrowellenstrahlung wird durch die technischen Einzelheiten des Systems definiert. Weit verbreitet ist es in diesem Zusammenhang, einzelne Wellenlängenbereiche durch Buchstaben zu kennzeichnen, ohne daß es diesbezüglich eine einheitliche Festlegung gäbe. Am häufigsten werden in der Fernerkundung die folgenden Frequenzbereiche benutzt:

| | | |
|---|---|---|
| $K_a$-Band | $\lambda \approx 0{,}7 - 1$ cm | $f \approx 30 - 40$ GHz |
| X-Band | $\lambda \approx 2{,}4 - 4{,}5$ cm | $f \approx 7 - 12$ GHz |
| C-Band | $\lambda \approx 4{,}5 - 7{,}5$ cm | $f \approx 4 - 7$ GHz |
| L-Band | $\lambda \approx 15 - 30$ cm | $f \approx 1 - 2$ GHz |

Die Unterschiede sind deshalb wichtig, weil die Wechselwirkung zwischen der Strahlung und den Materialien an der Erdoberfläche in den einzelnen Wellenlängenbereichen sehr unterschiedlich ist.

Von *Polarisation* spricht man dann, wenn elektromagnetische Wellen nur in einer ausgezeichneten Richtung schwingen. Die von der Antenne abgestrahlten Mikrowellen können horizontal (H) oder vertikal (V) polarisiert sein. Beim Empfang kann das System wiederum auf horizontale oder vertikale Polarisation eingestellt sein. Dadurch sind vier Kombinationen der Polarisation ausgesandter und empfangener Mikrowellen möglich.

Als *Depressionswinkel* bezeichnet man in der Radartechnik den Winkel zwischen der Horizontebene des Aufnahmesystems und dem Strahl zum beobachteten Objekt (P in Abb.44). Er wirkt sich unmittelbar auf die Auflösung des Systems quer zur Flugrichtung aus und bestimmt die Bestrahlungsstärke der Geländeoberfläche. Außerdem steht er in engem Zusammenhang mit der Geometrie der Abbildung und der Möglichkeit, Stereobildstreifen aufzunehmen (vgl. 3.1.3).

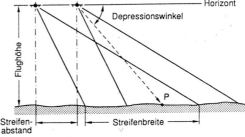

Abb. 44: Aufnahme-Parameter in der Radartechnik
Von zwei parallelen Flugbahnen aus kann ein Geländestreifen in stereoskopischer Überdeckung aufgenommen werden.

Die *Oberflächenrauhigkeit* hat großen Einfluß auf die Reflexionscharakteristik einer Fläche. Ist sie im Vergleich zur Wellenlänge der Strahlung gering, dann werden die Mikrowellen gespiegelt; zum System kehrt dann praktisch kein Signal zurück, so daß solche Flächen im Radarbild dunkel erscheinen (Abb.45 und 46). Liegt die Rauhigkeit dagegen in der Größenordnung der Wellenlänge, so wirkt die Fläche als diffuser Reflektor. Vielfach kommen Mischformen der Reflexion vor.

Die jeweilige *Oberflächenform* führt dazu, daß manche Flächen der schräg einfallenden Mikrowellenstrahlung zugewandt sind und deshalb stärker bestrahlt werden, während die abgewandten Flächen nur geringe Bestrahlung erfahren. Im Bild erscheint deshalb die Geländefläche je nach ihrer Exposition in bezug auf das Radar-System heller oder dunkler. Wenn eine systemabgewandte Fläche steiler geneigt ist als der Depressionswinkel, dann erhält sie überhaupt keine Bestrahlung. Das Radarbild zeigt deshalb völlig informationslose tiefe Schlagschatten, die man als *Radarschatten* bezeichnet (Abb.46).

Abb. 45: Reflexion von Mikrowellen an Oberflächen verschiedener Rauhigkeit
Links: Spiegelnde Reflexion an einer im Verhältnis zur Wellenlänge glatten Fläche. Rechts: Diffuse Reflexion an einer rauhen Fläche.

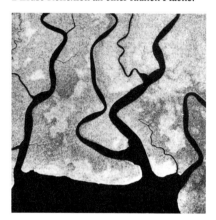

Abb. 46: Zur Wirkung von Oberflächenrauhigkeit und Oberflächenform auf Radarbilder
Links: Ruhende Wasserflächen reflektieren spiegelnd und ergeben kein Reflexionssignal; die Wiedergabe anderer Flächen hängt vor allem von deren Rauhigkeit ab. Rechts: Durch den schrägen Einfall der Bestrahlung werden direkt bestrahlte Hänge hell, andere dunkel wiedergegeben; an gar nicht bestrahlten Hängen entstehen informationslose Radarschatten.

Eine Besonderheit der Radar-Aufnahme stellen die *Rückstrahl-Effekte* dar. Sie treten auf, wenn benachbarte horizontale und vertikale Flächen zum Sensor hin orientiert sind und spiegelnd reflektieren (Abb.47).

Abb. 47: Rückstrahl-Effekt bei der
Aufnahme von Radarbildern
Durch zweimalige Spiegelung wird die
Mikrowellenstrahlung genau in Richtung
auf den Sensor reflektiert. Im Bild entsteht ein heller, überstrahlter Fleck.

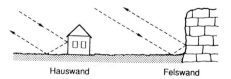

Hauswand          Felswand

Von großem Einfluß auf die Ausbreitung der Mikrowellen und damit auf
das Reflexionsvermögen sind die *elektrischen Eigenschaften* der Materialien
an der Erdoberfläche. Besonders starke Reflexion tritt an metallischen Strukturen (z.B. Zäune, Masten von Hochspannungsleitungen u.ä.) auf. Andere
Materialien mit hoher Dielektrizitätskonstante (z.B. feuchte Böden) reflektieren stark, und die Strahlung dringt nur wenig in das Material ein. Mit abnehmender *Dielektrizitätskonstante* (also z.B. mit abnehmender Bodenfeuchtigkeit) wird auch das Reflexionsvermögen geringer, die *Eindringtiefe* nimmt
jedoch zu. Das zu beobachtende Reflexionssignal hängt demnach von einer
mehr oder weniger dicken Oberflächenschicht ab und vermag deshalb auch
Informationen zu vermitteln, die beispielsweise mit optischen Sensoren nicht
erfaßbar sind. Die betroffene Oberflächenschicht ist vielfach sehr inhomogen
aufgebaut, z.B. in Vegetationsbeständen. Außerdem hängt die Wechselwirkung zwischen Strahlung und Materie stark von der Wellenlänge ab. In der
Abb. 48 wird versucht, diese Einflüsse für einige Oberflächenarten anschaulich zu machen.

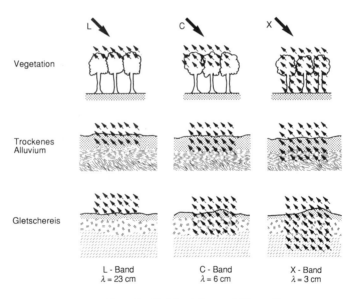

Abb. 48: Schematische Darstellung der Eindringtiefen von Mikrowellen
Je größer die Wellenlänge der Strahlung ist, desto tiefer dringt sie ein und desto stärker
hängt das Reflexionssignal auch von den Materialien unter der Oberfläche ab. (Nach einer
Veröffentlichung der NASA)

Weiterhin muß in diesem Zusammenhang die Tatsache beachtet werden,
daß die Oberflächenmaterialien die Mikrowellenstrahlung mehr oder weniger stark depolarisieren. So kann sich beispielsweise in Planzenbeständen die
Stellung von Stengeln, Blättern oder Fruchtständen auf die Reflexion aus-

wirken (Abb.49). Dies verweist auf ein zusätzliches Informationspotential, das in Radarbildern unterschiedlicher Polarisationen enthalten sein kann.

Abb. 49: SAR-Bilder verschiedener Polarisation
Links: HH-Polarisation. Rechts: VV-Polarisation. Die Bilder wurden im Sommer 1981 über dem Gelände der DLR Oberpfaffenhofen aufgenommen. Die Ackerflächen weisen teils große Unterschiede zwischen den Polarisationsarten auf. (Nach FRAYSSE & HARTL 1985)

Schließlich ist noch auf eine Eigenschaft von Radarbildern hinzuweisen, die allgemein als *Speckle* bezeichnet wird. Dies ist eine körnige Bildstruktur, die auch bei der Abbildung homogener Objekt-Oberflächen auftritt. Sie hat ihre physikalische Ursache in Interferenzerscheinungen, ähnlich denjenigen, die bei der Beleuchtung einer Szene mittels Laser-Licht entstehen. Da die Erscheinung besonders in Vergrößerungen sehr störend wirken kann, versucht man, den Einfluß z.B. durch Filterung zu reduzieren.

Insgesamt ist die Wechselwirkung zwischen der Mikrowellenstrahlung und den Materialien an der Erdoberfläche sehr kompliziert und deshalb Gegenstand intensiver Forschung. Entsprechend schwierig ist auch die Interpretation der mit Radar-Systemen gewonnenen Bildwiedergaben. Dies dürfte mit ein Grund dafür sein, daß Radarbilder in der Praxis bisher noch verhältnismäßig wenig genutzt werden. Große Erwartungen werden jedoch an den Satelliten ERS-1 geknüpft, der Radarbilddaten regelmäßig aufnehmen wird.

Ausführliche Darstellungen zu den Grundlagen und Methoden der Radartechnik findet man bei ULABY u.a. (1981–1986).

## 2.5 Beschaffung von Luft- und Satellitenbildern

Das in Luft- und Satellitenbildern enthaltene Informationspotential kann für einen bestimmten Zweck nur dann genutzt werden, wenn zur rechten Zeit geeignete Bilder bzw. Daten zu Verfügung stehen. Erfahrungsgemäß bereitet die Beschaffung des Materials aber vielfältige Schwierigkeiten. Die folgenden Hinweise sollen den Zugang erleichtern. Dabei bestehen grundsätzliche Unterschiede zwischen Luftbildern und Satellitenbildern.

Wenn für eine bestimmte Interpretationsaufgabe *Luftbilder* benötigt werden, muß man zunächst klären, ob geeignetes Bildmaterial bereits in einem Luftbildarchiv vorliegt oder ob die für diesen Zweck erforderlichen Bilder erst durch einen speziellen Bildflug hergestellt werden müssen.

Die für die verschiedensten Zwecke aufgenommenen Luftbilder werden in zahlreichen *Luftbildarchiven* aufbewahrt. In Deutschland ist es weitgehend üblich, daß die Originalbilder an diejenige Stelle ausgehändigt werden, die den Auftrag für den Bildflug erteilt hat. Deshalb sind Luftbilder vor allem archiviert bei Landesvermessungsämtern, Behörden und Verbänden für Landes- und Stadtplanung, Forstbehörden, Behörden und Institutionen für Straßenplanung, Flurbereinigung usw. Damit in dieser Vielfalt eine Übersicht möglich wird, gibt das *Institut für Angewandte Geodäsie* (IfAG) in Frankfurt/Main jedes Jahr eine Karte »*Bildflüge in der Bundesrepublik Deutschland*« heraus, die die im vorausgegangenen Jahr durchgeführten Bildflüge enthält. Das dazugehörige Begleitheft dokumentiert die technischen Daten der Bildflüge (Auftraggeber, Bildmaßstab, Film, Datum usw.). Durch diese seit 1954 veröffentlichten Nachweise sind die seit 1950 in der Bundesrepublik Deutschland und·Berlin (West) durchgeführten Bildflüge erfaßt (SCHMIDT-FALKENBERG 1978, 1979). Die Landesvermessungsämter einzelner Bundesländer geben zudem eigene Luftbild-Nachweise heraus. Das IfAG und die Landesvermessungsämter erteilen auch Auskünfte über die Verfügbarkeit und die Verkaufsbedingungen für Luftbilder. Für das Gebiet der ehemaligen DDR ist das frühere *Kartier- und Auswertezentrum* in Leipzig zuständig (jetzt KAZ Bildmess GmbH). Schließlich ist darauf hinzuweisen, daß historische Luftbilder vielfach auch bei den Landesbildstellen der Bundesländer sowie beim Bundesarchiv in Koblenz vorliegen. Der Kaufpreis für Luftbilder ist unterschiedlich und muß von Fall zu Fall erfragt werden. Lediglich die Landesvermessungsämter geben für die von ihnen vertriebenen Luftbilder Preislisten heraus.

In manchen Fällen wird es jedoch nicht möglich sein, die anstehende Aufgabe mit den in Luftbildarchiven vorliegenden Bildern zu lösen. Dann müssen geeignete Luftbilder erst in einem besonderen *Bildflug* aufgenommen werden. Bildflüge werden in Deutschland durch Privatfirmen durchgeführt, in anderen Ländern teils auch durch staatliche Institutionen. Mit der Erteilung eines Auftrages für einen Bildflug kann der Auftraggeber auch die aufnahmetechnischen Parameter (Bildmaßstab, Filmtyp, Jahreszeit usw.) vorgeben und damit sicherstellen, daß das aufzunehmende Bildmaterial die für seinen Anwendungszweck wichtigen Anforderungen am besten erfüllt.

In Deutschland unterlag die Aufnahme und Nutzung von Luftbildern jahrzehntelang der staatlichen Aufsicht. Bis zum 30.6.1990 bedurften Luftbilder

der *Freigabe* durch eine staatliche Stelle. Zuständig waren meist Landesbehörden, in deren Bereich die ausführende Bildflugfirma ihren Sitz hatte. Da die Firma in der Regel auch die Freigabe veranlaßte, hatte der Benutzer der Bilder mit dem Vorgang in der Regel nicht direkt zu tun. Mit dem 1.Juli 1990 wurden die einschlägigen Bestimmungen ersatzlos abgeschafft. Die zuvor aufgenommenen Bilder dürfen jedoch nach wie vor nicht ohne Freigabevermerk weitergegeben oder veröffentlicht werden.

In anderen Staaten sind die Möglichkeiten zum Erwerb von Luftbildern sehr unterschiedlich geregelt. In manchen Ländern, z.B. in den USA, ist der Zugang zu Luftbildern ganz problemlos möglich. Dagegen gelten Luftbilder in anderen Staaten, insbesondere in Ostblockländern und vielen Entwicklungsländern, als Geheimsache, die der Öffentlichkeit normalerweise nicht zugänglich ist und auch nicht außer Landes gebracht werden darf. Einzelfragen können nur vor Ort geklärt werden, in erster Linie bei den für die topographische Kartierung zuständigen Behörden. Aufgrund der historischen Beziehungen zu den ehemaligen Kolonien stehen ältere Bilder aus vielen Ländern auch in Archiven in Großbritannien sowie im *Institut Geographique National* (IGN) in Frankreich zur Verfügung.

Im Anhang sind die wichtigsten der für Auskünfte und zur Beschaffung von Luftbildern in Frage kommenden Anschriften zusammengestellt.

Im Gegensatz zu Luftbildern, deren Archivierung und Vertrieb in jedem Staat anders geregelt ist, gelten für *Satelliten-Bilddaten* praktisch einheitliche Bedingungen. Von den USA waren die LANDSAT-Daten von Anfang an allgemein zugänglich gemacht worden. Die Bemühungen der Ostblockländer, die Verfügbarkeit für hochauflösende Daten einzuschränken, haben sich nie durchgesetzt. Inzwischen verkauft auch die Sowjetunion ihre photographischen Bilder mit hoher Auflösung weltweit. Die mit den Sensoren der LANDSAT-Satelliten und der SPOT-Satelliten gewonnenen Daten sowie die Daten von vielen anderen Missionen können deshalb von jedermann käuflich erworben werden.

Für Aufbereitung und Vertrieb der *LANDSAT-Daten* (MSS und TM) ist primär die *Earth Observation Satellite Company* (EOSAT) in den USA zuständig, die auch Eigentümer der künftigen Satelliten vom Typ LANDSAT sein soll. Durch eine Reihe von Verträgen (die vielfach schon vor der Gründung von EOSAT mit amerikanischen Behörden abgeschlossen wurden) werden weltweit etwa 15 Bodenstationen betrieben, die ihrerseits Daten empfangen, aufbereiten und vertreiben. Darüber hinaus bestehen zahlreiche Vertriebsorganisationen, so daß es in jedem Staat mindestens eine Vertriebsstelle gibt.

Bei Archivierung und Vertrieb der LANDSAT-Daten wird auf ein globales Referenzsystem WRS (*Worldwide Reference System*) Bezug genommen, das aufgrund der Systematik der Umlaufbahnen definiert werden konnte. Damit läßt sich eine Szene durch die Nummer der Umlaufbahn (*Path*) und die Nummer der Zeile (*Row*) identifizieren (Abb.50). Zwischen den Systemen für LANDSAT 1-3 und LANDSAT 4-5 bestehen (wegen der verschiedenen Umlaufbahnen) kleinere Unterschiede. Die einzelnen Vertriebsstellen können anhand der Szenen-Nummern Auskunft über die verfügbaren Aufnahmedaten, die Wolkenbedeckung usw. geben.

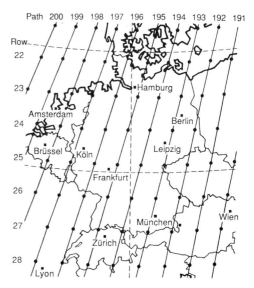

Abb. 50: Ausschnitt aus dem WRS (Worldwide Reference System) für LANDSAT 4 und 5 Angegeben sind die Soll-Lagen der Mittelpunkte der MSS- und TM-Szenen.

Angeboten werden die LANDSAT-Daten entweder als photographische Produkte in verschiedenen Maßstäben und Bearbeitungen oder in digitaler Form als *Computer Compatible Tapes* (CCT) zur eigenen Weiterverarbeitung durch den Käufer, ebenfalls in verschiedenen Vorverarbeitungsstufen. Die Preise hängen von der Art des Produktes ab. So kostet beispielsweise eine volle TM-Szene ($185 \times 185$ km$^2$) auf Schwarzweiß-Film (1:1.000.000) pro Spektralkanal etwa 650 DM. Eine volle TM-Szene auf CCT (mit allen Spektralkanälen) etwa 8.300 DM.[1] Die TM-Daten werden auch in Viertel-Szenen ($97 \times 97$ km$^2$) angeboten. MSS-Daten sind erheblich billiger.

In ähnlicher Weise ist auch der Vertrieb der SPOT-Daten organisiert. Es wird ebenfalls auf ein Referenzsystem Bezug genommen, das die Datenflut nach Umlaufbahnen und Zeilen strukturiert. Die Sache wird jedoch dadurch etwas unübersichtlicher, daß es sich um kleinere Szenen handelt und die Aufnahme unter verschiedenen Neigungen der Aufnahmerichtung erfolgt. Dadurch bietet die Bodenspur des Satelliten keine ausreichende Identifikation mehr. In der Praxis ist es deshalb erforderlich, die Abdeckung eines Gebietes anhand der Eckkoordinaten der Szenen zu prüfen. Von den Vertriebsstellen lieferbare Archivauszüge machen dies möglich. Die Kunden haben auch die Möglichkeit, Daten bestimmter Gebiete nach ihren Wünschen (z.B. stereo-

---

[1] Diese und folgende Preisangaben gelten für Frühjahr 1991.

skopische Deckung) gezielt aufnehmen zu lassen. Sie müssen dazu einen Auftrag als *Programming Request* übermitteln, was aber kostenpflichtig ist.

Auch die SPOT-Daten werden als photographische Produkte verschiedener Art und in digitaler Form auf CCTs angeboten. Die Preise betragen beispielsweise für eine multispektrale SPOT-Szene (60 × 60 km²) auf Film in Farbinfrarot-Darstellung etwa 3.500 DM, auf CCT werden die Daten zum selben Preis verkauft. Die hochauflösenden panchromatischen SPOT-Daten kosten auf Film (1:400.000) etwa 4.500 DM pro Szene, auf CCT ebenfalls. Um stereoskopisch aufgenommene Daten leichter der photogrammetrischen Auswertung zugänglich zu machen, werden die Daten auch in Filmabspielungen geliefert, die für die Ausmessung in Analytischen Stereokartiergeräten besonders geeignet sind.

Die photographischen Bilder, die im Rahmen des sowjetischen Weltraumprogramms mit der Kamera KFA-1000 aufgenommen wurden, werden ebenfalls durch Vertriebsstellen allgemein zum Kauf angeboten. Die Kosten für ein Bild im Format 30 × 30 cm², das etwa 80 × 80 km² im Maßstab 1:270.000 abdeckt, betragen etwa 1.500 US Dollar.

Erhebliche Unsicherheiten zeigen sich immer wieder im Hinblick auf das *Copyright* und die Nutzungsrechte an den Daten. Eine internationale Vereinbarung darüber – vergleichbar der Berner Konvention von 1886 über das Urheberrecht an Werken der Literatur und der Kunst – gibt es nicht. Deshalb versuchen sich die den Empfang und die Aufbereitung der Daten betreibenden Stellen in ihren Vertriebsbedingungen gegen die unerlaubte Nutzung der Daten zu schützen. Der Käufer kann also damit nicht beliebig verfahren (wie er beispielsweise auch ein Buch nicht beliebig vervielfältigen und weitervertreiben darf). Generell verbleibt also das Copyright beim Urheber, das ist für die Daten von LANDSAT allgemein die *Earth Observation Satellite Company* (EOSAT), für die von den europäischen Stationen empfangenen LANDSAT-Daten speziell die *European Space Agency* (ESA) und für die SPOT-Daten das *Centre National d'Etudes Spatiales* (CNES). Bei mehrfacher Nutzung der erworbenen Daten ist deshalb häufig über den Kaufpreis hinaus eine zusätzliche Gebühr zu entrichten, deren Höhe sich nach der Art der Nutzung richtet. Einige Bereiche sind generell von einer zusätzlichen Gebühr befreit; dazu gehört zum Beispiel die Veröffentlichung in wissenschaftlichen Arbeiten. In der Praxis ist es freilich oft nicht einfach zu entscheiden, wann der Kunde durch die von ihm durchgeführte Verarbeitung der Daten ein eigenes Copyright an dem neuen Produkt erwirbt. Nähere Erläuterungen geben BOON (1990) und NOORDZIJ (1990).

Im Anhang sind die wichtigsten Stellen genannt, die Satelliten-Bilddaten anbieten und Auskünfte über verfügbare Daten, Preise, Nutzungsrechte u.ä. geben. Bei einigen der Stellen können auch Fragen über andere, hier nicht weiter erwähnte Bilddaten (z.B. SEASAT, Metric Camera) beantwortet werden.

# 3. EIGENSCHAFTEN VON LUFT- UND SATELLITENBILDERN

Die möglichst zweckmäßige und effektive Nutzung von Luft- und Satellitenbildern setzt die Kenntnis ihrer wichtigsten Eigenschaften voraus. Zwar sind in jedem Bild sowohl geometrische als auch physikalische Informationen gespeichert. Dennoch unterscheiden sich die mit verschiedenen Aufnahme-Systemen und in verschiedenen Spektralbereichen gewonnenen Bilddaten in vieler Hinsicht. Deshalb bedürfen die Eigenschaften der Bilder einer näheren Betrachtung. Dies schließt auch die Frage nach der Auflösung, d.h. nach der Erkennbarkeit kleiner Details, mit ein und legt nicht zuletzt den Vergleich von Bildern und Karten nahe.

## 3.1 Geometrische Eigenschaften

Zwischen den mit einem Fernerkundungssensor gewonnenen Bildern und der aufgenommenen Geländefläche bestehen geometrische Beziehungen. Die *Photogrammetrie* macht von diesen Zusammenhängen Gebrauch, um das abgebildete Gelände meßtechnisch zu erfassen. Aber auch für die *Interpretation* der Bilder haben sie große praktische Bedeutung, zumal die Auswerteergebnisse in aller Regel mit angemessener Genauigkeit in Karten eingetragen oder in anderer Weise geometrisch richtig dargestellt werden müssen. Darüber hinaus verlangen alle Verfahrensweisen, bei denen Daten aus verschiedenen Aufnahmezeiten oder von verschiedenen Sensoren miteinander kombiniert werden sollen, eine sehr genaue geometrische Korrektur der Bilddaten. Schließlich wird der Vorgang der Interpretation vielfach durch die Messung einzelner geometrischer Größen unterstützt. Die folgenden Abschnitte sollen eine Übersicht über die wichtigsten geometrischen Aspekte geben.

Dabei ist davon auszugehen, daß den drei wichtigen Gruppen von Aufnahme-Systemen verschiedenartige Abbildungsgesetze zugrunde liegen. Diese führen u.a. dazu, daß sich Höhenunterschiede im Gelände sehr unterschiedlich auf die Bildgeometrie auswirken:

- *Photographische Systeme* bilden die Erdoberfläche als *Zentralperspektive* ab; höher gelegene Geländepunkte, d.h. Punkte oberhalb einer zu wählenden Bezugshöhe, werden dabei in Senkrechtbildern von der Bildmitte radial nach außen versetzt wiedergegeben.
- *Scanner-Systeme* ergeben – ideale Flugbedingungen vorausgesetzt – eine gemischte Projektion: in der Flugrichtung ist es eine *Parallelprojektion*, in den Ebenen senkrecht dazu eine *Zentralprojektion*. Demnach

werden höher gelegene Punkte – im Gegensatz zur Photographie – senkrecht zur Flugrichtung nach außen versetzt.

- Bei *Radar-Systemen* liegt ebenfalls eine gemischte Projektion vor: in der Flugrichtung ist sie – unter idealen Bedingungen – wiederum eine *Parallelprojektion*, senkrecht dazu wird die Bildgeometrie durch die Laufzeit der Wellenfronten und damit von der *Schrägentfernung* eines Punktes vom Sensor bestimmt. Dies führt dazu, daß höher gelegene Geländeteile, die von einer ausgesandten Wellenfront zuerst getroffen werden, zum Flugweg hin versetzt erscheinen.

In der Abb.51 sind diese grundlegenden Systemeigenschaften und ihre Auswirkung schematisch dargestellt.

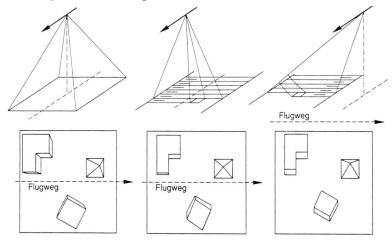

Abb. 51: Die Abbildungsgeometrie der wichtigsten Fernerkundungssysteme (schematisch) Links: Photographische Systeme. Mitte: Scanner-Systeme. Rechts: Radar-Systeme. Der untere Teil der Abbildung zeigt die Wirkung der verschiedenen Geometrien bei der Aufnahme einer ebenen Geländefläche mit zwei Hochhäusern und einer Pyramide.

### 3.1.1 Photographische Bilder

Die geometrischen Eigenschaften photographischer Bilder stehen im Mittelpunkt der *Photogrammetrie*. Deshalb findet man in den photogrammetrischen Lehrbüchern detaillierte Ausführungen dazu (z.b. KONECNY & LEHMANN 1984, KRAUS 1982, RÜGER u.a. 1987). Außerdem sind die geometrischen Grundlagen der Luftbildinterpretation von WEIMANN (1984) zusammenfassend dargestellt worden. Die folgenden Erläuterungen geben einen kurzen Überblick über die wichtigsten Sachverhalte.

Nach der Art der Aufnahme unterscheidet man bei Luftbildern – und sinngemäß auch bei photographisch gewonnenen Satellitenbildern – zwei Typen:

*Schrägbilder* erhält man, wenn man aus dem Flugzeug schräg nach unten photographiert. Bilder dieser Art zeigen die Erdoberfläche ähnlich wie man sie von einem hohen Aussichtspunkt aus sieht. Die aufgenommene Geländefläche ist meist etwa trapezförmig begrenzt, der Maßstab der Abbildung nimmt vom Vordergrund zum Hintergrund stark ab. Diese Bilder sind sehr anschaulich und eignen sich vor allem zur Illustration landschaftlicher, baulicher oder sonstiger Einzelheiten.

*Senkrechtbilder* werden vom Flugzeug aus durch eine Bodenluke etwa senkrecht nach unten aufgenommen. Die auf einem Bild wiedergegebene Fläche ist etwa quadratisch begrenzt, der Bildmaßstab über die ganze Bildfläche etwa gleich. Eine genaue lotrechte Aufnahme ist nicht möglich, da das Flugzeug während des Aufnahmevorganges den Turbulenzen der Atmosphäre ausgesetzt ist und sich seine räumliche Lage laufend verändert. Die Neigung der Aufnahmerichtung von Senkrechtbildern gegenüber dem Lot beträgt selten mehr als 5 gon, in der Regel ist sie erheblich kleiner und kann in erster Näherung vielfach vernachlässigt werden. Die folgenden Betrachtungen beziehen sich auf Senkrechtbilder.

Als *Bildmaßstab* $M_b$ bezeichnet man das Verhältnis einer Bildstrecke zur entsprechenden Geländestrecke. Die Aufnahmeneigungen und die Geländehöhenunterschiede führen dazu, daß der Bildmaßstab uneinheitlich ist. Er wird deshalb stets nur in abgerundeten Zahlenwerten angegeben. Sofern der Bildmaßstab nicht bekannt sein sollte, kann er leicht aus dem Verhältnis einer Bildstrecke s' zur Kartenstrecke s oder von Kammerkonstante c zu Flughöhe $h_g$ errechnet werden:

$$M_b = 1/m_b = s'/s = c_k/h_g.$$

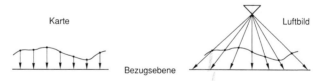

Abb. 52: Abbildung des Geländes in Karte und Luftbild
Links: Senkrechte Parallelprojektion in die Karte. Rechts: Zentralprojektion in die Bezugsebene eines Luftbildes

In einer Karte ist das Gelände senkrecht auf eine horizontale Bezugsfläche projiziert. Das Luftbild ist – im Gegensatz dazu – eine *zentralperspektive Abbildung*. Das hat zur Folge, daß Gelände- und Objektpunkte, die über der Bezugsfläche liegen, vom Bildmittelpunkt (genauer vom Bildnadir) radial nach außen versetzt werden (Abb. 52 und 53), darunter liegende nach innen. Vertikale Objektlinien (z.B. Hauskanten, Baumstämme) konvergieren deshalb stets zur Bildmitte hin. Der Effekt ist um so stärker, je größer der Achsenwinkel der Abbildung und damit der Abstand von der Bildmitte ist; in der Bildmitte selbst verschwindet die radiale Versetzung (Abb. 54).

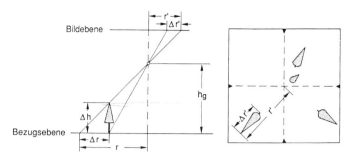

Abb. 53: Radiale Versetzung durch Höhenunterschiede

Abb. 54: Wirkung der Zentralprojektion
Wiedergabe eines Gebäudes in der Bildmitte (links) und nahe dem Bildrand (rechts)

Die Kenntnis dieser Zusammenhänge kann dazu dienen, auf einfache Weise die Höhe von einzelnen Objekten zu bestimmen. Wenn nämlich bei Häusern, Bäumen, Masten u.ä. ein Hochpunkt und der lotrecht darunter liegende Fußpunkt erkennbar sind, läßt sich aus der radialen Versetzung $\Delta r'$ (Abb. 55) die *Objekthöhe* $\Delta h$ ableiten:

$$\Delta h = (\Delta r'/r') \cdot h_g.$$

In diesem Zusammenhang ist auch zu erwähnen, daß man in anderen Fällen Objekthöhen aus den *Schattenlängen* ermitteln kann (Abb. 55). Dies setzt voraus, daß die Schatten auf eine praktisch horizontale Fläche fallen. Die genäherte Sonnenhöhe $\alpha$ über dem Horizont kann aus Tafeln entnommen werden (ALBERTZ 1989). Dann erhält man:

$$\Delta h = l' \cdot m_b \cdot \tan \alpha.$$

Sofern eine der Objekthöhen bereits bekannt ist, genügt auch das Verhältnis der Schattenlängen:

$$\Delta h_2 = (l'_2 / l'_1) \Delta h_1.$$

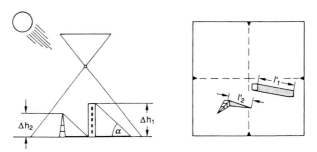

Abb. 55: Zur Bestimmung von Objekthöhen aus Schattenlängen
Links: Bei bekannter Sonnenhöhe $\alpha$. Rechts: Bei bekannter Objekthöhe $\Delta h_1$

Bei genaueren Kartierungen kann die Tatsache nicht mehr vernachlässigt werden, daß die Aufnahmerichtung von Senkrecht-Luftbildern mehr oder weniger stark von der Lotrichtung abweicht. Es ist leicht einzusehen, daß dies zu einer Verzerrung des Bildes führt. Eine horizontale, ebene Geländefläche wird in einem genau lotrecht aufgenommenen Luftbild (*Nadirbild*) zwar verkleinert, aber unverzerrt in einheitlichem Maßstab wiedergegeben (Abb. 56). In einem geneigt aufgenommenen Bild erscheint sie dagegen verzerrt und der Maßstab ist nicht mehr einheitlich. Dies drückt sich auch darin aus, daß die Geländefläche, die in einem Luftbild mit quadratischem Bildformat wiedergegeben wird, ein beliebiges Viereck bildet.

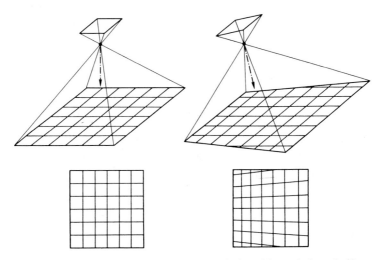

Abb. 56: Verzerrung des Luftbildes bei geneigter Aufnahmerichtung (schematisch)
Abbildung eines in einer ebenen Geländefläche gedachten Gitters bei senkrechter (links) und bei geneigter (rechts) Aufnahmerichtung

Um diese Art von Verzerrungen zu korrigieren, muß eine *Entzerrung* durchgeführt werden. Durch diesen Vorgang kann man ein Luftbild so umformen, daß es einem genau lotrecht aufgenommenen Bild entspricht (vgl. 5.2.1). Streng gültig ist dies jedoch nur für ebenes Gelände. Da die Geländeoberfläche fast immer von diesem Ideal abweicht, verbleiben stets geringe Restfehler. Wenn diese eine zweckmäßige Toleranzgrenze überschreiten, sind kompliziertere Auswerteprozesse erforderlich (vgl. 5.2.3).

Auch photographische *Satellitenbilder* sind zentralperspektive Abbildungen. Im Vergleich zu Luftbildern geben sie aber einen großen Ausschnitt der Erdoberfläche wieder. Deshalb muß – wie allgemein in der Kartographie – bei entsprechenden Genauigkeitsanforderungen die Auswirkung der *Erdkrümmung* berücksichtigt werden.

## 3.1.2 Scanner-Bilder

Bei der photographischen Aufnahme entsteht ein vollständiges Bild im Bruchteil einer Sekunde. Im Gegensatz dazu werden die Daten von Scanner-Bildern fortlaufend zeilenweise aufgezeichnet, solange das Flugzeug bzw. der Satellit die Erdoberfläche überfliegt. Auf die Geometrie der entstehenden Abbildung ist dies von entscheidendem Einfluß: Jede entstehende Bildzeile ist von einem anderen Ort aus und mit einer anderen räumlichen Lage des Fernerkundungssensors aufgenommen. Die Folge davon ist, daß die geometrischen Eigenschaften von Scanner-Bildern wesentlich komplizierter sind als diejenigen photographischer Bilder. Dabei wirken sich auf die Abbildungsgeometrie von Scanner-Bildern vor allem drei Faktoren aus, nämlich die Technik des Aufnahmevorgangs selbst, die Bewegung des Sensorträgers im Raum und die Oberflächenform des Geländes.

Der Abtastvorgang durch *optisch-mechanische Scanner* führt zunächst zu einer charakteristischen Verzerrung der Bilder. Diese entsteht dadurch, daß der Abstand vom Scanner zum Gelände in der Mitte des Aufnahmestreifens am kleinsten ist und zum Rand hin zunimmt. Damit wachsen auch die beobachteten Flächenelemente (IFOV) und die Abstände zwischen ihnen an (Abb. 57 und 58). Andererseits dreht sich der Abtastspiegel mit konstanter Winkelgeschwindigkeit, und die Meßwerte werden in gleichen Zeitabständen erfaßt. Die Daten-Aufnahme erfolgt demnach in gleichen Winkel-Inkrementen. Wenn die so aufgenommenen Daten einfach in gleichen Streckeninkrementen wiedergegeben werden, erscheint das Bild zu den Streifenrändern hin zunehmend gestaucht, so daß z.B. schräg verlaufende gerade Straßen zu S-Kurven werden (Abb. 58). Diese *Panorama-Verzerrung* genannte Erscheinung muß im allgemeinen vor der weiteren Verwendung der Bilddaten korrigiert werden. Dies ist – da die Verzerrung einer einfachen Gesetzmäßigkeit folgt – mit den Mitteln der Digitalen Bildverarbeitung leicht möglich. Bei *optoelektronischen Scannern* tritt keine Panorama-Verzerrung auf.

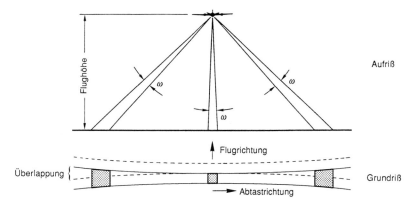

Abb. 57: Zur Geometrie der optisch-mechanischen Abtastung

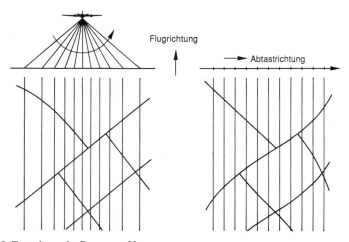

Abb. 58: Entstehung der Panorama-Verzerrung
Links: Abtastung des Geländes in gleichen Winkel-Inkrementen. Rechts: Verzerrte Wiedergabe in gleichen Strecken-Inkrementen

Alle zeilenweise arbeitenden Aufnahme-Verfahren der Fernerkundung machen sich die *Bewegung des Sensorträgers* zunutze. Die jeweilige Abbildungsgeometrie hängt deshalb nicht nur von der Aufnahme-Technik ab, sondern auch von der räumlichen Bewegung des Sensorträgers. Da Flugzeuge stets den unregelmäßigen Einflüssen der atmosphärischen Turbulenzen ausgesetzt sind, können sich komplizierte geometrische Formen ergeben. In der Abb. 59 wird dies an einem stark verzerrten Scannerbild deutlich.

Man versucht seit langem, solchen geometrischen Verzerrungen entgegenzuwirken. Vergleichsweise einfach ist dies für den Einfluß der Querneigungsänderungen möglich. Die durch das »Rollen« des Flugzeugs verursachten

Verschiebungen der einzelnen Bildzeilen können bei der Aufnahme aufgrund eines Kreiselsignals unmittelbar korrigiert werden (sog. *Rollkompensation*). Darüber hinaus wird in zunehmendem Maße angestrebt, das ganze Aufnahmesystem auf einer lagestabilisierten Plattform zu montieren.

Abb. 59: Flugzeug-Scannerbild mit starken Verzerrungen
Besonders augenfällig sind die Verzerrungen an dem unregelmäßigen Verlauf der Autobahn und anderen geometrischen Formen.

Die *Oberflächenform des Geländes* bringt in geometrischer Hinsicht zusätzliche Komplikationen. Eine strenge Entzerrung ist deshalb nur möglich, wenn die Oberflächenform bekannt und in einem Digitalen Geländemodell erfaßt ist und außerdem die Daten der äußeren Orientierung des Sensors fortlaufend mit genügender Genauigkeit aufgezeichnet wurden. Meist sind diese Voraussetzung nicht oder nur teilweise erfüllt. Aus diesem Grunde muß man sich bei der Entzerrung von Scanner-Bildern in der Regel mit Näherungslösungen zufriedengeben.

Während Flugzeuge stets den unregelmäßigen Einflüssen der Atmosphäre ausgesetzt sind, folgen Satelliten einer gleichmäßigen Umlaufbahn ohne kurzperiodische Störungen. Deshalb weisen die von Satelliten aus mit Abtast-Systemen gewonnenen Bilddaten wesentlich einfachere geometrische Eigenschaften auf. Auch die Oberflächenformen des Geländes wirken sich nur wenig aus und können oft vernachlässigt werden. Für Interpretationszwecke reicht es deshalb vielfach aus, die von den Empfangsstationen vertriebenen Scannerdaten unmittelbar zu verwenden. Jede genauere Kartierung verlangt jedoch die geometrische Transformation der Bilddaten auf ein geodätisches Bezugssystem. Damit wird zugleich die kartographische Abbildung der gekrümmten Erdoberfläche in die gewählte Kartenprojektion vollzogen. Dieser Entzerrungsvorgang, der mit den Mitteln der Digitalen Bildverarbeitung ausgeführt werden kann (vgl. 4.3.1), wird oft als *Geocodierung* bezeichnet.

### 3.1.3 Radar-Bilder

Die Bildaufnahme mit Radar-Systemen hat – zumindest in ihrer grundlegenden Form – gewisse Ähnlichkeit mit der Aufnahme von Scanner-Bildern. Die Daten werden fortlaufend in Zeilen quer zur Flugrichtung aufgezeichnet, solange das Flugzeug die Erde überfliegt. Dies führt dazu, daß die aufgezeichneten Bilddaten – ideale Bedingungen vorausgesetzt – in der Flugrichtung eine *Parallelprojektion* darstellen. Völlig anders liegen die Dinge aber in der Zeilenrichtung, also quer dazu. Aus der Funktionsweise der Radar-Systeme (vgl. 2.4, Abb. 42) ergibt sich nämlich, daß entlang der Zeilen keine Richtungen beobachtet werden wie bei anderen Systemen. Die Lage des Flächenelementes F ergibt sich vielmehr aus der *Laufzeit der Wellenfronten*, und daraus kann die *Schrägentfernung* zwischen der Antenne und dem reflektierenden Element der Geländefläche hergeleitet werden. Die Geometrie von Radar-Bildern wird dadurch entscheidend bestimmt.

In der Abb. 60 ist zunächst die Wiedergabe einer ebenen Geländefläche durch ein Radar-System skizziert. Wenn man die Reflexionssignale entsprechend ihrer Laufzeit (bzw. Schrägentfernung s) in Bilddaten umsetzt, so erhält man ein verzerrtes Bild. Eine nahe gelegene Geländestrecke $\Delta y$ wird von der Wellenfront schneller durchlaufen als eine ferne. Dementsprechend wird sie im Schrägentfernungsbild verkürzt wiedergegeben. Dies war bei den ersten Radar-Systemen der Fall, bei denen die empfangenen Signale direkt auf einen Film aufgezeichnet wurden. Der Effekt läßt sich indes leicht und – bei den angenommenen idealen Bedingungen – auch vollständig korrigieren.

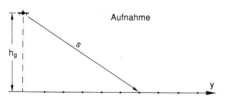

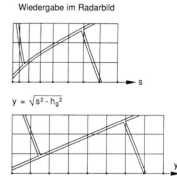

Abb. 60: Zur Geometrie von Radar-Bildern
Wird die Schrägentfernung s als eine Koordinate aufgetragen, so ist das Bild vor allem im Nahbereich gestaucht (rechts oben). Durch einfache Korrektur kann ein Grundrißbild mit y als Koordinate gewonnen werden (rechts unten).

$$y = \sqrt{s^2 - h_g^2}$$

Wenn das Gelände nicht eben ist, werden die Verhältnisse wesentlich komplizierter. Die Auswirkung von *Geländehöhen* auf die Bildgeometrie ist in Abb. 61 anhand eines schematischen Beispiels im Profil dargestellt. Drei gleiche Berge befinden sich in verschiedener Entfernung vom Radar-System.

Der am weitesten entfernte Berg wird von der Wellenfront zuerst am Fuße des Berghangs im Punkt 4 und dann an der Spitze im Punkt 3 getroffen. Die

Spitze wird so abgebildet, als käme das Reflexionssignal vom Punkt 3' der Bezugsebene. Der Berghang 3/4 erscheint deshalb im Bild auf die Strecke 3'/4' verkürzt. Die systemabgewandte Seite des Berges und ein Teil des anschließenden ebenen Geländes wird überhaupt nicht wiedergegeben; im Bild entsteht zwischen den Punkten 1' und 3' ein informationsloser Radarschatten.

Der zweite Berg möge so liegen, daß der eine Hang 6/7 von der Wellenfront praktisch gleichzeitig getroffen wird. Dies hat zur Folge, daß er im Bild zu einem Punkt 6' = 7' zusammenschrumpft. Dagegen soll die Neigung des anderen Hangs gerade dem Depressionswinkel entsprechen. Dann wird der Hang verlängert, d.h. auf die Strecke 5'/6' gedehnt, wiedergegeben.

Der dritte Berg schließlich liegt nahe am Radar-System und die Wellenfront trifft ihn unter einem großen Depressionswinkel. Dadurch wird zuerst die Spitze 10 erreicht und so abgebildet als läge sie im Punkt 12. Danach trifft die Wellenfront gleichzeitig die horizontale Fläche 11/12 vor dem Berg, den Berghang 10/11 und einen Teil des systemabgewandten Hanges, nämlich die Fläche 9/10. Die Reflexionssignale von diesen drei Flächen können deshalb nicht nacheinander empfangen werden, sie überlagern sich vielmehr, wodurch die Interpretation erheblich erschwert wird.

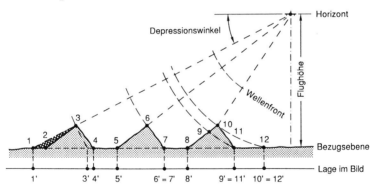

Abb. 61: Die Auswirkung des Geländereliefs auf Radar-Bilder
Die Geländepunkte 1 bis 12 werden im Bild in den Punkten 1' bis 12' wiedergegeben, wenn die Geländehöhen bei der Entzerrung nicht berücksichtigt werden.

Die Abbildungseigenschaften lassen sich auch wie folgt zusammenfassen: Geländepunkte, die in der Bezugsebene liegen, werden grundrißtreu abgebildet. Höher gelegene Geländepunkte werden zum Radar-System hin versetzt. Dadurch tritt bei den zum Sensor hin orientierten Hängen eine Verkürzung (engl. *Foreshortening*) auf. Ist der Depressionswinkel größer als die Hangneigung, so geht die Verkürzung in eine Überlagerung (engl. *Layover*) über.

Die Lageversetzung der Bildpunkte, die bei Radar-Aufnahmen als Funktion der Geländehöhe auftritt, macht es auch möglich, *Stereobildstreifen* zu gewinnen. Dabei liegt es nahe, von parallelen Fluglinien in gleicher Höhe auszugehen, wie dies in Abb. 44 skizziert ist. Es sind jedoch auch andere Konfigurationen denkbar, z.B. aus unterschiedlichen Flughöhen oder mit gegensinniger Aufnahmerichtung. Die stereoskopische Betrachtung kann die Interpretation wesentlich unterstützen, wenn die durch verschiedene Bestrahlungsrichtung verursachten Unterschiede zwischen den Bildwiedergaben nicht zu groß sind (z.B. BUCHROITHNER 1989).

Wegen der komplizierten Abbildungsverhältnisse ist die genaue geometrische Entzerrung von Radar-Bildstreifen keine triviale Aufgabe. Sie erfordert im Gegenteil hohen Aufwand und setzt voraus, daß ein Digitales Geländemodell des betreffenden Gebietes verfügbar ist (z.B. MEIER & NÜESCH 1986, WIGGENHAGEN 1989).

## 3.2 Radiometrische (physikalische) Eigenschaften

Neben den geometrischen Beziehungen bestehen zwischen einem Bild und dem abgebildeten Objekt auch physikalische Zusammenhänge. Dies ergibt sich daraus, daß die Bildentstehung von der Intensität und der spektralen Zusammensetzung der elektromagnetischen Strahlung abhängt. Als Folge davon ergeben sich auch *radiometrische Eigenschaften*, die ein Bild kennzeichnen.

Unter idealen Verhältnissen würde man erwarten, daß die aufgezeichneten Bilddaten die am Sensor ankommende Strahlung fehlerfrei erfassen. Dazu müßte die Messung störungsfrei sein, zwischen den Meßwerten und der Strahlungsleistung müßte ein linearer Zusammenhang bestehen und die Meßwerte müßten vom Ort im Bild bzw. von der Beobachtungsrichtung unabhängig sein. Tatsächlich treten erhebliche Abweichungen von diesem Idealfall auf.

Jeder Meßwert ist zunächst aus physikalischen Gründen einer statistischen Unsicherheit unterworfen, die als *Rauschen* bezeichnet wird. Sie drückt sich entweder in Schwankungen der Meßdaten aus oder in der körnigen Struktur von photographischen Bildern. Ein Meßsignal kann nur empfangen werden, wenn es deutlich über dem Rauschen liegt. Die Leistungsfähigkeit eines Sensors hängt deshalb vom *Signal-Rausch-Verhältnis* ab. Dieses kann man zwar durch die Wahl einzelner technischer Parameter beeinflussen, doch geht eine Verbesserung des Signal-Rausch-Verhältnisses stets zu Lasten eines anderen Parameters. So ist beispielsweise bei photographischen Schichten eine hohe Empfindlichkeit mit einer gröberen Kornstruktur verbunden; bei Scanner-Systemen muß eine hohe radiometrische Auflösung mit einer geringeren geometrischen Auflösung (größeres IFOV) erkauft werden.

Jedes Meßgerät muß kalibriert werden, damit ein Zusammenhang zwischen den Meßdaten und den zu beobachtenden physikalischen Größen hergestellt werden kann. Zur *radiometrischen Kalibrierung* eines Sensors kann man eine bekannte Strahlungsquelle benutzen und die Meßwerte registrieren, die sich bei verschiedenen Strahlungsleistungen ergeben. In manche Sensor-Systeme sind auch Referenzstrahler eingebaut, die eine fortlaufende Kalibrierung ermöglichen. Ein linearer Zusammenhang zwischen Strahlungsleistung und Meßsignal läßt sich aber stets nur für einen bestimmten Meßbereich erzielen. Aus diesem Grunde sind die technischen Parameter von Sensor-Systemen auf den Einsatzzweck abzustimmen. So muß ein Satelliten-Scanner beispielsweise dunkle Lavafelder und Schneeflächen gleichermaßen erfassen können. Die Abstimmung darauf wird dann aber dazu führen, daß manche Landschaftsszenen in den aufgenommenen Daten nur einen kleinen Bereich der meist 256 möglichen Grauwerte enthalten. Vielfach machen sich Restfehler der Kalibrierung störend bemerkbar. Zum Beispiel treten bei Scanner-Systemen, die mit mehreren Detektoren arbeiten, in den Bilddaten oft störende Streifenstrukturen auf, die durch geeignete Verarbeitungsverfahren beseitigt werden müssen (vgl. 4.3.2).

Aus ganz verschiedenen Gründen können bei den einzelnen Sensoren auch *richtungsabhängige Verfälschungen* der radiometrischen Meßwerte auftreten. Dies ist z.B. bei der Verwendung von Objektiven der Fall. Sie weisen stets einen Helligkeitsabfall in der Bildebene auf (vgl. 2.2.6), der evtl. mit Methoden der Bildverarbeitung kompensiert werden muß.

Zu den wichtigen radiometrischen Eigenschaften von Sensordaten gehört auch ihre *spektrale Auflösung*. Sie wird durch die Anzahl der Spektralkanäle und deren jeweilige Bandbreite bestimmt und dient dazu, Unterschiede in der Reflexionscharakteristik verschiedener Oberflächen (*spektrale Signaturen*) zu erfassen. Dies setzt eine spektrale Kalibrierung voraus, in welcher die Abhängigkeit der Meßwerte von der Wellenlänge der ankommenden Strahlung bestimmt wird.

Zu der Bedeutung, welche dem Themenbereich bei der Interpretation von Luft- und Satellitenbildern zukommt, können drei allgemeine Feststellungen getroffen werden:

- Durch photographische Verfahren läßt sich keine hohe *Genauigkeit* der radiometrischen Informationen erzielen. Dies hat seinen Grund vor allem darin, daß der photographische Prozeß in radiometrischer Hinsicht schwer zu kontrollieren ist. Demgegenüber bieten Scanner-Verfahren radiometrisch wesentlich genauere Daten.

- Die *visuelle Interpretation* von Bildern ist gegenüber radiometrischen Verfälschungen weitgehend unempfindlich. Deshalb können Bilddaten durch die Methoden der Bildverarbeitung (vgl. 4.2 und 4.3) so aufbereitet werden, daß sie für den vorgesehenen Zweck möglichst gut interpretierbar sind. Daß dabei mit den radiometrischen Eigenschaften der Daten recht willkürlich umgegangen wird, stellt in der Regel keinen Nachteil dar.

- Ganz im Gegensatz dazu sind die radiometrischen Eigenschaften bei anderen Auswertezielen von entscheidender Bedeutung. Dies ist z.B. dann der Fall, wenn Bilddaten durch *Multispektral-Klassifizierung* ausgewertet oder aus Thermal-Bilddaten Oberflächentemperaturen hergeleitet werden sollen. Dann sind die originalen Bilddaten in radiometrischer Hinsicht sehr sorgsam zu bearbeiten.

Die radiometrischen Eigenschaften von Sensoren werden z.B. in COLWELL (1983) eingehender behandelt. Genauere Erläuterungen findet man z.b. auch bei KRAUS & SCHNEIDER (1988).

### 3.3 Erkennbarkeit von Objekten (Auflösungsvermögen)

Wie groß muß ein Objekt sein, damit es in einem Luft- oder Satellitenbild noch erkennbar ist? Diese naheliegende und häufig diskutierte Frage läßt sich leider nicht einfach beantworten. Im Gegenteil, zahlreiche Faktoren sind von Einfluß und bestimmen in ihrem Zusammenwirken darüber, ob ein Objekt in einem Bild erkennbar ist oder nicht. Zu den wichtigsten Faktoren gehört das sogenannte *Auflösungsvermögen* des Aufnahme-Systems, das wiederum von der Aufnahme-Methode und den technischen Parametern des Sensors bestimmt wird. Daneben hängt die Erkennbarkeit aber vor allem von den *Eigenschaften der Objekte* selbst und ihrer Umgebung ab. Sie müssen z.B. einen gewissen Helligkeits- oder Farbkontrast zu ihrer Umgebung aufweisen, um überhaupt sichtbar abgebildet zu werden. Schließlich versteht es sich von selbst, daß der *Maßstab der Bildwiedergabe* die Erkennbarkeit unmittelbar beeinflußt. Dies machten schon die Bilder der Abb. 2 in der Einleitung deutlich. Die folgenden Betrachtungen gehen auf diesen Aspekt aber nicht weiter ein, da der Maßstab der Bildwiedergabe in sinnvollen Grenzen beliebig gewählt und damit das Informationspotential der Bilddaten ausgeschöpft werden kann.

### 3.3.1 Auflösung photographischer Bilder

In einer photographischen Schicht können nicht beliebig kleine Details wiedergegeben werden. Das Auflösungsvermögen hängt stark von den Eigenschaften der photographischen Schicht ab, die stets eine gewisse Kornstruktur aufweist. Außerdem wirken sich z.B. die Bildfehler des Objektivs, die Ebenheit der photographischen Schicht, die Bewegungsunschärfe u.ä. auf die Bildwiedergabe einschränkend aus.

Ein Maß für die Wiedergabe kleiner Details ist das *Auflösungsvermögen*, das auf einfache Weise bestimmt werden kann. Man photographiert dazu eine genormte Testtafel mit parallelen Linien in verschiedener Größe (Abb. 62) und stellt fest, bei welcher der Testfiguren die Linien gerade noch erkennbar sind. Aufgrund der Maßstabsverhältnisse zwischen der Testvorlage und ihrer Bildwiedergabe kann man dann angeben, wie vielen Linien pro Millimeter (L/mm) im Bild die noch »aufgelöste« Testfigur entspricht. Da in diesem Fall eine Linie definitionsgemäß aus einem hellen und dem benachbarten dunklen Strich besteht, ist es zur Vermeidung von Mißverständnissen üblich, als Maßeinheit lp/mm (lp = Linienpaar) anzugeben. Um vergleichbare Zahlenwerte zu erhalten, muß zumindest der Kontrast der Testtafel mit genannt werden. Oft werden Tafeln benutzt, bei denen das Leuchtdichteverhältnis zwischen hellen und dunklen Flächen nur 1,6:1 beträgt, da dies für die geringen Kontraste bei der Luftbildaufnahme repräsentativ erscheint.

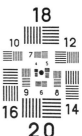

Abb. 62: Testtafel zur Bestimmung des Auflösungs-vermögens

Das Auflösungsvermögen nimmt zum Rand eines Bildes ab, da die Wirkung der Aberrationen der optischen Abbildung zunimmt. Außerdem verschlechtert sich die Auflösung bei kleinen Blendenöffnungen, da sich die Beugung am Blendenrand verstärkt. Im übrigen wird die Auflösung vor allem durch die Kornstruktur der photographischen Schichten begrenzt.

Aus den als Auflösungsvermögen ermittelten Werten dürfen aber keine voreiligen Schlüsse auf die Sichtbarkeit und Interpretierbarkeit von Details gezogen werden. Die Zahlen kennzeichnen die Auflösungsgrenze nur dann, wenn die Objektkontraste und die Objektformen mit den Testtafeln übereinstimmen. Höhere Objektkontraste verbessern, geringere Kontraste verschlechtern die Bildwiedergabe. So können z.B. weiße Markierungen auf dunklem Straßenbelag, glänzende Leitungsdrähte, Schatten von Masten u.ä. noch sichtbar sein, obwohl sie aufgrund des Bildmaßtabes unter der Auflösungsgrenze liegen. Umgekehrt bleiben größere Objekte im Bild unsichtbar, wenn sie zu wenig Kontrast gegenüber ihrer Umgebung aufweisen. Auch die geometrische Form der Objekte wirkt sich aus. Gerade Linien oder andere auffallende Formen sind in Bildern besser, unregelmäßige kleine Details oft schlechter erkennbar, als nach der Auflösungszahl zu erwarten wäre.

Bei Luftbildern liegt das Auflösungsvermögen häufig im Bereich von 20 bis 50 lp/mm. Das Auflösungsvermögen des menschlichen Auges liegt dagegen bei etwa 6 lp/mm. Deshalb ist es vernünftig, Luftbilder mit bis zu 6- oder 8facher optischer Vergrößerung zu betrachten. Stärkere Vergrößerungen machen dagegen keine zusätzlichen Details sichtbar.

Es sei darauf hingewiesen, daß das Auflösungsvermögen die Leistungsfähigkeit eines optisch-photographischen Systems nur sehr unvollständig beschreibt. Es gibt lediglich einen unter gewissen Voraussetzungen gültigen Grenzwert, sagt aber nichts über die Qualität der Wiedergabe größerer Objekte und über das Zusammenwirken der einzelnen Systemkomponenten. Eine genauere Beschreibung der Systemeigenschaften ermöglicht die *Modulations-Übertragungs-Funktion* (z.B. SCHWIDEFSKY 1960, GLIATTI 1977).

## 3.3.2 Auflösung von Scanner- und Radar-Bildern

Die Ergebnisse der Aufnahme mit Scanner-Systemen oder mit Radar-Systemen liegen in der Regel in Form digitaler Bilddaten vor. Dasselbe gilt naturgemäß für digitalisierte photographische Bilder. Für derartige raster-förmige Bilddaten kann die Auflösung nicht in der gleichen Weise definiert werden wie für photographische Bilder.

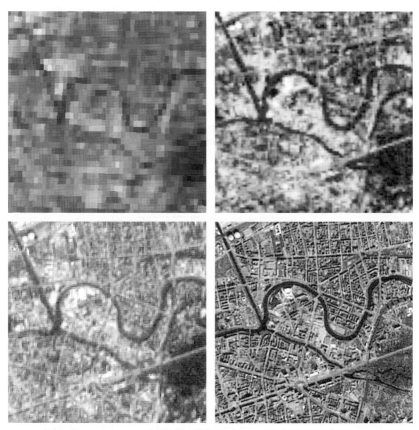

Abb. 63: Wiedergabe eines Stadtgebietes durch Sensoren verschiedener Auflösung
Ausschnitt der Innenstadt von Berlin im Maßstab 1:50.000. Links oben: MSS-Daten (80 m).
Rechts oben: TM-Daten (30 m). Links unten: SPOT-Multispektral-Daten (20 m). Rechts
unten: Panchromatische SPOT-Daten (10 m)

Deshalb hat es sich eingebürgert, bei den Systemen zur digitalen Aufnahme sowie in der Bildverarbeitung die *Kantenlänge eines Bildelementes* (Pixels) als Maß für die (geometrische) Auflösung zu benutzen. Diese Maßangabe hat den Vorteil, daß sie eindeutig ist und leicht vergleichbar erscheint. Tatsächlich wird die Erkennbarkeit topographischer Details mit der Verkleinerung der Bildelemente drastisch verbessert, was der Vergleich in Abb. 63 eindrucksvoll veranschaulicht.

Dennoch sollte nicht übersehen werden, daß auch ein solches Maß in der Regel einen idealisierten Zustand beschreibt. So bleiben beispielsweise die bei der Aufbereitung von Satelliten-Bilddaten durch die Empfangsstationen durchgeführten Verarbeitungsprozesse unberücksichtigt (vgl. Resampling-Prozeß Abschnitt 4.3.1). Gleichwohl hat es sich als zweckmäßig erwiesen, die Kantenlänge der (idealisierten) Pixel als Maß für die Auflösung gerasterter Bilddaten zu benutzen.

Zwischen dem Auflösungsvermögen, mit dem die Leistungsfähigkeit photographischer Systeme gekennzeichnet wird, und der in Pixelgrößen angegebenen Auflösung digitaler Rasterdaten besteht zunächst keinerlei Zusammenhang. Ein unmittelbarer Vergleich ist grundsätzlich auch nicht möglich, weil die Definitionen verschieden sind. In das Auflösungsvermögen gehen nämlich die Form des abgebildeten Objektes, die vorliegenden Kontraste sowie die Bewertung des entstehenden Bildes durch einen menschlichen Beobachter ein. Demgegenüber sind die Pixelgrößen davon gänzlich unabhängig.

Um dem dringenden Wunsch nach Vergleichbarkeit gerecht zu werden, sind dennoch viele Anstrengungen unternommen worden, Umrechnungsmaße nach pragmatischen Gesichtspunkten zu definieren (vgl. ALBERTZ u.a. 1991). Um die gewonnene Faustregel anwenden zu können, muß das im Bild gemessene Auflösungsvermögen [lp/mm] anhand des Bildmaßstabes in die Geländefläche umgerechnet werden. Man erhält dadurch das Auflösungsvermögen in Metern pro Linienpaar [m/lp]. Dann gilt:

$$\text{Auflösung [m/lp]} \approx 2,8 \cdot \text{Auflösung [m/pixel]} .$$

So erhält man beispielsweise für ein photographisches Satellitenbild im Maßstab 1:800.000 mit einem Auflösungsvermögen von 30 lp/mm eine Auflösung an der Erdoberfläche von etwa 27 m/lp oder etwa 10 m/pixel.

### 3.3.3 Einfluß der Objekteigenschaften

Vor voreiligen Schlußfolgerungen aus der obigen Betrachtung muß freilich gewarnt werden. Oft wird beispielsweise behauptet, bei einer Pixelgröße von 10 m könne man ein 10 m großes Objekt erkennen. Andererseits wird manchmal aufgrund des Umrechnungsfaktors 2,8 angenommen, ein Fluß müsse über 80 m breit sein, um in Daten mit 30 m Pixelgröße (Thematic Mapper) noch eindeutig erkannt zu werden. Beide Folgerungen werden dem komplexen Zusammenwirken von Objektform, Objektgröße, Objektkontrast usw. nicht gerecht.

Tatsächlich hängt die Erkennbarkeit von Objekten außer von den Parametern des Aufnahmesystems in starkem Maße von den Objekteigenschaften,

dem Kontrast zur Umgebung usw. ab. Das Zusammenwirken der hier beteiligten Faktoren läßt sich aber kaum abschätzen. Dazu muß auch bedacht
werden, daß ein Objekt in den Bilddaten niemals isoliert vorkommt, sondern
vielmehr in ein Bildganzes integriert ist. Dies kann sich auf die Erkennbarkeit
positiv oder negativ auswirken. Eine einzelne Hütte, die auf freiem Feld gut
erkennbar ist, kann praktisch unsichtbar sein, wenn sie von Bäumen umgeben
(aber nicht verdeckt!) ist. Andererseits können sich kleinere Objekte je nach
Häufigkeit und topologischer Anordnung zu größeren Einheiten zusammen-
fügen, so daß sie in ihrer Gesamtheit erkennbar werden (z.b. Einzelhäuser
einer Siedlung).

In der Praxis wird die Leistungsfähigkeit der Fernerkundung vor allem an
*linienhaften Objekten* deutlich. Als linienhaft kann man lange, aber schmale
Objekte bezeichnen, wie sie vor allem in Kulturlandschaften in großer Zahl
vorkommen (Straßen, Wege, Eisenbahnlinien, Flüsse, Gräben, Leitungen
u.ä.). Die Erkennbarkeit derartiger Objekte hängt einerseits von ihrer natürlichen Breite und dem Kontrast zur Umgebung ab, andererseits von der Auflösung des Sensors. Es wirken sich aber auch komplexere Komponenten aus,
beispielsweise die Strukturen der von solchen Objekten gebildeten Muster.

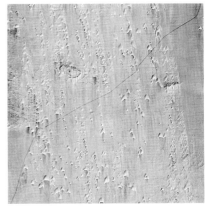

Abb. 64: Einfluß des Kontrastes auf die Erkennbarkeit linienhafter Objekte
Links: Straßen in einer Schneelandschaft (Luftbild Ottawa, 1:100.000, Photo: Spartan Aero
Ltd.). Rechts: Nur 5 m breite Straße in der Ägyptischen Wüste (TM-Bild, 30 m Auflösung)

Sehr großen Einfluß auf die Sichtbarkeit von linienhaften Objekten hat der
*Kontrast* zur Umgebung. Dies zeigen anschaulich die Beispiele der Abb.64.
Dunkle Straßen sind dank ihres hohen Kontrastes zu den benachbarten
Schnee- oder Sandflächen gut zu erkennen, obwohl ihre Breite unterhalb der
Auflösung bzw. der Pixelgröße liegt. An der Wüstenstraße lassen sich sogar
Stellen identifizieren, an denen die Straßendecke von Sanddünen überweht ist.
Im Gegensatz dazu können in anderen Fällen auch breite Verkehrswege nicht
erkannt werden, wenn der Kontrast zur Umgebung zu gering ist.

In manchen Fällen ist die *Wahl des Spektralkanals* entscheidend für die Erkennbarkeit linienhafter Objekte. Dies gilt vor allem für schmale Wasserläufe wie Bäche und Kanäle. Abb.65 zeigt dies am Beispiel einer Landschaft im Umland von Berlin. Die im grünen Spektralkanal der multispektralen TM-Daten kaum erkennbaren Wasserläufe können im Infrarot-Kanal eindeutig als solche identifiziert werden.

Abb. 65: Einfluß des Spektralbereichs auf die Erkennbarkeit von Objekten
Landschaft in der Nähe von Berlin in Thematic Mapper-Daten vom 4.8.1986 (Maßstab etwa 1:250.000) Links: Grüner Spektralbereich (Kanäle sind kaum erkennbar). Rechts: Infraroter Spektralbereich (Kanäle sind deutlich sichtbar)

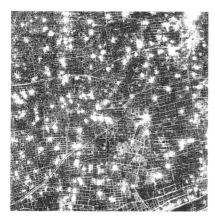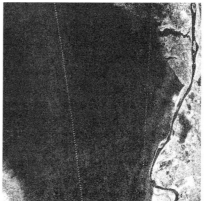

Abb. 66: Linienhafte Objekte im Radarbild
Links: Lineare Strukturen in einer Agrarlandschaft in China (Provinz Hebei). Rechts: Hochspannungsleitungen westlich des Niltals in Ägypten. Aufnahmen SIR-A, etwa 1:700.000

In *Radarbildern* sind vielfach linienhafte Objekte zu erkennen, die in anderen Luft- oder Satellitenbildern vergleichbarer Maßstäbe völlig unsichtbar bleiben. Dies hat damit zu tun, daß der Bildaufbau der Radarbilder von anderen physikalischen Parametern bestimmt wird als sie im optischen Bereich wirksam sind. Beispiele hierzu zeigt die Abb.66. Aufgrund der besonderen Reflexionscharakteristik im Mikrowellenbereich (vgl. 2.4) zeichnen sich Mauern, Schienen, Hochspannungsleitungen u.ä. deutlich ab, obwohl die Auflösung der Daten nur 40 m beträgt. In Bildern, die im optischen und infraroten Spektralbereich gewonnen werden, sind solche Objekte nicht erkennbar, weil sie keinen besonderen Kontrast zur Umgebung aufweisen.

Diese wenigen Beispiele zeigen, daß über die Erkennbarkeit von Objekten in Luft- und Satellitenbildern keine einfachen Aussagen möglich sind.

### 3.4 Bilder und Karten im Vergleich

Durch den Vorgang der Luftbild- oder Satellitenbildaufnahme wird eine Fülle von Informationen über das abgebildete Gelände gespeichert. Die Auswertung dieser Informationen durch Interpretation ist teils in einem konkurrierenden, teils in einem komplementären Verhältnis zu vorliegenden Karten zu sehen. Einerseits wäre es sinnlos, die in Karten bereits enthaltenen Informationen durch Bildauswertung neu zu gewinnen. Andererseits ergänzen sich Bild- und Karten-Informationen vielfach in sehr zweckmäßiger Weise. Um das Verhältnis Bild/Karte besser überschauen zu können, ist es nützlich, die Informationsgewinnung aus Bildern und Karten miteinander zu vergleichen.

Sowohl Luft- und Satellitenbilder als auch Topographische Karten sind Abbildungen begrenzter Geländeausschnitte, die die Erdoberfläche verkleinert und verebnet wiedergeben. In ihnen sind Informationen über Erscheinungen und Sachverhalte an der Erdoberfläche gespeichert. Sowohl Bilder als auch Karten können deshalb *qualitativ* (Antwort auf die Frage »was ist wo?«) und *quantitativ* (Antwort auf die Frage »wieviel ist wo?«) ausgewertet werden. Hinsichtlich der Entstehung, der Art der Speicherung und der Nutzung bestehen aber grundlegende Unterschiede.

*Luft- und Satellitenbilder* entstehen im Verlauf physikalisch-chemischer Prozesse. Zwischen dem Bild und dem wiedergegebenen Gelände bestehen deshalb *kausale Zusammenhänge*, die durch die elektromagnetische Strahlung vermittelt werden und zu bestimmten Grauwert- bzw. Farbverteilungen im Bild führen. Die Zuordnung der Grauwert- und Farbverteilungen zu abgrenzbaren Formen und Flächen setzen den Betrachter in die Lage, konkrete Objekte im Bild wiederzuerkennen, die ihm aus seiner Umwelt oder sonstiger Erfahrung vertraut sind. Er sieht also »Bildgestalten« und versucht zugleich, diese aufgrund seiner Erfahrung und seines allgemeinen Vorstellungsvermögens als Abbild eines bestimmten Gegenstandes zu identifizieren.

Andererseits gibt es in Bildern wahrnehmbare Einzelheiten, die keine eindeutige begriffliche Festlegung ermöglichen oder erst unter Zuhilfenahme

weiterer Informationen (z.b. terrestrische Erkundungen vor Ort) mit einem
Sinn erfüllt werden können. Das Erkennen von Objekten ist demzufolge die
Voraussetzung für die darauf aufbauende Interpretation, bei der im Bild nicht
unmittelbar ersichtliche Zusammenhänge erarbeitet werden (vgl. 5.1).

*Topographische Karten* dienen der Darstellung aller wesentlichen topographischen Gegebenheiten eines Landes. Sie sind das Ergebnis eines bewuß-
ten Auswahl- und graphischen Gestaltungsprozesses durch den Kartographen.
Zwischen der Karte und dem Gelände bestehen deshalb keine kausalen, sondern durch Vereinbarung definierte, also *konventionale Zusammenhänge*.
Hauptbestandteile der kartographischen Darstellung sind insbesondere die
Siedlungen, Verkehrswege, Gewässer und Bodenbedeckungen sowie das Geländerelief. Die Abbildung erfolgt stets verkleinert und vereinfacht (mit
Beschränkung auf das Wesentliche) und wird durch Beschriftung erläutert.

Das Gegenstück zu den Bildgestalten in Luft- und Satellitenbildern sind die
graphischen Zeichen und Signaturen in der Karte. Die Wahrnehmung dieser
»graphischen Gestalten« vermittelt dem Kartenbenutzer die Kenntnis von Art
und Lage der topographischen Objekte. Das setzt voraus, daß ihm die Bedeutung der graphischen Zeichen bekannt ist. Kartenhersteller und Kartenbenutzer müssen deshalb einen »gemeinsamen Zeichenvorrat« haben, wie er in
der Kartenlegende bzw. in Musterblättern festgelegt ist.

Zwischen den beiden Informationssystemen »Luft- und Satellitenbild« und
»Karte« bestehen demnach die folgenden grundsätzlichen Unterschiede:

Im *Luft- oder Satellitenbild* gibt es keine eindeutige Zuordnung zwischen
Objekt und Bild, da der physikalische Abbildungsprozeß kausal und nicht
aufgrund eines vereinbarten Zeichenvorrates abläuft. Erst die persönliche
Erfahrung und logische Kombinationsfähigkeit des Interpreten ergeben Sinn
und Bedeutung der wahrgenommenen Objekte. Dabei kommen auch »Bildgestalten« vor, deren Bedeutung nicht erkannt werden kann.

In der *Topographischen Karte* sind die Geländeinformationen durch ganz
bestimmte Kartenzeichen verschlüsselt, die einem vereinbarten Zeichenvorrat entstammen. Bei Wahrnehmung eines Zeichens ist dem Kartenbenutzer
dessen Bedeutung entweder schon bekannt oder er kann sie im festgelegten
Zeichenvorrat nachschlagen. Zeichen, denen keine erkennbare Bedeutung zukommt, treten nicht auf.

In der Tabelle 7 wird versucht, die wesentlichen Merkmale von Luft- bzw.
Satellitenbildern und Karten einander in übersichtlicher Form gegenüber-
zustellen. Dabei bezieht sich der inhaltliche Vergleich auf im Bereich des
sichtbaren Lichtes und im nahen Infrarot aufgenommene Bilder und auf
Topographische Karten nach mitteleuropäischem Standard.

Zum Vergleich zwischen Luft- und Satellitenbildern und Topographischen
Karten sei auch auf die Tafeln 3 und 4 verwiesen.

Tabelle 7 (auf der folgenden Seite): Vergleich zwischen Luft- oder Satellitenbildern und
Topographischen Karten

| Luft- oder Satellitenbild | Topographische Karte |
|---|---|
| **1. Eigenschaften** | |
| *Zentralprojektion* | *Parallelprojektion* |
| der physischen Erdoberfläche in die Bildebene | Senkrechte Parallelprojektion der Erdoberfläche in die Kartenbezugsfläche |
| *Keine maßstabsgerechte Abbildung* | *Maßstabsgerechte Abbildung* |
| Bildmaßstäbe sind nur grobe Näherung, bei unebenem Gelände zusätzliche Fehler | geringe Abweichung durch Generalisierung |
| *Keine lagegetreue Abbildung* | *Lagegetreue Abbildung* |
| Einflüsse von Aufnahmerichtung, Geländehöhen, Erdkrümmung usw. | geringe Abweichung durch Generalisierung |
| **2. Inhalt** | |
| *Informationsübermittlung in Bildform* | *Information in graphischen Zeichen codiert* |
| *Inhalt kausal bestimmt* | *Inhalt konventional bestimmt* |
| Bild entsteht durch physikalisch-chemische Prozesse | Kartenzeichen sind vereinbart und in Legende erklärt |
| *Hohe Informationsdichte,* | *Geringe Informationsdichte,* |
| aber auch viel Unwichtiges enthalten | aber nur topographisch Wichtiges |
| *Unendliche Vielfalt an Formen* | *Begrenzte Anzahl von Kartenzeichen* |
| *Augenblickszustand* | *Kein Augenblickszustand* |
| Enthält alle momentanen Einzelheiten | Enthält topographisch Beständiges |
| *Inhalt maßstabsunabhängig* | *Inhalt maßstabsabhängig* |
| Alles Sichtbare ohne Auslese vollständig enthalten | Informationsreduktion durch Generalisierung |
| *Hoher Aktualitätsgrad* | *Geringer Aktualitätsgrad* |
| Kurze Herstellungsdauer | Lange Herstellungsdauer, Problem der Fortführung |
| **3. Darstellung** | |
| *»Natürliches« Bild* | *Abstraktes Bild* |
| Alle luftsichtbaren Objekte enthalten | Geländebild nach Regeln abstrahiert |
| *Objekte nicht selektiert* | *Objekte selektiert* |
| Keine Unterscheidung zwischen Wichtigem und Unwichtigem | Topograph. Wichtiges betont, anderes zurückgedrängt oder weggelassen |
| *Keine Erläuterungen* | *Erläuterungen* |
| Inhalt nur durch Erfahrung, Interpretationsschlüssel, Feldvergleich zu erfassen | Schrift und Legende erläutern den Inhalt |
| **4. Lesbarkeit und Interpretation** | |
| *Bildqualität unterschiedlich* | *Kartenqualität einheitlich* |
| *Keine Lesbarkeit gegeben* | *Lesbarkeit gegeben* |
| Objekte müssen aufgrund von Größe, Form, Textur usw. interpretiert werden | Objekte durch Signaturen, deren Größe und relative Lage direkt lesbar |
| *Mehrdeutigkeit möglich* | *Eindeutigkeit der Aussage* |
| Interpretation kann mehrdeutig sein und hängt stark vom Interpreten ab | Aussage ist eindeutig und unabhängig vom Kartenbenutzer |
| *Echter Raumeindruck möglich* | *Kein echter Raumeindruck* |
| Dritte Dimension durch stereoskopische Betrachtung unmittelbar zu erfassen | Dritte Dimension durch graphische Zeichen nur mittelbar veranschaulicht |
| *Interpretation maßstabsabhängig* | *Lesbarkeit maßstabsunabhängig* |
| Erkennbarkeit der Bildelemente wegen Auflösungsgrenze maßstabsabhängig | Durch Generalisierung stets vollständige Lesbarkeit gewährleistet |

## 4. MÖGLICHKEITEN DER BILDVERARBEITUNG

Zur Auswertung von Luft- und Satellitenbildern steht eine Vielzahl von Techniken und Methoden zur Verfügung. Da sie beliebig miteinander kombiniert werden können, ist es schwierig, eine Übersicht über die Verfahren der Daten-Auswertung zu gewinnen. Es liegt aber nahe, zwischen dem Vorgang der *Bildverarbeitung* und der eigentlichen *Auswertung* zu unterscheiden. Die mit Fernerkundungssystemen aufgenommenen Bilddaten werden nämlich in der Regel vor der weiteren Verwendung gewissen Verarbeitungsschritten unterzogen.

Unter *Bildverarbeitung* sind dann all jene Verfahren zu verstehen, die Störeinflüsse der Daten reduzieren und diese so aufbereiten, daß die anschließenden Vorgänge leichter und zuverlässiger werden. Zu diesen Verfahren gehören die *Analoge Bildverarbeitung* (beispielsweise herkömmliche photographische Verfahren) und die *Digitale Bildverarbeitung*, welche die Veränderung der Bildinformationen in Digitalrechnern durchführt.

Die *Auswertung* umfaßt dagegen alle Verfahren, die dazu dienen, aus den vorliegenden Daten die für den jeweiligen Anwendungszweck gewünschten Informationen abzuleiten.

Eine strenge Trennung zwischen Bildverarbeitung und Auswertung ist jedoch in der Praxis kaum möglich, da die Prozesse vielfach ineinandergreifen. Zur Bildverarbeitung werden nämlich häufig auf den Zweck der Auswertung ausgerichtete Methoden gezielt eingesetzt, so daß sie in ihrer Anwendung praktisch bereits ein Teil der Auswertung sind.

### 4.1 Analoge und digitale Bilddaten

Luft- und Satellitenbilder liegen – je nach der Art des eingesetzen Aufnahme-Systems – primär in Form von photographischen Bildern oder als digitale Bilddaten auf Magnetbändern bzw. anderen Speichermedien vor.

*Photographische Bilder* enthalten die Informationen in analoger Form. Ein Schwarzweißbild kann deshalb als kontinuierliche Grauwertfunktion verstanden werden; ein Farbbild enthält dagegen in jeder der photographischen Schichten entsprechende kontinuierliche Funktionen, die in ihrer Gesamtheit das Farbbild ergeben. In jedem Fall handelt es sich bei Bildern, die wir mit unseren Augen wahrnehmen können, um *analoge Bilddaten*.

*Digitale Bilddaten* sind demgegenüber stets als eine Matrix von Zahlenwerten gegeben. Jedes Element der Matrix repräsentiert dabei einen kleinen quadratischen Bildausschnitt mit einem bestimmten Grauwert, bei Multispektraldaten mit mehreren Grauwerten. Der Ort des Elementes in der Matrix wird durch Zeilennummer und Spaltennummer gekennzeichnet. Die Bildinformationen liegen also in diskreten Zahlenwerten vor, die unmittelbar rechnerisch verarbeitet werden können. Mit dem menschlichen Auge können sie freilich nicht wahrgenommen werden.

Die primäre Form der Datenspeicherung bei der Aufnahme muß jedoch nicht die endgültige sein. Es kommt im Gegenteil häufig vor, daß die Bilddaten im Rahmen der Verarbeitung und Auswertung von einer Speicherform in die andere überführt werden. Dadurch wird es im Prinzip möglich, jede Art von Auswertetechnik auf jede Art von Bilddaten anzuwenden. Die Vorgänge, mit denen die Transformationen von der analogen in die digitale Form und umgekehrt erzielt werden, nennt man *Analog-Digital-Wandlung* bzw. *Digital-Analog-Wandlung*. Sie erfordern den Einsatz geeigneter technischer Einrichtungen.

### 4.1.1 Analog-Digital-Wandlung

Durch Analog-Digital-Wandlung kann ein photographisches (analoges) Bild in eine Matrix von (digitalen) Grauwerten, also in ein geordnetes Feld von Bildelementen (Pixeln), umgewandelt werden (MONTUORI 1980). Dazu eignen sich optoelektronische Systeme, z.B. Videokameras, die ein Bild mit elektronischen Mitteln in eine zeilenweise strukturierte Signalfolge umwandeln, welche anschließend so digitalisiert wird, daß ein regelmäßiges Raster von Bildelementen entsteht. Systeme dieser Art vermögen jedoch höhere Qualitätsansprüche vielfach nicht zu erfüllen, insbesondere nicht in geometrischer Hinsicht.

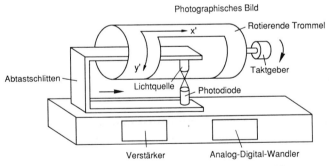

Abb. 67: Prinzip der Digitalisierung eines Bildes mit einem Trommel-Scanner

Deshalb werden meist optisch-mechanische Systeme bevorzugt, die zur Digitalisierung eines Bildes mechanische Bewegungen einsetzen. Gut geeignet und weit verbreitet sind *Trommel-Scanner*. Das dabei angewandte Prinzip veranschaulicht die Abb. 67. Das zu digitalisierende Bild wird auf einen

Zylinder aufgespannt. Der Grauwert eines kleinen, beleuchteten Flächenelementes im Bild wird mittels einer Photodiode gemessen und anschließend digitalisiert. Wenn der Zylinder um seine Achse rotiert, werden nacheinander die Bildelemente einer Zeile erfaßt. Da sich außerdem Beleuchtung und Photodetektor schrittweise in Achsrichtung bewegen, wird das Bild Zeile für Zeile abgetastet und in eine Matrix von digitalen Grauwerten umgesetzt. Durch Verwendung von Filtern können auch einzelne Spektralauszüge aus farbigen Vorlagen erzeugt werden.

Trommel-Scanner für große Bildformate werden vor allem im graphischen Gewerbe (Reproduktionstechnik) eingesetzt. Daneben kommen auch sogenannte *Flachbett-Scanner* vor, mit denen ein entsprechendes Ergebnis durch ebene Bewegungsvorgänge erzielt wird.

Es ist üblich, für die Digitalisierung von Bildvorlagen eine radiometrische Auflösung von 256 Grauwerten vorzusehen. Dies entspricht einer Codierung in 8 bit und gilt auch sonst in der Digitalen Bildverarbeitung als Standard. Die Größe der Bildelemente hängt einerseits von den technischen Parametern des Systems ab, andererseits muß sie nach den Bildvorlagen und der Anwendung zweckmäßig gewählt werden, um unnötige Datenmengen zu vermeiden. Viele Systeme erlauben die Wahl der Pixelgrößen zwischen 12,5 μm und 100 μm.

## 4.1.2 Digital-Analog-Wandlung

Die umgekehrte Aufgabe besteht darin, in digitaler Form vorliegende Bilddaten als Bild sichtbar zu machen, also eine Digital-Analog-Wandlung durchzuführen. Dabei sind zwei Fälle zu unterscheiden, je nachdem ob die Daten einem Bearbeiter bzw. Interpreten lediglich vorübergehend sichtbar gemacht werden sollen oder ob ein dauerhaftes (z.B. photographisches) Bild, eine sog. *Hardcopy*, erzeugt werden soll.

Im ersten Fall geht es um die Wiedergabe eines Satzes von Bilddaten auf einem Monitor. Man bedient sich dabei – wie beim Farbfernsehen – der additiven Farbmischung. Die handelsüblichen Systeme sind in aller Regel so ausgestattet, daß das wiedergegebene Bild in Kontrast, Farbe usw. praktisch beliebig verändert werden kann.

Anders ist dies bei der Erzeugung eines dauerhaften Bildes auf Film oder Papier. Die für diesen Zweck verfügbaren Einrichtungen setzen die ihnen zugeführten Bilddaten in eine Bildform um, die dann nicht mehr veränderlich ist. Hierzu werden auf dem Markt viele Hardcopy-Geräte angeboten, insbesondere für die graphische Datenverarbeitung. Außerdem kann man selbstverständlich die auf einem Monitor wiedergegebenen Bilder photographieren. An die Qualität der dadurch zu erzeugenden Bilder dürfen jedoch keine hohen Ansprüche gestellt werden.

Hochwertige Erzeugnisse lassen sich dagegen mit *Raster-Plottern* erzielen, die wiederum im graphischen Gewerbe weit verbreitet sind. Sie stellen im

Prinzip eine Umkehrung des oben geschilderten Vorgangs der Digitalisierung dar. Dabei ist auf dem Zylinder (Abb. 67) ein unbelichteter photographischer Film aufzuspannen. Nach den in digitaler Form gegebenen Grauwerten wird die Helligkeit einer Lichtquelle moduliert und die entsprechenden mechanischen Bewegungen bewirken, daß das Bild zeilen- und spaltenweise aufbelichtet wird. In der Praxis sind Trommel-Scanner und -Plotter häufig in einem System kombiniert.

### 4.2 Analoge Bildverarbeitung

Die Verarbeitung von Bildern in analoger Form kann sich sowohl auf ihre geometrischen als auch auf ihre radiometrischen Eigenschaften beziehen. Da jedoch die geometrische Verarbeitung im allgemeinen in der Photogrammetrie vorkommt, wird sie dort in den Abschnitten 5.2.1 (Entzerrung) und 5.2.3 (Differential-Entzerrung) behandelt. Die folgenden Hinweise beziehen sich deshalb ausschließlich auf Verfahren, mit denen Bilder in ihren radiometrischen Eigenschaften verändert werden können.

Die Bildwiedergabe des Geländes in photographischen Bildern läßt sich durch die Wahl des Photomaterials und durch den photographischen Verarbeitungsprozeß in vielfältiger Weise beeinflussen. Bei Schwarzweißbildern beispielsweise können Kopien je nach Wunsch kontrastarm (weich) oder kontrastreich (hart) hergestellt werden (vgl. Abb. 19). In vielen Fällen kommt eine kontrastreiche Kopie mit tiefen Schlagschatten der subjektiven Erwartungshaltung des Interpreten entgegen, das Bild erscheint brillanter. Davon ist jedoch insbesondere bei ausgedehnten Schattenflächen abzuraten. Außerdem dürfen die für viele Interpretationsaufgaben wichtigen feinen Grauwertnuancen nicht verlorengehen.

Um beim Kopieren von Negativen mit großem Schwärzungsumfang oder mit starkem Helligkeitsabfall gut interpretierbare Positive zu erhalten, kann man ein Verfahren zum sogenannten *Kontrastausgleich* einsetzen. Dazu kommt das Verfahren der unscharfen Maske in Frage, das keine besonderen Geräte braucht, oder es werden spezielle, elektronisch gesteuerte Kopiergeräte eingesetzt (z.B. RÜGER u.a. 1987). Dabei wird die Positivbelichtung der einzelnen Bildpartien so gesteuert, daß Negativbereiche mit geringer Schwärzung wenig, dichte Bereiche aber stark belichtet werden. Die Schwärzung im großen wird dadurch über die Bildfläche ausgeglichen, im Detail bleiben aber alle Schwärzungsdifferenzen erhalten oder werden durch hartes Photomaterial sogar noch verstärkt (Abb. 68). Für die Erkennbarkeit von Einzelheiten kann es sehr vorteilhaft sein, auf diese Weise die Kontraste im kleinen zu vergrößern, aber auf die Kontraste im großen zu verzichten. Es darf jedoch nicht übersehen werden, daß dies eine willkürliche Grauwertmanipulation bedeutet, so daß die Aussagekraft der Grauwerte und ihrer Differenzen verringert wird.

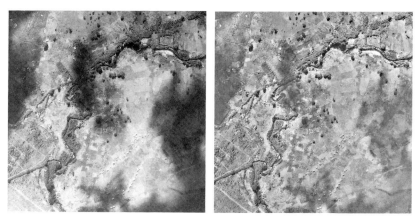

Abb. 68: Wirkung des sogenannten Kontrastausgleichs
Links: Luftbild mit Wolkenschatten ohne Kontrastausgleich kopiert. Rechts: Dasselbe Bild
mit elektronischem Kontrastausgleich kopiert

Während diesen photographischen Verfahren in der Luftbildtechnik große
praktische Bedeutung zukommt, verlieren andere analoge Methoden der Bildverarbeitung (z.b. das photographische Äquidensiten-Verfahren oder die
Anwendung analoger Videotechnik, vgl. z.B. SCHNEIDER 1974, KRONBERG
1985) rasch an Bedeutung. Dies hat seinen Grund darin, daß die digitalen
Methoden sehr viel flexibler sind und dank der aktuellen Entwicklung in der
Datenverarbeitung auch immer preiswerter und leistungsfähiger eingesetzt
werden können.

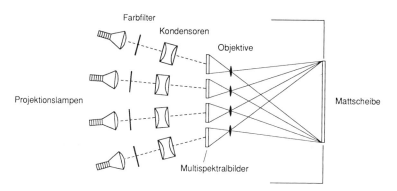

Abb. 69: Schematische Darstellung eines Farbmischprojektors
Durch beliebige Zuordnung der Farbfilter (z.B. blau, grün, rot) und Änderung der Beleuch-
tungsstärken kann das Farbmischbild auf der Mattscheibe interaktiv verändert werden.

Eine Ausnahme macht derzeit noch die Verarbeitung von Multispektral-
bildern durch *additive Farbmischung* in einem *Farbmischprojektor.* Dabei

kann es sich um Bilder handeln, wie sie mit Multispektral-Kammern in verschiedenen Spektralbereichen aufgenommenen werden, oder um schwarzweiße photographische Wiedergaben der mit einem Multispektralabtaster in mehreren Kanälen gewonnenen Daten. In jedem Fall werden die (geometrisch deckungsgleichen) Bilder unter Verwendung von verschiedenfarbigem Licht auf eine Mattscheibe projiziert (Abb.69), so daß nach den Gesetzen der additiven Farbmischung ein Farbbild entsteht. Die Zuordnung der Projektionsfarben zu den einzelnen Spektralauszügen ist frei wählbar. Da außerdem die Beleuchtungstärken verändert werden können, läßt sich das auf der Projektionsfläche entstehende Mischbild (oft auch als *Farbkomposite* bezeichnet) beliebig variieren (z.b. KROESCH 1974). Auf diese Weise kann interaktiv eine für den jeweiligen Interpretationszweck günstige farbige Bildwiedergabe erzielt werden. Das Ergebnis kann bei Bedarf auch photographisch festgehalten werden.

Breite Anwendung fand dieses Verfahren bei der Aufbereitung der mit den Multispektralkammern (vgl. 2.2.6) im sowjetischen Weltraumprogramm gewonnenen Bildern. Speziell dazu wurde in Jena der *Multispektralprojektor* MSP gebaut. Auf längere Sicht ist jedoch damit zu rechnen, daß auch diese Verfahrensweise durch die flexibleren digitalen Methoden verdrängt wird.

## 4.3 Digitale Bildverarbeitung

Bildverarbeitung kann stets als die Transformation eines Eingabe-Bildes in ein Ausgabe-Bild verstanden werden. Während die Transformationen in der analogen Bildverarbeitung durch physikalische bzw. chemische Gesetze definiert sind, bedient sich die Digitale Bildverarbeitung mathematischer Transformationsfunktionen. Durch eine Transformation T wird die diskrete zweidimensionale Grauwertfunktion g (x, y) des Eingabe-Bildes in die ebenfalls diskrete zweidimensionale Grauwertfunktion g' (x', y') des Ausgabe-Bildes transformiert (Abb.70).

Dabei kann die Transformationsfunktion T, die das Eingabe-Bild in einer bestimmten Weise verändern soll, im Prinzip frei gewählt werden. Eine Einschränkung besteht lediglich dadurch, daß die Grauwerte stets positiv sind und in aller Regel nur die 256 Werte zwischen 0 und 255 vorkommen dürfen. Die in Frage kommenden Funktionen können zwei Gruppen zugeordnet werden:

- Durch *geometrische Transformationen* werden Bilder in ihrer Form verändert, die Grauwerte bleiben dabei erhalten; es ist also

$$x' = f_x (x, y),$$
$$y' = f_y (x, y),$$
$$g' = g.$$

Zu dieser Gruppe gehören alle Verfahren, die zur Entzerrung von Bilddaten dienen.

• Durch *radiometrische Transformationen* werden dagegen die Grauwerte verändert, während die geometrischen Eigenschaften erhalten
bleiben; demnach gilt

$$x' = x,$$
$$y' = y,$$
$$g' = f(g).$$

Radiometrische Transformationen werden sowohl zur *Korrektur* von
verschiedenartigen Störeinflüssen (z.B. Atmosphären-Einfluß) eingesetzt als auch zur *Bildverbesserung* im Hinblick auf die spätere Auswertung.

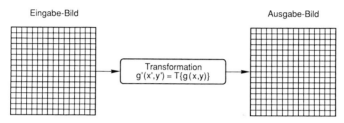

Eingabe-Bild                    Ausgabe-Bild

Transformation
$g'(x',y') = T\{g(x,y)\}$

Abb. 70: Schematische Darstellung der Digitalen Bildverarbeitung
Das Eingabe-Bild $g(x, y)$ wird durch eine Transformation T in das Ausgabe-Bild $g'(x', y')$
umgewandelt.

Zu den Methoden der Digitalen Bildverarbeitung gehören ferner verschiedene Verfahren, die als Integral-Transformationen zusammengefaßt werden
können. Die bekannteste davon ist die *Fourier-Transformation*. Sie interpretiert ein Bild als eine Überlagerung von Schwingungen unterschiedlicher
Frequenzen. Die in einem Bild enthaltene Information kann dadurch in den
»Frequenzraum« transformiert und als Funktion der sog. Ortsfrequenzen
dargestellt werden. In dieser Form lassen sich dann manche Veränderungen
der Bilddaten besonders einfach ausführen, z.B. die Bildstrukturen einer bestimmten Richtung hervorheben.

Die Zielsetzungen, die bei der digitalen Verarbeitung von Bilddaten verfolgt werden, können sehr verschieden sein. Sie reichen von einfachen Kon-
trastveränderungen bis zu komplexen Analysen der in den Daten enthaltenen
Strukturen. Entsprechend vielfältig sind auch die angewandten Verfahren.
Für die Interpretation von Luft- und Satellitenbildern haben sich einige wichtige Grundoperationen bewährt, die im folgenden kurz skizziert werden. Eingehender werden sie in einer Reihe von Lehrbüchern behandelt (z.B. HABER-
ÄCKER 1987, JÄHNE 1989, MATHER 1987, RICHARDS 1986). Im übrigen sind
die komplexeren Verfahren Gegenstand intensiver Forschungs- und Entwick-
lungsarbeiten, die unter den umfassenderen Begriffen *Mustererkennung* bzw.
*Pattern Recognition* und *Computer Vision* zusammengefaßt werden.

Die praktische Anwendung der Digitalen Bildverarbeitung ist an eine geeignete Hardware- und Software-Ausstattung gebunden. Weniger rechen-

intensive Anwendungen können bereits mit einem *Personal Computer* (PC) bewältigt werden, der mit einer für die Bilddarstellung geeigneten Graphik-karte ausgestattet ist. Eine *Workstation* auf der Basis der RISC-Architektur bietet dem Bildverarbeiter wesentlich mehr Leistungsfähigkeit, so daß auch zeitkritische Algorithmen in angemessener Zeit bearbeitet werden können. Als effektivste, zugleich aber auch teuerste Lösung ist ein *Digitales Bildver-arbeitungssystem* anzusehen, das gezielt für diese Aufgabenstellung ent-wickelt wurde, über einen großen Bildspeicher verfügt und in der Regel mit mehreren parallel arbeitenden Spezialprozessoren ausgestattet ist.

Generell sollte eine für die Aufgaben der Bildverarbeitung eingesetzte Hardware-Grundausstattung die folgenden Komponenten umfassen:

- ein Magnetbandgerät zur Eingabe von Bilddaten,
- einen Rechner in der gewünschten Leistungsklasse,
- einen Bildwiederholspeicher (bis zu 24 bit Tiefe zur Speicherung der Bildinformation und bis zu 8 bit Overlay zur Überlagerung graphischer Information) und einen Monitor zur Darstellung der Bilddaten,
- ein Graphisches Tablett zur Erfassung von Zusatzinformationen (z.B. Paßpunktkoordinaten, politische Grenzen),
- ein Hardcopy-Gerät zur bildhaften Wiedergabe und Dokumentation der Arbeitsergebnisse.

Viele Aufgaben der Digitalen Bildverarbeitung setzen außerdem umfang-reiche Speicherkapazität voraus. Die Abb.71 zeigt als Beispiel die Konfigu-ration eines für die Zwecke der Fernerkundung konzipierten Digitalen Bild-verarbeitungssystems. Software-Systeme, die die grundlegenden Funktionen zur Verarbeitung von Fernerkundungsdaten einschließen, werden von zahl-reichen Firmen angeboten.

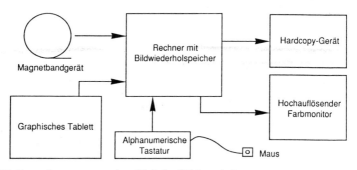

Abb. 71: Systemkomponenten eines Digitalen Bildverarbeitungssystems

Durch die Entwicklung der Rechner-Technologie in den letzten Jahren ist die Leistungsfähigkeit der auf dem Markt verfügbaren Systeme zur Digitalen Bildverarbeitung schnell gewachsen und das Angebot sehr vielfältig gewor-den. Deshalb kann man davon ausgehen, daß die digitale Verarbeitung von Luft- und Satellitenbildern immer mehr an Bedeutung gewinnen wird.

### 4.3.1 Geometrische Transformationen (Entzerrung)

In aller Regel ist es erwünscht, in vielen Fällen unbedingt erforderlich, Luft- und Satellitenbilder geometrisch zu korrigieren, um die Verzerrungen durch das Aufnahme-System und das Geländerelief (vgl. 3.1) zu eliminieren und die Daten auf ein bestimmtes geodätisches Referenzsystem bzw. einen Kartennetzentwurf einzupassen. Für manche Aufgabenstellungen reicht es auch aus, ein Bild der Geometrie eines anderen Bildes anzupassen, also eine sogenannte relative Entzerrung durchzuführen. In allen Fällen läßt sich eine solche Aufgabe mit den Mitteln der Digitalen Bildverarbeitung in sehr flexibler Weise lösen, vorausgesetzt, daß die geometrischen Beziehungen zwischen den vorliegenden Bilddaten und dem angestrebten Ergebnis bekannt sind. Die Bestimmung der erforderlichen *Transformationsgleichungen* ist deshalb das zentrale Problem der Entzerrung.

Jede genaue Entzerrung setzt voraus, daß genügend *Paßpunkte* zur Verfügung stehen. Darunter versteht man Punkte, die im Bild eindeutig identifizierbar sind und deren Koordinaten in einem übergeordneten Bezugssystem (in der Regel dem System der Landesvermessung) bekannt sind. Mit Hilfe dieser identischen Punkte können die geometrischen Beziehungen zwischen dem Bild und der Geländefläche hergestellt und die Transformationsparameter berechnet werden.

Es hängt stark vom Maßstab und von der Auflösung der Bilddaten sowie von der Landschaftsstruktur ab, welche Objekte sich als Paßpunkte eignen. In kleinen Bildmaßstäben und insbesondere in Satellitenbildern kommen in der Regel topographische Objekte (z.B. Kreuzungen von Verkehrswegen, einzelstehende Felsen o.ä.) in Frage, die eindeutig definiert weden können. Für photogrammetrische Zwecke reicht dies oft nicht aus (vgl. 5.2).

Die Koordinaten der Paßpunkte in den Bilddaten werden im allgemeinen durch interaktive Operationen am Monitor der Bildverarbeitungsanlage bestimmt. Die entsprechenden Koordinaten im geodätischen Bezugssystem können vielfach aus vorhandenen topographischen Karten entnommen werden. In weiten Regionen der Erde liegen jedoch keine hierfür geeigneten Kartenunterlagen vor. Dann müssen die Koordinaten mit den in der Vermessungstechnik üblichen Verfahren bestimmt werden. Besonders geeignet sind hierzu die in neuerer Zeit eingeführten satellitengeodätischen Verfahren wie GPS (*Global Positioning System*). Die Methoden sind in geodätischen Lehrbüchern eingehend beschrieben (z.B. BAUER 1989, SEEBER 1989).

Zur geometrischen Transformation *photographischer Bilder*, welche mit Reihenmeßkammern aufgenommen wurden, gibt es exakte und bewährte photogrammetrische Methoden (vgl. 5.2.1 und 5.2.3). Die Anwendung der Digitalen Bildverarbeitung – z.B. zur Herstellung von Orthophotos – ist deshalb noch nicht weit verbreitet.

Für die geometrische Korrektur von *Scannerbildern* ist die Digitale Bildverarbeitung dagegen die am besten geeignete Methode. Hierzu gibt es zahlreiche Ansätze, die sich in zwei Gruppen einteilen lassen. Entweder wird die Entzerrung als Interpolationsaufgabe zwischen zwei ebenen Punktfeldern aufgefaßt oder es wird versucht, die Aufnahmegeometrie und damit auch die Sensorbewegung mathematisch zu modellieren. Die erste Möglichkeit erfordert lediglich einige Paßpunkte und hat sich zur Entzerrung von *Satelliten-Bilddaten* hervorragend bewährt. Als Transformationsformeln eignen sich besonders Gleichungen zweiten Grades von der Form

$$x' = a_0 + a_1x + a_2y + a_3x^2 + a_4y^2 + a_5xy,$$
$$y' = b_0 + b_1x + b_2y + b_3x^2 + b_4y^2 + b_5xy.$$

Für jeden Paßpunkt, dessen Koordinaten sowohl im Bildsystem x', y' als auch im Referenzsystem x,y bekannt sind, können diese beiden Gleichungen aufgestellt und daraus die Koeffizienten a und b berechnet werden. Die damit erreichbare Genauigkeit liegt bei MSS- und TM-Daten sowie bei senkrecht aufgenommenen SPOT-Daten im allgemeinen unter der Größe eines Pixels.

Die zweite Lösung eignet sich im Prinzip auch zur Korrektur der komplizierten Verzerrungen von *Flugzeug-Scannerbildern*. Sie hat aber zur Voraussetzung, daß

– die Abbildungsgeometrie des Sensors genau bekannt ist,
– die räumliche Lage des Sensors und ihre fortlaufende Änderung während der Daten-Aufnahme mit genügender Genauigkeit gemessen wird,
– eine genügende Zahl von Paßpunkten gegeben ist und
– ein Digitales Geländemodell vorliegt.

Bisher muß man leider feststellen, daß diese Anforderungen im allgemeinen nicht oder nicht mit der nötigen Genauigkeit erfüllt sind. Deshalb kommen meist nur Näherungslösungen in Betracht. Die dabei erreichbare Genauigkeit der Entzerrung hängt von zahlreichen Faktoren ab; dabei ist in bergigem Gelände die Qualität des vorliegenden Digitalen Geländemodells von großem Einfluß.

Auch die geometrische Korrektur von *Radarbildern* ist aufwendig und setzt im allgemeinen die Verwendung eines Digitalen Höhenmodells voraus. Hinweise auf Methoden und Ergebnisse findet man z.B. bei COLWELL (1983), DOMIK u.a. (1984), MEIER & NÜESCH (1986), SCHREIER u.a. (1990).

Sobald die Transformationsgleichungen bestimmt sind, kann die eigentliche *Entzerrung* durchgeführt werden. Dazu können in der Digitalen Bildverarbeitung zwei Wege eingeschlagen werden:

• Die *direkte Transformation* berechnet für jedes Element des Eingabe-Bildes die Lage im Ausgabe-Bild und weist diesem den Grauwert aus dem Eingabe-Bild zu (Abb. 72). Bei dieser Arbeitsweise kann es vorkommen, daß einzelne Pixel des Ausgabe-Bildes überhaupt nicht und andere mehrfach belegt werden. Deshalb kann man das Ergebnis nicht ohne aufwendige Nachbearbeitungen benutzen.

• Bei der *indirekten Transformation* werden diese Schwierigkeiten umgangen. Man verwendet die Tranformationsfunktionen dazu, vom Ausgabe-Bild in das Eingabe-Bild zurückzurechnen und dort für jedes

Pixel des Ausgabe-Bildes den richtigen Grauwert zu »holen« (Abb.73).
Dadurch erhält man unmittelbar die entzerrte Bildmatrix. Deshalb hat
sich diese Arbeitsweise allgemein durchgesetzt.

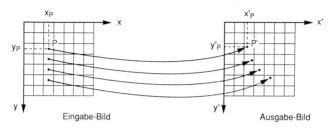

Abb. 72: Direkte Entzerrung
Die Grauwerte des Eingabe-Bildes werden in die Matrix des Ausgabe-Bildes übertragen.

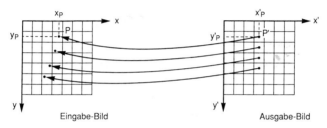

Abb. 73: Indirekte Entzerrung
Für die Elemente des Ausgabe-Bildes werden die Grauwerte im Eingabe-Bild gesucht.

Durch eine geometrische Transformation werden also die Daten des Ein-
gabe-Bildes in der für das Ausgabe-Bild gewählten Matrix neu geordnet.
Dieser Vorgang wird allgemein als *Resampling* bezeichnet. Dabei werden die
Grauwerte der Bildmatrizen immer so interpretiert, daß sie jeweils der
Pixelmitte mit runden Koordinaten zugeordnet sind. Wenn man aber aufgrund der Transformationsgleichungen vom Ausgabe-Bild ins Eingabe-Bild
zurückrechnet (Abb.73), ergeben sich im allgemeinen keine ganzzahligen
Werte für die Bildkoordinaten x', y'. Deshalb muß eine Regel eingeführt wer-
den, nach der die Grauwertzuweisung erfolgen soll.

Dazu sind drei Methoden allgemein verbreitet, die die Feinheiten der
Objektstrukturen mehr oder weniger gut wiedergeben (z.B. MATHER 1987,
GÖPFERT 1987): Beim Verfahren der *nächsten Nachbarschaft* wird der
Grauwert jenes Pixels im Eingabebild übernommen, welches den berechneten
Koordinaten x', y' am nächsten liegt. Die *bilineare Interpolation* berechnet
den gesuchten Grauwert durch lineare Interpolation zwischen den vier direkt
benachbarten Grauwerten. Die *bikubische Interpolation* verwendet die Werte
von 4 x 4 umliegenden Pixeln, um eine Interpolation höherer Ordnung durchzuführen. Bei der Auswahl eines Verfahrens sind der Rechenaufwand und der
Anspruch an das Ergebnis gegeneinander abzuwägen. Theoretische Über-

legungen zeigen, daß die bikubische Interpolation die besten Ergebnisse liefert, aber auch den größten Rechenaufwand verlangt. Aus diesem Grunde wird die bilineare Interpolation in der Regel bevorzugt, zumal auch sie zu guten Ergebnissen führt (z.B. ALBERTZ u.a. 1991). Das einfache Verfahren der nächsten Nachbarschaft wird eingesetzt, wenn ein gewisser Qualitätsverlust in Kauf genommen werden kann bzw. wenn die radiometrische Information nicht verändert werden soll, weil die Daten beispielsweise zur Multispektral-Klassifizierung eingesetzt werden (vgl. 5.3).

Für viele praktische Aufgaben ist es erforderlich, nicht nur einzelne Bilder zu korrigieren, sondern mehrere Szenen zu einem Mosaik zusammenzufügen. Diese Aufgabe wird für photographische Luftbilder seit Jahrzehnten durch Klebetechniken gelöst (vg. 5.2.1). Für die Mosaikbildung aus Satelliten-Bilddaten gibt es inzwischen leistungsfähige rechnerische Verfahren (vgl. 4.3.4).

### 4.3.2 Radiometrische Korrekturen

Als radiometrische Korrekturen (engl. *Image Restoration*) sind Verfahren zu bezeichnen, mit denen während der Datenaufnahme oder -übertragung auftretende Störeinflüsse kompensiert oder wenigstens reduziert werden. So tritt zum Beispiel ein Helligkeitsabfall in der Bildebene eines Objektivs auf, oder es kann vorkommen, daß das Ausgangssignal eines Detektors bei der Daten-Aufnahme nicht proportional zur Belichtung ist. In solchen Fällen können an den aufgezeichneten Grauwerten rechnerische Korrekturen angebracht werden. Die geometrischen Eigenschaften der Bilddaten bleiben dabei unverändert.

Von besonderem Interesse sind die *Einflüsse der Atmosphäre* auf die Bilddaten. Sie führen zwar stets zu einer Aufhellung und Kontrastminderung, ihre Wirkung hängt jedoch stark vom Spektralbereich, vom momentanen Zustand der Atmosphäre und von anderen Faktoren ab. Die größten Störungen treten aus physikalischen Gründen in den kurzwelligen Spektralkanälen auf (vgl. 2.1.2). Detaillierte Korrekturen aufgrund von Atmosphärenmodellen kommen praktisch nicht in Frage. Dagegen werden häufig einfache Methoden benutzt, um die Einflüsse in pragmatischer Weise wenigstens genähert zu kompensieren.

Zwei weitverbreitete Verfahren gehen davon aus, daß die Atmosphäre in infraroten Spektralkanälen keinen nennenswerten Einfluß hat. Man stellt deshalb in einem dunklen Bildausschnitt (z.B. Schlagschatten) die Meßwerte der Pixel im Infrarot-Bereich den Meßwerten des zu korrigierenden Spektralkanals gegenüber (Abb. 74 oben). Eine durch den Punkthaufen gelegte ausgleichende Gerade würde durch den Ursprung gehen, wenn kein Atmosphäreneinfluß vorläge. Der Achsabschnitt der Geraden beschreibt deshalb den additiven Effekt der Atmosphäre auf die Meßdaten. Zur Korrektur wird dieser Betrag von den vorliegenden Grauwerten subtrahiert.

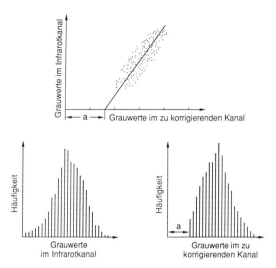

Abb. 74: Zur Korrektur des Atmosphäreneinflusses auf Satelliten-Bilddaten
Oben: Bestimmung des Korrekturbetrags a mittels einer Regressionsgeraden. Unten: Ableitung des Korrekturbetrages a aus dem Vergleich von Histogrammen

Bei der zweiten Methode benutzt man die Histogramme der Grauwerte, um Korrekturen herzuleiten. Auch dabei wird angenommen, daß in der Bildszene dunkle Flächen vorhanden sind, die im sichtbaren und infraroten Licht sehr wenig reflektieren. Dann werden diese Bereiche im Histogramm des Infrarotkanals zu ganz niedrigen Grauwerten führen. Im zu korrigierenden Kanal kürzerer Wellenlänge sind die Flächen aber durch das Luftlicht aufgehellt. Deshalb wird die Verschiebung der niedrigsten Histogrammwerte als Folge des Atmosphäreneinflusses interpretiert und daraus ein Korrekturbetrag abgeleitet (Abb. 74 unten).

In den Daten, die mit zeilenweise arbeitenden Aufnahmesystemen gewonnen werden, treten häufig *Streifenstrukturen* auf, die in Zeilen- oder Spaltenrichtung orientiert sind. Diese Erscheinung wirkt sich vor allem in gleichmäßigen, kontrastarmen Bildteilen störend aus. Es gibt verschiedene Techniken, um diese Störeinflüsse zu beseitigen oder zumindest stark zu reduzieren. Bei der Wahl des Korrekturverfahrens ist allerdings die Technik des Aufnahmesystems zu berücksichtigen.

Am besten läßt sich dies an den weitverbreiteten Daten der LANDSAT-Multispektral-Scanner (MSS) zeigen. Mit diesem System werden 6 Zeilen gleichzeitig mit 6 einzelnen Detektoren aufgenommen. Unterschiedliche Empfindlichkeit bzw. ungenügende Kalibrierung der Detektoren führt zu periodischen Streifenstrukturen, die oft als *Sechs-Zeilen-Effekt* bezeichnet werden. Zur Verbesserung kann man Histogramme der Grauwerte für jeden der 6 Detektoren erstellen und diese an ein mittleres Histogramm anpassen.

Daraus lassen sich Grauwert-Korrekturtabellen für jeden Detektor ableiten
(z.B. KÄHLER 1989), mit denen die Bilddaten umzurechnen sind (Abb.75).

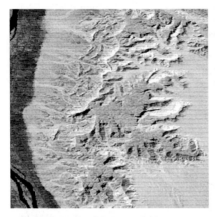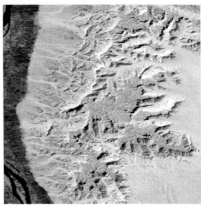

Abb. 75: Streifenstrukturen und ihre Beseitigung
Ausschnitt aus einem LANDSAT-MSS-Bild (Niltal südlich von Luxor). Links: Originaldaten
mit Sechs-Zeilen-Effekt. Rechts: Korrigierte Daten

Vereinzelt treten in Satelliten-Bilddaten auch Störpixel oder -zeilen auf,
die mit grob falschen Grauwerten belegt sind. Sie mögen ihre Ursache z.B. in
Fehlern während der Daten-Übertragung vom Satelliten zur Bodenstation
haben. Störungen dieser Art können eliminiert werden, indem man die falschen Daten durch die Mittelwerte der benachbarten Pixel ersetzt.

Es darf freilich nicht übersehen werden, daß all diese »radiometrischen
Korrekturen« nicht eine absolute Verbesserung der Grauwerte darstellen.
Die Störungen werden lediglich insoweit beseitigt, als die Daten aneinander
angeglichen werden und eine bessere Bildwirkung entsteht.

Von dieser Vorgehensweise zu unterscheiden sind jene Fälle, bei denen die
vorliegenden Grauwerte auf ein gegebenes radiometrisches Bezugssystem
reduziert werden sollen. Dies kommt beispielsweise bei der Auswertung von
*Thermalbildern* vor, wenn zeitgleich mit der Daten-Aufnahme terrestrische
Temperaturmessungen durchgeführt wurden. Dann können die gegebenen
Referenzwerte dazu dienen, die Grauwerte des Bildes auf eine Temperatur-
skala zu beziehen und eventuelle systematische Abweichungen zu eliminieren.

### 4.3.3 Bildverbesserungen

Im Gegensatz dazu dienen verschiedene Methoden der Bildverbesserung
(engl. *Image Enhancement*) dazu, vorliegende Bilddaten so aufzubereiten, daß
ein bestimmter Zweck besser erfüllt werden kann. Die Wahl der Methoden
muß sich deshalb in erster Linie an der Zielsetzung der jeweiligen Anwen-

dung orientieren. Zu den wichtigsten Aufgaben gehört die Kontrastverbesserung und die Verbesserung der Detailerkennbarkeit durch Filteroperationen. Aber auch durch Kombinationen der in mehreren Spektralkanälen gegebenen Daten können Bildverbesserungen erzielt werden. Die geometrischen Eigenschaften der Bilddaten bleiben bei diesen Vorgängen wiederum unverändert.

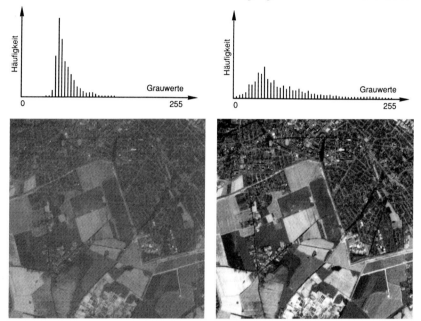

Abb. 76: Kontrastverbesserung durch Veränderung der Grauwertskala
Links: Originaldaten mit zugehörigem Grauwert-Histogramm. Rechts: Bilddaten und Histogramm nach Kontrastverbesserung (panchromatische SPOT-Daten von Berlin 1:100.000)

Um die Interpretation von Bildern ganz allgemein zu erleichtern, muß man sie dem menschlichen Auge so darbieten, daß die für den jeweiligen Zweck wichtigen Grauwertdifferenzen deutlich hervortreten. Dies kann durch *Kontrastverbesserungen* erreicht werden. In der Regel geht man dazu von einem *Grauwert-Histogramm* aus, das in anschaulicher Form zeigt, wie oft die einzelnen Grauwerte in einer Szene vorkommen. Sehr häufig treten beispielsweise in den Original-Bilddaten nur die Grauwerte eines engen Bereiches auf, während viele der 256 möglichen Grauwerte gar nicht vorhanden oder nur sehr selten sind. Die Folge davon ist ein kontrastarmes und nur schwer interpretierbares Bild (Abb.76 links). Durch Umrechnen der Grauwerte kann dann ein neuer Bilddatensatz berechnet werden. Als Ergebnis erhält man eine für die visuelle Interpretation besser geeignete Bildwiedergabe (Abb.76 rechts). Für die Art der Umrechnung der Grauwerte hat der Bearbeiter verschiedene Möglichkeiten, so daß er die Bilddaten im Einzelfall für den vorgesehenen Interpretationszweck optimieren kann. Bei Farbbildern können die Verbesserungen für die Spektralkanäle einzeln berechnet werden. Um Grauwertdifferenzen deutlicher sichtbar zu machen, bedient man sich oft der *Farbcodierung* (engl. *Density Slicing*). Dabei werden einzelne Grauwertbereiche in frei wählbaren Farben wiedergegeben. Als Grenzen zwischen den Farben entstehen Linien gleicher Grauwerte (*Äquidensiten*, vgl. Tafel 5).

Zu den Grundfunktionen jedes Bildverarbeitungssystems gehört ferner die *Filterung.* Durch Filter-Operationen ist es möglich, Bildstrukturen zu verändern, die sich nicht in den Grauwerten einzelner Pixel, sondern in den Grauwert-Relationen benachbarter Pixel ausdrücken. Deshalb dient als Filter eine kleine Koeffizientenmatrix, mit deren Hilfe ein kleiner Bereich des Eingabe-Bildes auf einen einzelnen Bildpunkt des Ausgabe-Bildes abgebildet wird. Das Filter muß dann über das ganze Bild laufen (Abb. 77). Diese Operation nennt man auch die *Faltung* des Eingabe-Bildes mit dem Filter.

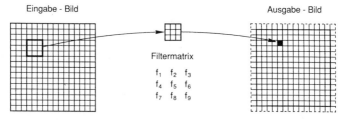

Abb. 77: Schematische Darstellung der Filterung
Für jedes Element des Ausgabe-Bildes wird ein Grauwert berechnet, indem man die Werte eines kleinen Bereiches des Eingabe-Bildes mit den Koeffizienten der »Filtermatrix« (hier 3×3 Elemente) multipliziert. Für die Randelemente kann die Operation nicht durchgeführt werden; deshalb ist das Ausgabe-Bild etwas kleiner als das Eingabe-Bild.

Abb. 78: Verbesserung der Detailwiedergabe durch Hochpaßfilterung
Panchromatische SPOT-Daten vom Stadtgebiet von Berlin. Links: Originaldaten. Rechts: Dieselben Daten nach Anwendung eines Laplace-Filters

Die Wirkungsweise von Filtern kann sehr verschieden sein. Sie hängt von der Größe der Filtermatrix und der Wahl der Koeffizienten ab (z.B. JÄHNE 1989, MATHER 1987). Für die Praxis besonders wichtig sind Tiefpaßfilter und Hochpaßfilter. *Tiefpaßfilter* haben eine glättende Wirkung; sie reduzieren den Einfluß von Rauschanteilen und unterdrücken feine Bilddetails. *Hochpaßfilter* betonen dagegen die hohen Ortsfrequenzen; sie eignen sich deshalb vor allem dazu, Kanten und andere Bilddetails hervorzuheben und dadurch Bildwiedergaben für den Betrachter schärfer erscheinen zu lassen (Abb. 78). Andere Filter eignen sich besonders dazu, Richtungsstrukturen in Bilddaten zu verstärken (z.B. RICHARDS 1986, KNÖPFLE 1988).

Durch *Kombination* der in mehreren Spektralkanälen vorliegenden Daten können für manche Interpretationsaufgaben entscheidende Bildverbesserungen erzielt werden. Dabei kann es sich - ähnlich wie im Farbmischprojektor - um additive Methoden handeln, so daß modifizierte Bilder entstehen. Da man aber für die rechnerische Kombination beliebige Funktionen wählen kann, ist die Flexibilität sehr viel größer.

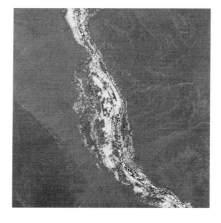

Abb. 79: Ratio-Darstellung
von Daten aus einem MSS-Bild
(Niltal und angrenzende Wüstenflächen
in Ober-Ägypten)
Links oben: Kanal 5 (0,6-0,7 μm)
Rechts oben: Kanal 7 (0,8-1,1 μm)
Rechts unten: Kanal 5/Kanal7
In der Ratio-Darstellung werden die
Vegetationsflächen hervorgehoben,
andere Einzelheiten treten zurück.

Von besonderem Interesse ist die *Verhältnisbildung* (Ratiobildung) zwischen den Daten zweier Kanäle. Dabei wird aus dem Quotienten dieser Daten ein neuer Bilddatensatz definiert, also ein künstliches Bild erzeugt. Auf diese Weise lassen sich redundante Informationen – z.b. durch das Geländerelief verursachte Helligkeitsunterschiede – reduzieren, und zunächst weniger deutlich sichtbare Einzelheiten treten in der *Ratio-Darstellung* hervor (Abb.79).

Zur Verbesserung der Farbwiedergabe kommt auch die sogenannte *IHS-Transformation* in Frage (HAYDN u.a. 1982, GÖPFERT 1987). Mit ihrer Hilfe können die Daten von Spektralkanälen in anderer Weise modifiziert werden, als es durch additive Farbmischung möglich ist. Dabei werden die vorliegenden multispektralen Daten, welche den Primärfarben (R = rot, G = grün, B = blau) zugeordnet sind, in ein anderes farbmetrisches System transformiert, das durch die Intensität I (engl. *Intensity*), den Farbton H (engl. *Hue*) und die Sättigung S (engl. *Saturation*) definiert ist. In dieser Form kann zum Beispiel die Sättigungskomponente einer Kontrastverstärkung unterzogen werden. Wenn man dann die Umkehrtransformation durchführt, erhält man ein farblich intensiviertes Bild (Tafel 5).

Schließlich muß noch erwähnt werden, daß alle Methoden der Bildverbesserung in vielfältiger Weise miteinander verknüpft werden können. Dies eröffnet eine enorme Flexibilität. Die effektive Nutzung dieser Möglichkeiten erfordert jedoch auch einige praktische Erfahrung.

### 4.3.4 Kombination mehrerer Bilder

Die Verarbeitung von Luft- und Satellitenbildern ist nicht auf Einzelbilder beschränkt. Sie kann dadurch erweitert werden, daß man mehrere Bilder miteinander kombiniert. Dabei sind vor allem drei Aufgabenstellungen zu unterscheiden, nämlich die Herstellung eines Bildmosaiks aus mehreren Einzelszenen, die Kombination der Daten verschiedener Sensoren und die gemeinsame Verarbeitung von Daten, die zu unterschiedlichen Zeiten aufgenommen wurden.

Eine *Mosaikbildung* wird dann erforderlich, wenn mehrere Einzelbilder zu einem großflächigen Bild vereinigt werden sollen. Diese Aufgabe hat in der Photogrammetrie eine lange Tradition, denn seit Jahrzehnten werden Bildpläne erzeugt, indem man Luftbilder entzerrt und zu einem Gesamtbild zusammenfügt. Für die Mosaikbildung aus digitalen Satelliten-Bilddaten mußten aber entsprechende Bildverarbeitungsmethoden entwickelt werden. Dabei ist zwischen dem geometrischen und dem radiometrischen Aspekt zu unterscheiden.

Durch die geometrische Mosaikbildung sind die einzelnen Datensätze auf ein gemeinsames Bezugssystem zu transformieren, das in aller Regel das Koordinatensystem einer Karte sein wird. Dazu kommen zwei verschiedene methodische Ansätze in Frage (ALBERTZ u.a.1987, 1991):

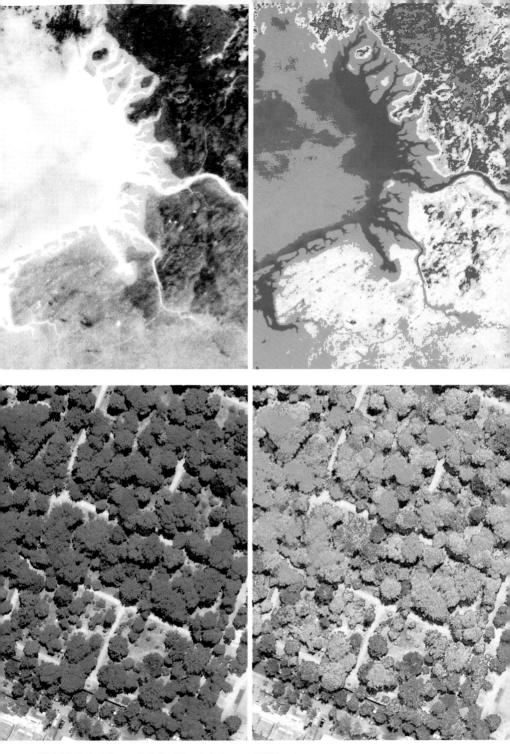

Tafel 5: Beispiele zur digitalen Verarbeitung von Bilddaten
Oben: Umsetzung von Grauwertbereichen eines Thermalbildes in Farbstufen; HCMM-Bild
von Norddeutschland. (Bearbeitung: TU Berlin). Unten: Verstärkung von Farbdifferenzen
mit IHS-Transformation; Farbinfrarot-Luftbild 1:2.000. (Bearbeitung: GAF, München)

Tafel 6: Kombination von Daten verschiedener Sensoren
Die Innenstadt von Berlin im Maßstab 1:100.000. Oben: Thematic Mapper-Daten, Kanal 1, 2 und 3, Aufnahme 31.7.1986. Mitte: Panchromatische SPOT-Daten, Aufnahme 4.8.1987. Unten: Über Farbraum-Transformation erzeugte Kombination. (Bearbeitung: TU Berlin)

Tafel 7: Beispiel einer Multispektral-Klassifizierung
Staatsfarm 147 in der Region Xinjiang (VR China), Maßstab 1:100.000. Oben: Multispektrale SPOT-Daten. Unten: Klassifizierung der Flächennutzung; die Farben bezeichnen u.a. Wasser, Reis, Mais, Luzerne, Weizen, Zuckerrübe, Baumwolle. (Bearbeitung: TU Berlin)

Tafel 8: Luft- und Satellitenbilder als Basis für Thematische Karten (verkl. Ausschnitte) Oben: Ökonomische Karte von Schweden 1:10.000, Blatt Ekersby. (Hrsg. Statens Lantmäteriverket, Gävle/Schweden). Unten: Topographie und Landschaftsgliederung im Sudan 1:250.000, Blatt El Fasher. (Hrsg. Techn. Fachhochschule Berlin/Freie Universität Berlin)

- Man kann die Bilder aufgrund von Paßpunkten *einzeln* entzerren und anschließend zu einem Mosaik vereinigen. Dies erfordert eine große Anzahl von Paßpunkten.
- Die Parameter zur Transformation aller Bilder können *gemeinsam* rechnerisch bestimmt werden. Dazu genügen einige Paßpunkte, welche den Bezug zum Koordinatensystem der Karte definieren. Im übrigen beruht die Vereinigung der Einzelszenen auf Verknüpfungspunkten, die in den Überlappungsbereichen benachbarter Bilder liegen und den inneren geometrischen Bezug des Mosaiks sicherstellen (Abb. 80). Für diese Punkte wird lediglich die Identität in den beteiligten Bildern vorausgesetzt, ihre Sollkoordinaten brauchen nicht bekannt zu sein.

Die praktische Durchführung der Mosaikbildung ist dann im Prinzip eine geometrische Transformation der Bilddaten (vgl. 4.3.1).

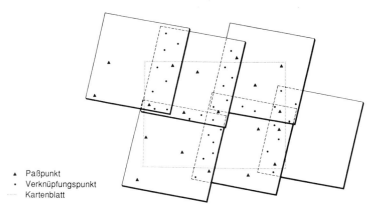

▲ Paßpunkt
· Verknüpfungspunkt
··· Kartenblatt

Abb. 80: Schematisches Beispiel zur geometrischen Mosaikbildung
Um ein Kartenblatt abzudecken, werden mehrere Szenen durch Verknüpfungspunkte vereinigt und durch Paßpunkte in das Koordinatensystem der Karte transformiert.

Aus verschiedenen Gründen verbleiben nach der geometrischen Mosaikbildung noch Helligkeits-, Kontrast- und Farbunterschiede zwischen den einzelnen Szenen. Erst durch eine anschließende radiometrische Mosaikbildung kann man ein homogenes Gesamtbild erhalten. Dazu kommen verschiedene Verfahrensweisen in Frage. In der Regel wird dabei erneut von den Mehrfachinformationen Gebrauch gemacht, die in den Überlappungsbereichen benachbarter Bilder vorliegen. Besonders zweckmäßig ist es, die Grauwert-Histogramme identischer Bildausschnitte einander in einem Iterationsprozeß anzupassen. Damit erhält man dann Korrekturtabellen, mit deren Hilfe sich die Grauwerte der einzelnen Szenen in das Ergebnisbild übertragen lassen (KÄHLER 1989).

Bei der Kombination von Daten verschiedener Sensoren wird versucht, die unterschiedlichen Informationsinhalte vorliegender Bilddaten zu einem verbesserten Bildprodukt zu vereinigen. Als typische Aufgabe für eine solche *multisensorale Bildverarbeitung* kann die Kombination von geometrisch hochauflösenden panchromatischen SPOT-Daten mit der Farbinformation von TM-Daten gelten. Voraussichtlich wird in der absehbaren Zukunft (insbesondere nach dem Start des Satelliten ERS-1) der Kombination von Radar-Bildern mit den im optischen Bereich aufgenommenen Bilddaten große praktische Bedeutung zukommen. In allen Fällen muß selbstverständlich vorausgesetzt werden, daß die zu kombinierenden Bilddaten zuvor geometrisch zur Übereinstimmung gebracht wurden.

Zur Lösung der Aufgabe kommen verschiedene methodische Ansätze in Frage, beispielsweise die Verknüpfung der Daten durch arithmetische Operationen. Als besonders zweckmäßig hat es sich erwiesen, Multispektral-Daten des Thematic Mapper und höher auflösende panchromatische SPOT-Daten über die schon erwähnte IHS-Transformation zu kombinieren (ALBERTZ u.a. 1989, 1991). Dabei werden zuerst die TM-Daten in den IHS-Farbraum transformiert (Abb.81). In dieser Form können dann die Daten des Intensitätskanals (also die Schwarzweiß-Informationen) durch die SPOT-Daten ersetzt werden. Abschließend erhält man das verbesserte Bild durch die Rücktransformation in den ursprünglichen RGB-Farbraum (vgl. Tafel 6).

TM-Daten          Panchromatische SPOT-Daten         Kombinierte Daten

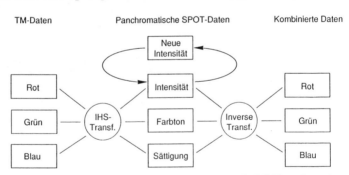

Abb. 81: Prinzip der Kombination multisensoraler Daten mittels IHS-Transformation
Nach der Tranformation der TM-Daten in den IHS-Farbraum wird der Intensitätskanal durch die panchromatischen SPOT-Daten ersetzt.

Streng genommen stellt die Kombination mehrerer Bilder immer eine Verarbeitung multitemporaler Daten dar, da die beteiligten Szenen in aller Regel nicht zum selben Zeitpunkt aufgenommen wurden. Während jedoch in den zuvor genannten Fällen die zeitlich bedingten Unterschiede als Störungen gelten, die man ausgleichen will, zielt die *multitemporale Bildverarbeitung* gerade auf die Unterschiede der aus verschiedenen Aufnahmezeiten stammenden Daten ab. Dabei sollen Veränderungen der Objekte erkannt werden, eine Aufgabe, für die sich die Bezeichnung *Change Detection* eingebürgert hat. Jeder Ansatz dazu setzt wiederum eine genaue geometrische Übereinstimmung der Daten voraus.

Abb. 82: »Change Detection«
(Veränderungen am Potsdamer Platz in
Berlin, 1:50.000)
Links oben: SPOT-Daten vom 4.8.1986
Rechts oben: SPOT-Daten vom 25.8.1990
Rechts unten: Bilddarstellung der einge-
tretenen Veränderungen

Im Prinzip kann eine bildhafte Darstellung von Veränderungen erzeugt werden, wenn man einen Bilddatensatz von einem zweiten abzieht, der zu einem anderen Zeitpunkt aufgenommen wurde, und die gewonnenen positiven und negativen Werte wieder in eine übliche Grauwertmatrix umsetzt. Nicht signifikante, lokale Störungen müssen durch Filtertechniken eliminiert werden. Man erhält dann ein Bild, in dem veränderte Bereiche je nachdem heller oder dunkler erscheinen. Abb. 82 zeigt ein Beispiel dieser Art. Auf diese Weise können zum Beispiel Änderungen der Landnutzung, Rodungsflächen, Überschwemmungsgebiete u.ä. erfaßt werden. Praktisch muß man solche Bilder visuell interpretieren, denn eine automatische Kartierung von Veränderungen wäre angesichts der vielen Störeinflüsse zu unsicher. Aus diesem Grunde verspricht bei Aufgaben dieser Art eine Kombination des multitemporalen Ansatzes mit der Multispektral-Klassifizierung (vgl. 5.3.3) in der Praxis mehr Erfolg.

# 5. AUSWERTUNG VON LUFT- UND SATELLITENBILDERN

Unter dem allgemeinen Begriff *Auswertung* faßt man alle Vorgänge zusammen, die dem Ziel dienen, das in Luft- und Satellitenbildern gespeicherte Informationspotential nutzbar zu machen. Die Zwecke, die dabei verfolgt werden, können sehr unterschiedlich sein. Sie reichen beispielsweise von der Messung einzelner geometrischer Größen bis zur Analyse komplexer sozioökonomischer Zusammenhänge. Entsprechend vielfältig sind auch die bei der Auswertung von Luft- und Satellitenbildern vorkommenden Methoden und die eingesetzten Hilfsmittel.

In der Vielfalt der Auswerteprozesse kommen aber drei Grundaufgaben immer wieder vor. Zum einen wird von der menschlichen Fähigkeit Gebrauch gemacht, »Bildinhalte« wahrzunehmen und sich bewußt zu machen; diese Vorgänge sind unter dem Begriff *Visuelle Bildinterpretation* zusammenzufassen. Dann werden die zwischen den Bildern und den abgebildeten Objekten bestehenden geometrischen Beziehungen genutzt, um geometrische Größen abzuleiten; dies geschieht durch *Photogrammetrische Auswertung*. Schließlich werden die Möglichkeiten der rechnerischen Verarbeitung von Bilddaten herangezogen, um aus ihnen gewünschte Informationen zu extrahieren; dazu dienen die Verfahren der *Digitalen Bildauswertung*.

In der Praxis sind die einzelnen Vorgänge aber meist eng miteinander verknüpft, gehen vielfach ineinander über oder laufen gleichzeitig ab. Dennoch wird in den folgenden Abschnitten versucht, die bei der Auswertung von Luft- und Satellitenbildern vorkommenden Prozesse an Hand dieser Dreigliederung aufzuzeigen.

## 5.1 Visuelle Bildinterpretation

Jeder Mensch hat sehr viel Erfahrung in der Verarbeitung optischer Reize, da er die Mehrzahl der Informationen über seine Umwelt durch die optische Wahrnehmung erhält. Diese Tatsache macht man sich bei der visuellen Bildinterpretation zunutze. Dabei wird lediglich die direkte Abbildung der gesehenen Gegenstände auf die Augennetzhaut durch eine indirekte Abbildung ersetzt, indem Bilder dieser Gegenstände betrachtet werden. Die Prozesse, die sich dann abspielen, wenn dem Betrachter eines Bildes durch das Zusammenwirken von Auge und Gehirn ein bestimmter Sachverhalt bewußt wird, sind äußerst kompliziert. Ihre Erforschung gehört in den Bereich der Wahrnehmungspsychologie (ALBERTZ 1970).

Im komplexen Gesamtprozeß der Bildinterpretation kann man zwei Stufen unterscheiden, die sich mehr oder weniger deutlich voneinander trennen lassen:

• Das *Erkennen* von Objekten wie Straßen, Felder, Flüsse u.ä. Dieser Vorgang beruht im wesentlichen auf den Erfahrungen, die ein Beobachter auf dem Gebiet der optischen Wahrnehmung mitbringt.

• Das eigentliche *Interpretieren*, bei dem aufgrund der erkannten Objekte Schlußfolgerungen gezogen werden. Hier steht das bewußte Kombinieren mit speziellen Vorkenntnissen im Vordergrund.

## 5.1.1 Interpretationsfaktoren

Zum *Erkennen* von Objekten und Sachverhalten in Luft- und Satellitenbildern trägt eine Reihe von Einzelfaktoren bei, die im allgemeinen in nicht überschaubarer Weise zusammenwirken. Dennoch ist die Kenntnis dieser Faktoren für die Interpretation sehr wichtig.

Die *Helligkeit einer Fläche* – also die Schwärzung im Schwarzweißbild – enthält Informationen über die abgebildeten Gegenstände, da sie in starkem Maße von den Reflexionseigenschaften der Objektoberflächen abhängt. Daneben wirken sich aber zahlreiche andere Faktoren auf die Schwärzung aus (Beleuchtungsverhältnisse, Atmosphäre, Sensoreigenschaften usw.). Deshalb besteht zwischen den Objekteigenschaften und der Schwärzung kein einfacher Zusammenhang. Aussagekräftiger sind dagegen die Helligkeitsunterschiede zwischen verschiedenartigen Flächen, da z.B. eine stärker reflektierende Fläche unabhängig von den genannten Einflüssen stets heller wiedergegeben wird als eine weniger reflektierende.

Bei der Bewertung von Schwärzungsunterschieden muß jedoch berücksichtigt werden, daß diese stark von der spektralen Emfindlichkeit des Sensors abhängen (z.B. von der Film-Filter-Kombination bei der photographischen Aufnahme). Zum Unterscheiden verschiedener Objektarten und Objekteigenschaften kann dies sehr nützlich sein. Dazu muß sich der Interpret bei der Beurteilung von Schwärzungsunterschieden aber über das Zusammenwirken der Einzelfaktoren bewußt sein (vgl. 2.2.5).

Im Falle von Farbbildern kommen zu der Helligkeit einer Fläche *Farbton und Farbsättigung* als Hilfsmittel zum Erkennen und Unterscheiden von Objekten hinzu. Hier gilt Entsprechendes: Die Farbunterschiede sind hinsichtlich der Objekteigenschaften vielfach aussagekräftiger als die Einzelfarbe.

Insbesondere bei der Interpretation von Luftbildern, die mit großen Bildwinkeln aufgenommen sind, ist jedoch zu beachten, daß die Wiedergabe von Objektoberflächen innerhalb der Bildfläche nicht in gleicher Weise erfolgt. Dies ist vor allem auf die Wirkung des Helligkeitsabfalls in der Bildebene (vgl. 2.2.6) sowie auf die schräg einfallende Sonnenstrahlung zurückzuführen, die Mitlicht- und Gegenlichtbereiche schafft (vgl. 2.1.3). Dies hat zur

Folge, daß aus Schwärzungs- bzw. Farbunterschieden benachbarter Bildteile
sehr zuverlässig auf Objektunterschiede geschlossen werden kann, während
die Unterschiede zwischen weit entfernten Bildteilen sehr vorsichtig bewertet
werden müssen (z.b. Tafel 2).

Ein weiterer Interpretationsfaktor ist die *Form von Objekten*. Sie wird
dadurch sichtbar, daß sich zwischen Flächen unterschiedlicher Schwärzung
Grenzlinien bilden. Diese Linien zeichnen Umrisse und Kanten der Objekte in
der jeweiligen Abbildungsgeometrie nach. Da die Aufnahme im allgemeinen
senkrecht von oben erfolgt, sind die Grundrißformen von besonderer
Wichtigkeit. Daraus können zahlreiche Informationen über Art, Entstehung
und Funktion der Objekte abgelesen werden, wobei der Interpret von seinen
Vorinformationen Gebrauch macht. Besonders gut unterscheidbar sind
natürliche Objekte, bei denen keine geometrischen Formen vorkommen, und
künstliche Objekte, die Geraden, Parallelen, rechte Winkel und andere geometrische Formen aufweisen. Bei großen Bildmaßstäben werden zudem
zahlreiche Formeinzelheiten abgebildeter Objekte sichtbar (z.b. Dachformen
eines Gebäudes). Sie erleichtern das Erkennen von Objekten sehr.

Auch die *Größe von Objekten* ist beim Erkennen ihrer Funktion und Entstehung nicht unwichtig. Um sie richtig beurteilen zu können, muß der Interpret eine ungefähre Vorstellung über den vorliegenden Bildmaßstab haben.
Im allgemeinen wird dieser bekannt sein, oder er kann auf einfache Weise
durch Vergleich mit topographischen Karten ermittelt werden (vgl. 3.1).

Ein gutes Kriterium zum Erkennen verschiedenartiger Objektarten ist die
*Textur der Oberfläche*. Unter Textur versteht man die Strukturierung einer
Fläche, die sich im Bild ergibt, wenn mehr oder weniger regelmäßig an-
geordnete Einzelobjekte im betreffenden Bildmaßstab nicht mehr getrennt
wahrgenommen werden. Das Auftreten von Texturen ist deshalb eng mit dem
Bildmaßstab verknüpft. Zum Beispiel sind in großem Maßstab einzelne
Baumkronen deutlich als solche erkennbar, aber die Blätter und kleinen
Zweige bilden eine Textur der Kronenfläche. In kleinem Maßstab bildet die
Gesamtheit der Baumkronen eine Textur der Waldoberfläche.

Für das Erkennen von Objekten sind Texturen deshalb wichtig, weil sie für
verschiedene Objekte ein typisches Aussehen aufweisen. Abb.83 zeigt einige
Beispiele. Künstlich bearbeitete Flächen weisen oft regelmäßige Texturen auf
(linienhaft, streifig, rasterbildend), natürliche Oberflächen dagegen unregelmäßige (körnig, fleckig, wolkig). Die Texturen können, insbesondere wenn
sie durch Objekte mit räumlich tiefer Oberflächenstruktur (beispielsweise
Vegetation) entstehen, im Mitlicht- und Gegenlichtgebiet recht verschieden
aussehen (vgl. MEIENBERG 1966).

*Schattierungen* sind vor allem zum Erkennen von Oberflächenformen
wichtig. In der Regel werden Luftbilder bei schräg einfallendem Sonnenlicht
aufgenommen. Die Folge davon ist bei unebenem Gelände eine ungleich-
mäßige Beleuchtungsstärke, die im Luftbild zu *Helligkeitsgradienten*, also zu
einer Schattierung der Geländefläche führt. Dies wird besonders deutlich,

wenn der Boden entweder vegetationsfrei oder mit sehr gleichmäßiger Vegetation überdeckt ist. Interessanterweise kommt bei der Betrachtung derartiger Luftbilder eine räumliche Wirkung zustande, die auf unserer Alltagserfahrung beruht. Man sieht deshalb nicht einfach »Flächen«, sondern Oberflächenformen.

Abb. 83: Beispiele für verschiedene Oberflächentexturen
Links oben: Laubwald im Frühjahr. Rechts oben: Laubwald im Sommer. Links unten: Äcker im Frühjahr (Maßstab jeweils 1:6.000). Rechts unten: Maisfeld im Sommer (1:2.000)

Diese räumliche Wirkung von Helligkeitsgradienten ist ein interessantes wahrnehmungspsychologisches Phänomen. Sie setzt nämlich voraus, daß der Betrachter der vorliegenden Helligkeitsverteilung einen bestimmten Ort der Lichtquelle zuordnet. Erfahrungsgemäß wird dabei die Stellung der Lichtquelle oberhalb des Gesichtfeldes bzw. Bildes bevorzugt, meist links oben. Dies dürfte mit der Alltagserfahrung zusammenhängen, daß die Gegenstände unserer Umwelt praktisch immer von oben beleuchtet sind. Offenbar führt diese Erfahrung dazu, daß auch bei der Betrachtung von Bildern unbewußt ähnliche Beleuchtungsverhältnisse angenommen werden. Deshalb kommt es zu Fehlwahrnehmungen (*Inversionen*), wenn die beobachteten Helligkeitsgradienten tatsächlich durch andere Beleuchtung entstanden sind und sonstige zwingende Faktoren der Raumwahrnehmung fehlen (Abb.84). Um solche Täuschungen zu vermeiden und die beste räumliche Wirkung von Luftbildern zu erzielen, sollten diese demnach so betrachtet werden, daß die tatsächliche Geländebeleuchtung im Gesichtsfeld von (links) oben kommt. Für die Nordhalbkugel der Erde bedeutet dies, daß man die Bilder (im Gegensatz zu der in der Kartographie üblichen Orientierung) nach Süden orientieren muß, um die beste Betrachtungweise zu erzielen.

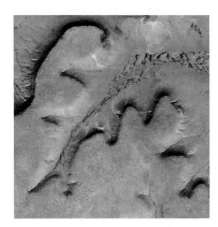

Abb. 84: Räumliche Wirkung von Helligkeitsgradienten
Luftbild einer vegetationslosen Landschaft im Irak; Inversionseffekt durch Drehung des Bildes um 180°. (Photo: WILD Heerbrugg)

Insbesondere in Luftbildern größerer Bildmaßstäbe spielen die *Schlagschatten* eine große Rolle, die durch das schräg einfallende Sonnenlicht entstehen. Bei allen aufragenden Objekten wie etwa Gebäuden, Bäumen, Masten, Antennen usw. verraten die Schlagschatten viele Einzelheiten über Form und Höhe dieser Objekte (Abb.85). Die Wirkung ist am deutlichsten, wenn die Schatten auf eine annähernd horizontale und möglichst glatte Fläche fallen. Wird der Schatten aber auf eine schräge oder auf eine kompliziert geformte Fläche projiziert, dann muß dieser Sachverhalt bei der Auswertung des Schattenbildes berücksichtigt werden.

Die *relative Lage von Objekten* gibt dem Interpreten vielfach Hinweise zu deren Identifizierung. Vor allem bezieht sich das auf die Funktion von Gebäuden, auf die aufgrund von Zufahrtswegen, Nebengebäuden, Lagerplätzen u.ä. geschlossen werden kann. Aus Bildern größerer Maßstäbe können in dieser Hinsicht oft weitgehende Schlußfolgerungen gezogen ·werden. Mit kleiner werdendem Bildmaßstab verlagert sich in der Regel auch diese Art der Interpretierbarkeit auf andere Relationen.

Abb. 85: Schlagschatten als Interpretationskriterium
Links: Mast einer Hochspannungsleitung. Rechts: Straßenbrücke. Die Schlagschatten zeigen im Bild nicht direkt sichtbare Einzelheiten der schattenwerfenden Objekte.

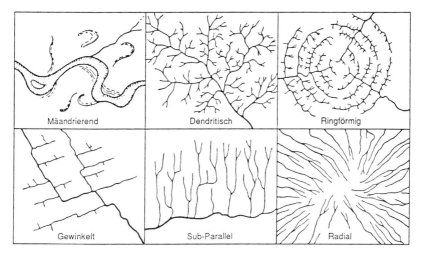

Abb. 86: Verschiedene Typen von Entwässerungsnetzen. (Nach SCHNEIDER 1974)

Besondere Formen der relativen Lage drücken sich in *Objektmustern* aus, die für manche Interpretationsaufgaben sehr nützlich sind. Das klassische Beispiel hierfür sind die *Entwässerungsnetze*, die sich durch die Art der Gliederung, die Dichte und die Orientierung der Entwässerungslinien unterscheiden. Da diese Erscheinungen eng mit strukturellen und lithologischen

Eigenschaften des Untergrundes korreliert sind, kann aus diesen Mustern auf
die Gesteinstypen, den tektonischen Bau des Untergrundes, das Erosionsver-
halten u.ä. geschlossen werden. In der Abb.86 sind einige charakteristische
Formen schematisch dargestellt, die Abb.87 und 130 zeigen Bildbeispiele.

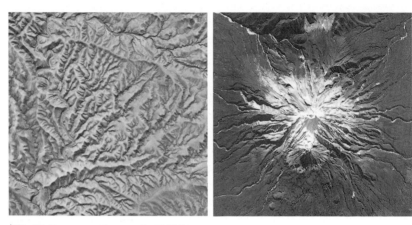

Abb. 87: Entwässerungsnetze in Luftbildern
Links: Dendritisches Netz auf tonigen Gesteinen in Utah. (Aus KRONBERG 1984). Rechts:
Radiales Netz an einem Vulkankegel in Neuseeland. (Photo: WILD Heerbrugg)

In ähnlicher Weise kann aufgrund von Vegetationsmustern (z.B. Abb.88),
Siedlungsmustern, Verkehrswegenetzen u.ä. auf verschiedene andere Sachverhalte geschlossen werden.

Abb. 88: Vegetationsmuster
Gebel el-Akhdar in Libyen (etwa 1:30.000): Genähert horizontal geschichtete Folgen von
wasserdurchlässigen und -undurchlässigen Schichten führen zu einem Vegetationsmuster,
durch das die Oberflächenformen stark betont werden. (Photo: Aero Exploration)

Der *stereoskopische Effekt* schließlich ermöglicht die räumliche Wahrnehmung derjenigen Geländefläche, die in zwei sich überlappenden Luftbildern wiedergegeben ist. Bei der Betrachtung mit Hilfe eines Stereoskops verschmelzen die beiden Einzelbilder zu einem plastisch erscheinenden Raumbild. Dadurch vermag der Beobachter geomorphologische Formen, Wuchshöhen der Vegetation, Oberflächenformen oder Höhen von Gebäuden, Masten, Baumkronen usw. zu erkennen. Die praktische Bedeutung dieser Tatsache kann kaum überschätzt werden. Deshalb werden Voraussetzungen und Hilfsmittel des stereoskopischen Sehens im Abschnitt 5.1.2 gesondert behandelt.

Alle bisher genannten Faktoren tragen zum *Erkennen von Objekten* bei, also zur Beantwortung der Frage »Was ist wo vorhanden?«. Das eigentliche *Interpretieren* geht nun über die bloße Feststellung von wahrnehmbaren Sachverhalten hinaus. Der Interpret versucht vielmehr, auf der Grundlage des Erkannten Rückschlüsse zu ziehen auf nicht direkt Erkennbares. Beispielsweise kann er aus dem Bild einer Siedlung auf die soziologische Struktur der Bewohner schließen, wenn er eine Reihe von Einzelfaktoren beachtet, wie etwa Größe, Form, Alter der Gebäude, Größe und Zustand der Gärten, Zufahrtsstraßen, Parkplätze, Erholungsanlagen in der Umgebung u.ä. Derartige Schlußfolgerungen spielen sich überwiegend als bewußte Denkvorgänge ab. Mehr als beim bloßen Erkennen von Objekten sind hier die Vorkenntnisse des Interpreten, z.B. auf ökologischem, soziologischem oder landeskundlichem Gebiet, notwendige Voraussetzung für eine fachgerechte Interpretation. Vielfach wird die Zusammenarbeit von Fachleuten aus verschiedenen wissenschaftlichen Disziplinen zweckmäßig und notwendig sein.

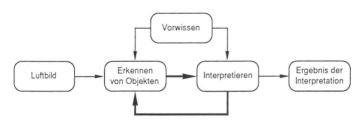

Abb. 89: Stark schematisierte Darstellung des Interpretationsvorgangs
Der stark ausgezogene Regelkreis beschreibt den Iterationsprozeß, der sich dabei abspielt.

Streng genommen läßt sich der Gesamtprozeß der Bildinterpretation nicht so scharf in das *Erkennen* und das eigentliche *Interpretieren* trennen, wie das bisher dargestellt wurde. Ebenso dürfen auch die genannten Faktoren, die zum Erkennen beitragen, nicht als Einzelfaktoren voneinander getrennt gesehen werden. Die Tätigkeit des Interpretierens vollzieht sich vielmehr in einem komplexen Zusammenspiel der Augen- und Gehirnfunktionen. Dabei wirken sich bereits vorliegende Ergebnisse des Erkennens und des Interpretierens auf den weiteren Prozeß aus. Das eigentliche Ergebnis kommt deshalb in einem Iterationsvorgang zustande, der in starkem Maße vom regionalen und fachlichen Vorwissen des Interpreten abhängt (Abb.89).

### 5.1.2 Stereoskopisches Sehen und Messen

Durch das Zusammenwirken verschiedener Einzelfaktoren (z.b. Perspektive, Schatten) erhält der Betrachter *eines* Bildes einen räumlichen Eindruck von den abgebildeten Objekten. Demgegenüber führt das *Stereoskopische Sehen* zu einer direkten Wahrnehmung der dritten Dimension. Dieser beim alltäglichen Betrachten unserer Umwelt selbstverständliche Effekt beruht darauf, daß die beiden Augen stets um den Augenabstand voneinander entfernte Orte einnehmen und darum die Netzhautbilder beim Betrachten unserer Umgebung nicht identisch sind.

Fixiert ein Beobachter den Punkt $P_1$ eines Körpers (Abb.90), so nehmen die Augen eine bestimmte Konvergenzstellung (Konvergenzwinkel $\gamma$) ein. Auf den Augennetzhäuten wird $P_1$ dann in $P_1'$ und $P_1''$ abgebildet. Ein weiter entfernter Punkt $P_2$ soll (zur Vereinfachung) im linken Auge ebenfalls in $P_1'$, rechts jedoch in $P_2''$ abgebildet werden. Die Strecke p zwischen $P_1''$ und $P_2''$ hängt dann offenbar von dem Entfernungsunterschied der Punkte $P_1$ und $P_2$ und vom Augenabstand b ab. Man nennt p bzw. den zugehörigen Winkel $\varepsilon$ die *Stereoskopische Parallaxe* und b die *Basis*.

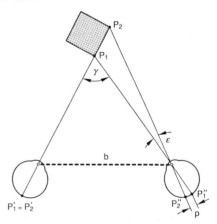

Abb. 90: Zur Entstehung der
stereoskopischen Parallaxe

Wegen der Parallaxe p müßte ein Beobachter alle Punkte vor oder hinter dem jeweils fixierten Objektpunkt doppelt sehen, da sie gegenüber diesem Bezugspunkt verschiedene Orte in den Netzhautbildern einnehmen. Sofern die Parallaxen nicht zu groß werden, verschmelzen aber diese Doppelbilder zu einem einzigen räumlich erscheinenden Gesamteindruck, d.h. die Punkte werden in verschiedener Entfernung wahrgenommen. Diesen Vorgang nennt man *Stereoskopisches Sehen*. Er erfordert die etwa gleiche Sehtüchtigkeit der beiden Augen. Verschiedenartige Sehstörungen führen dazu, daß nicht jedermann stereoskopisch sehen kann.

Der stereoskopische Effekt beruht offenbar ausschließlich auf den Unterschieden, die die Netzhautbilder der beiden Augen aus geometrischen Gründen aufweisen. Deshalb kann er leicht künstlich erzeugt werden, indem man beiden Augen gleichzeitig Bilder darbietet, die sich nur um Parallaxen voneinander unterscheiden.

Bei dieser künstlichen Form des stereoskopischen Sehens blicken beide Augen zugleich auf zwei geeignete Bilder desselben Gegenstandes (Abb.91). Bei richtiger Lage der Bilder schneiden sich die beiden Sehstrahlen (auch *homologe Strahlen* genannt) nach einander zugehörigen Bildpunkten (sog. *homologen Punkten*) im Raum. Der Beobachter sieht dann ein räumliches Modell des Gegenstandes vor sich. Diese Tatsache ist für die Bildinterpretation und für die Photogrammetrie von größter Wichtigkeit.

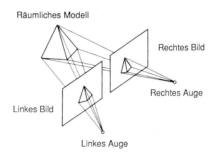

Abb. 91: Künstliches stereoskopisches Sehen (schematisch)

Damit künstliches stereoskopisches Sehen möglich ist, müssen
* Bilder vorliegen, die dieselben Objekte von verschiedenen Orten aus zeigen und deshalb Parallaxen aufweisen,
* beiden Augen die ihnen zugehörigen Bilder getrennt, aber (praktisch) gleichzeitig dargeboten werden,
* die Bilder so angeordnet sein, daß sich die Sehstrahlen von den Augen nach einander entsprechenden (homologen) Punkten vor dem Beobachter im Raum schneiden.

Die dritte Bedingung erfordert, daß ein Stereobildpaar nach *Kernstrahlen* orientiert wird. Zur Betrachtung von Senkrechtluftbildern geht man dabei folgendermaßen vor: In jedem Bild wird der Hauptpunkt (Schnittpunkt der Verbindungslinien der Rahmenmarken) bezeichnet (z.B. Nadelstich) und in das Nachbarbild übertragen. Damit werden in den beiden Bildern die Kernstrahlen $H_1'H_2'$ bzw. $H_1''H_2''$ definiert. Dann montiert man die Bilder in dem zur Betrachtung erforderlichen Abstand so auf einer gemeinsamen Unterlage, daß diese Strahlen auf einer Geraden liegen (Abb.92).

Bei Einhaltung der genannten Bedingungen können Bildpaare grundsätzlich ohne Hilfsmittel stereoskopisch gesehen werden. Dies erfordert jedoch einige Übung und bleibt auch dann unbequem. Der Grund hierfür ist die enge

Koppelung zwischen der Konvergenz der Blickrichtungen und der Akkommodation der Augen beim natürlichen stereoskopischen Sehen. Freiäugiges Betrachten von Stereobildern verlangt demgegenüber das Blicken in die Ferne mit fast parallelen Augachsen und zugleich das Akkommodieren auf die nahen Bildflächen, was sich nur durch eine willentliche Anstrengung erreichen läßt. Leichter und angenehmer ist die Stereobetrachtung mit Hilfsmitteln, die diesen *Akkommodationszwang* aufheben. Dafür kommen verschiedene Verfahren in Betracht, z.B. das mit Farbfiltern arbeitende *Anaglyphenverfahren* (vgl. Tafel nach Seite 118).

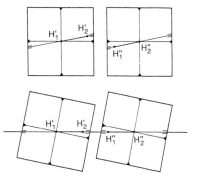

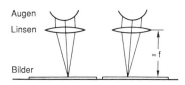

Abb. 92: Orientieren eines Bildpaares nach Kernstrahlen
Oben: Ausgangslage. Unten: Lage nach der Orientierung

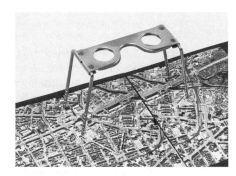

Abb. 93: Linsenstereoskop
Links: Schematische Darstellung.
Rechts: Übliche Ausführungsform

Für die Interpretation von Luftbildern sind aber vor allem *Stereoskope* zu empfehlen. Fast alle heute verbreiteten Stereoskope gehen auf das *Linsenstereoskop* zurück. Es besteht aus zwei gleichen Positivlinsen, die etwa im Augenabstand voneinander angeordnet sind. Die Brennweite der Linsen ist etwa gleich ihrem Abstand von den Bildern (Abb.93). Die von einem Bildpunkt ausgehenden Strahlen verlaufen dann nach dem Durchgang durch die Linsen annähernd parallel, so daß die Augen des Beobachters auf die Ferne akkommodieren können. Linsenstereoskope eignen sich aber nur zum Betrachten von kleinformatigen Stereobildpaaren bis etwa 60 mm Breite. Bei größeren Bildformaten, wie sie bei Luft- und Satellitenbildern üblich sind, kann jeweils nur ein etwa 60 mm breiter Randstreifen betrachtet werden. Für größere Bilder benutzt man deshalb ein *Spiegelstereoskop*, bei dem der Betrachtungsstrahlengang durch zweimalige Spiegelung auseinandergezogen ist (Abb. 94). Dadurch können großformatige Bilder nebeneinander angeordnet werden, während die Betrachtungsbedingungen im übrigen gleich bleiben wie beim Linsenstereoskop.

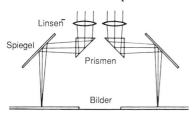

Abb. 94: Spiegelstereoskop
Links: Schematischer Schnitt. Rechts:
Eine der zahlreichen Ausführungsformen
mit umklappbarem Vergrößerungsaufsatz

Der Raumeindruck, den ein Beobachter beim künstlichen stereoskopischen Sehen gewinnt, ist im allgemeinen nicht gleich demjenigen beim natürlichen stereoskopischen Betrachten desselben Objektes. Dies ist vor allem dadurch bedingt, daß die Aufnahmeorte von Stereobildern meist weiter voneinander entfernt sind als die Augen und demnach die Basis gegenüber dem natürlichen stereoskopischen Sehen vergrößert ist. Dies gilt insbesondere bei Luftbildern, bei denen die Basis wenigstens einige hundert Meter lang ist. Durch die damit verbundene geometrische Vergrößerung der Parallaxen wird die stereoskopische Sehschärfe gesteigert. Das Raummodell, das der Beobachter sieht, wirkt aber stark überhöht. Außerdem werden Stereobilder sehr oft mit einer optischen Vergrößerung betrachtet, z.B. durch die Linsen eines Linsenstereoskops. Dies bewirkt eine Deformation der Betrachtungsstrahlenbündel gegenüber den Aufnahmestrahlenbündeln. Damit geht eine optische Vergrößerung der Parallaxen einher, welche die stereoskopische Sehschärfe ebenfalls steigert. Schließlich nehmen die Augen gegenüber den Bildflächen im allgemeinen nicht die gleiche Lage ein wie die Projektionszentren bei der Aufnahme.

Alle diese Verzerrungen des Raummodells werden im allgemeinen jedoch nicht als Nachteil empfunden. Der subjektive Eindruck des Beobachters, überhaupt eine räumliche Gliederung der Objekte wahrzunehmen, scheint viel wichtiger zu sein als die Raumtreue dieses Eindrucks. Infolgedessen bezeichnet man den Raumeindruck ohne Rücksicht auf solche Verzerrungen als *orthoskopisch*, wenn die Tiefenfolge richtig wahrgenommen wird, wie das bei normaler Anordnung der Bilder stets der Fall ist. Vertauscht man jedoch die Bilder, bietet also das rechte Bild dem linken Auge dar und umgekehrt, so kehrt sich die wahrgenommene Tiefenfolge um. Dieser Raumeindruck, bei dem z.B. Täler als Bergrücken erscheinen, wird *pseudoskopisch* genannt. Er kann bei manchen Interpretationsaufgaben zu Kontrollzwecken erwünscht sein.

Das künstliche stereoskopische Sehen kann durch einen einfachen Trick zum *stereoskopischen Messen* erweitert werden. Zu diesem Zweck werden in die beiden Bilder zwei punktförmige Marken M' und M" so eingebracht, daß sich die entsprechenden Sehstrahlen im Raum schneiden (Abb.95). Bei der stereoskopischen Betrachtung verschmelzen die beiden Marken und der Beobachter nimmt eine im Raummodell schwebende Marke M wahr.

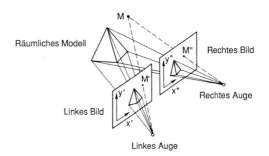

Abb. 95: Zum Prinzip des
stereoskopischen Messens

Denkt man sich nun in den beiden Bildern die Koordinatensysteme x', y' und x", y" eingeführt, so wird die Lage des Punktes M im Raum offenbar durch die Koordinaten $x_M'$ und $y_M'$ im linken und $x_M"$ im rechten Bild festgelegt. Die Koordinate $y_M"$ im rechten Bild ist dagegen nicht frei wählbar; wenn die oben erwähnte Schnittbedingung eingehalten werden soll, muß nämlich $y_M" = y_M'$ sein.

Verändert nun der Beobachter während der stereoskopischen Betrachtung die drei frei wählbaren Koordinaten, so wird die im Raum schwebend erscheinende Marke M entsprechende Bewegungen ausführen. Sie kann dadurch zu einem beliebigen Objektpunkt hingeführt und auf diesem »aufgesetzt« werden. Durch die dann erreichte Stellung von M' und M" werden die Koordinaten dieses Objektpunktes in den Bildern definiert. Aus ihnen kann man – wenn die technischen Daten der Bilder bekannt sind – die Raumkoordinaten des betreffenden Objektpunktes berechnen.

Auf diese Weise geht das stereoskopische Sehen in das *stereoskopische Messen* mit Hilfe der *Wandernden Marke* über. Von dieser Möglichkeit, den stereoskopischen Effekt meßtechnisch einzusetzen, wird bei der stereophotogrammetrischen Auswertung von Luft- und Satellitenbildern Gebrauch gemacht (vgl. 5.2.2).

### 5.1.3 Hilfsmittel zur Bildinterpretation

Während des Interpretierens von Bildern kommen häufig Zeichenarbeiten vor, insbesondere zur Darstellung von Interpretationsergebnissen auf trans-

Anaglyphen-Tafel: Luftbildpaar einer Mittelgebirgslandschaft (Dürrenroth in der Schweiz) Aufgenommen mit WILD RC 8 (f = 152 mm), Flughöhe 1.500 m, Bildmaßstab ≈ 1:6.000. Zur Betrachtung dient die Anaglyphenbrille, die sich im hinteren Buchdeckel befindet.

parenten Deckblättern oder zur Übertragung in Karten. Dazu werden die üblichen *Zeichenmaterialien* benötigt. Da in vielen Fällen, vor allem beim Auswerten von Farb- und Farbinfrarotbildern, Diapositive benutzt werden, gehört auch ein *Leuchttisch* zur selbstverständlichen Grundausstattung.

An *optischen Hilfsmitteln* sind mindestens eine Lupe, ein Linsenstereoskop und ein Spiegelstereoskop erforderlich. Die Lupe sollte etwa 8fache Vergrößerung haben und stellbar sein, so daß sie während des Interpretierens nicht freihändig gehalten werden muß. Zur Messung kleiner Strecken (z.b. Schattenlänge eines Objektes) sind Meßlupen geeignet. Das *Linsenstereoskop* (Abb. 93) hat – auch wenn seine Einsatzmöglichkeiten begrenzt sind – den Vorteil, daß es sehr handlich und leicht zu transportieren ist. Es kann deshalb bei Geländeerkundungen mühelos mitgeführt werden. Für die eigentliche Interpretationsarbeit im Büro bedient man sich aber in der Regel eines *Spiegelstereoskops* (Abb. 94). Die verschiedenen handelsüblichen Modelle sind so ausgestattet, daß die großflächige Betrachtung des Stereomodells möglich ist, wenn man die Feldstecheraufsätze nicht benutzt. Beobachtet man mit der Feldstecheroptik, so kann ein Ausschnitt detailliert betrachtet werden. Die Vergrößerung ist bei den meisten Modellen 3- bis 5fach. Alle Spiegelstereoskope sind so eingerichtet, daß sie zur Interpretation von Diapositiven auf einen Leuchttisch gestellt werden können.

Zu vielen Spiegelstereoskopen werden von den Herstellern auch *Stereometer* (auch *Stereomikrometer* genannt) angeboten. Das sind zwei durch eine Stange miteinander verbundene Marken, die auf die Bilder aufgelegt und meßbar gegeneinander verschoben werden. Damit können Parallaxenunterschiede gemessen und daraus (genäherte) Höhenunterschiede abgeleitet werden. Dies kann z.B. zur Bestimmung von Böschungshöhen, Baumhöhen u.ä. vorkommen. Die Grundlagen und die Handhabung werden in Abschnitt 5.2.2 erläutert. Dies gilt auch für die erforderliche Vorbereitung der Bilder (Orientierung nach Kernstrahlen). Für die normale Stereobetrachtung genügt es nach kurzer Übung, die Bilder freihändig zu verschieben und zu drehen, um die im Abschnitt 5.1.2 genannten Bedingungen für das künstliche stereoskopische Sehen zu erfüllen.

Abb. 96: Modernes Interpretationsstereoskop
Das AVIOPRET ist mit Zoomoptik und einer Leuchtplatte als Bildträger ausgestattet. An Stelle des angebauten Kamerasystems kann auch ein weiteres Okularpaar für einen zweiten Beobachter eingesetzt werden. (Photo: WILD Heerbrugg)

Von verschiedenen Firmen werden auch wesentlich aufwendigere Stereoskope angeboten, die über diese Mindestausstattung hinausgehen. Zu erwähnen sind vor allem Stereoskope mit Zoom-Objektiven zur kontinuierlichen Verstellung der Vergrößerung und mit Parallelführungen eines speziellen Bildträgers, was die Interpretationsarbeit bequemer und schneller macht. Ferner gibt es Einrichtungen zur photographischen Aufzeichnung des betrachteten Bildausschnitts oder zur gemeinsamen Arbeit von zwei Beobachtern, die gleichzeitig dasselbe Stereomodell sehen können. Ein Beispiel für ein solches Gerät zeigt die Abb. 96 (HÖHLE 1980).

Vielfach ist die Interpretationsarbeit direkt mit gewissen Messungen verbunden, die sehr häufig, aber ohne hohe Genauigkeitsanforderungen auszuführen sind. Solche Aufgaben können mit einfachen und leicht zu handhabenden Hilfsmitteln wesentlich erleichtert und beschleunigt werden. So wurden z.B. zur Messung von kleinen Strecken und Objektdurchmessern *Meßkeile* und *Meßkreise* auf Klarsichtfolien entwickelt (Abb. 97). Mit ihrer Hilfe können entweder Bildgrößen gemessen und anhand des Bildmaßstabes in Objektgrößen umgerechnet werden, oder aber die Hilfsmittel werden gleich für einen bestimmten Bildmaßstab erstellt, so daß sich unmittelbar Objektmaße ablesen lassen.

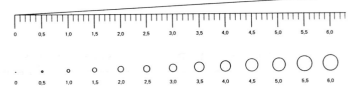

Abb. 97: Meßkeil und Meßkreise zur Messung von Strecken und Objektdurchmessern (Nach KURTH & RHODY 1962, aus SCHNEIDER 1974)

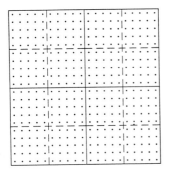

Abb. 98: Punktgitter für einfache Flächenmessungen
Man legt das Gitter auf das Bild und zählt die Punkte, die innerhalb der zu bestimmenden Fläche liegen. Mit der Gitterkonstanten (ein Punkt entspricht hier 4 mm²) und dem Bildmaßstab kann man die Fläche errechnen.

Zur Ermittlung des Inhalts unregelmäßig geformter Flächen eignen sich *Punktgitter* auf transparenten Folien (Abb. 98). Zur *Flächenbestimmung* kommen aber auch anspruchsvollere Hilfsmittel wie das *Polarplanimeter* in Frage (z.B. HAKE 1985).

Es darf nicht übersehen werden, daß in nicht entzerrten Luftbildern nur genäherte Messungen möglich sind. Aufnahmeneigungen, Unterschiede im Bildmaßstab und Geländehöhenunterschiede führen zu mehr oder weniger großen Fehlern. Dennoch haben derartige Methoden in manchen Anwendungsbereichen (z.b. in der forstlichen Luftbildinterpretation) große praktische Bedeutung.

Zur Übertragung von Interpretationsergebnissen in Karten gibt es verschiedene Möglichkeiten und technische Hilfsmittel. Dazu gehören vor allem einfache graphische Konstruktionen sowie Geräte wie der sogenannte *Luftbildumzeichner* (vgl. 5.2.1).

### 5.1.4 Methoden der Bildinterpretation

Die Interpretation folgt nicht starren Regeln oder Gebrauchsanweisungen. Ihre Arbeitsweisen variieren im Gegenteil sehr stark und hängen z.b. von der Zielsetzung, den gegebenen Vorinformationen, der Größe und geographischen Lage des Gebietes sowie den Erfahrungen des Beobachters ab. So haben sich z.b. für die geographische Landschaftsforschung andere Methoden entwickelt als für das Forstwesen.

a) Arbeitsablauf

Trotz vieler Variationen in der Praxis läßt sich der Arbeitsablauf einer Bildinterpretation in eine mehr oder wenige strenge Folge von Abschnitten gliedern (Abb. 99).

Abb. 99: Schema der Arbeitsgänge
einer Bildinterpretation
Auf einzelne Schritte (beispielsweise
die Gelände-Vorerkundung) kann in
manchen Fällen verzichtet werden.

Beschaffung der Unterlagen
↓
Vorinterpretation
↓
(Gelände-Vorerkundung)
↓
Detailinterpretation
↓
Geländeerkundung
↓
Darstellung der Ergebnisse

Zur *Beschaffung der Unterlagen* gehört es selbstverständlich, die geeigneten Luft- oder Satellitenbilder bereitzustellen. Daneben müssen aber auch sonstige Unterlagen über das betreffende Gebiet, insbesondere topographische Karten und thematische Karten beschafft werden. Solche Unterlagen vermögen die Bildinterpretation schneller, billiger und zuverlässiger zu machen, sie erweitern sozusagen das Vorwissen des Bearbeiters.

In einer *Vorinterpretation* wird man sich mit dem Bildmaterial vertraut machen und evtl. eine großräumige Gliederung des Gebietes erstellen. Dabei können Bereiche ausgewählt werden, die für die weitere Bearbeitung besonders wichtig sind. Andererseits lassen sich aber auch oft Flächen ausscheiden, die keiner weiteren Interpretation bedürfen, da sie für die gegebene Zielsetzung uninteressant sind. Von besonderer Bedeutung ist die Auswahl von Stellen, die zur Geländeerkundung aufgesucht werden sollen. Schließlich kann mit der Vorinterpretation auch eine Aufteilung des Gebietes auf verschiedene Bearbeiter verbunden sein.

Eine *Gelände-Vorerkundung* wird – wenn erforderlich – vor der Detailinterpretation durchgeführt. Sie dient dazu, die regionalen Besonderheiten eines Gebietes kennenzulernen und evtl. Schlüsselinformationen zu gewinnen (vgl. unter c). Wenn ein Sachbearbeiter bereits genügend regionale Kenntnisse hat, kann vielfach auf eine solche Erkundung vor der Detailinterpretation verzichtet werden.

Die *Detail-Interpretation* stellt den Kern der ganzen Arbeit dar. Es geht darum, alle Flächen, die in der Vorinterpretation für wichtig erachtet wurden, in ihren Einzelheiten zu studieren, die sichtbaren Objekte zu erkennen, Vergleiche mit vorhandenem Kartenmaterial durchzuführen usw. Wenn irgend möglich, sollte man bei dieser Arbeit die Luftbilder unter dem Stereoskop betrachten, damit auch die Oberflächenformen von Gelände und Objekten zum Interpretationsvorgang herangezogen werden. Es ist zweckmäßig, mit leicht und sicher erkennbaren Objekten zu beginnen und dann auf schwierigere überzugehen. Nur dann kann aufgrund des oben erwähnten Iterationsvorgangs (Abb.89) das optimale Interpretationsergebnis erzielt werden. In der Regel werden zugleich mit der Detailinterpretation Skizzen angefertigt (z.B. als transparente Deckblätter zu den Luftbildern), in denen für den jeweiligen Zweck wichtige Sachverhalte festgehalten werden.

Meist wird sich eine *Geländeerkundung* (teils auch *Feldvergleich* genannt) anschließen, die anhand des Bildmaterials gezielt geplant werden kann. Dabei sind unsichere Interpretationsergebnisse zu überprüfen, offen gebliebene Fragen zu klären und sonstige Ergänzungen vorzunehmen.

Die *Darstellung der Ergebnisse* steht am Schluß der Arbeitsgänge einer Bildinterpretation. Fast immer werden Karten oder kartenähnliche Skizzen mit entsprechenden Legenden benutzt, weil dies die beste Möglichkeit ist, die Ergebnisse zu dokumentieren und sie eindeutig und überschaubar anderen Personen zugänglich zu machen. Es liegt nahe, die Ergebnisse in vorhandene Karten einzutragen oder dazu passende Deckfolien anzufertigen. Dabei wird es vielfach genügen, die einzelnen Sachverhalte anhand des Kartengrundrisses nach Augenmaß zu kartieren. Wenn dies nicht möglich oder nicht ausreichend sein sollte, kann man sich einfacher photogrammetrischer Methoden bedienen (*Papierstreifenverfahren, Projektive Netze*). Außerdem kann die Benutzung photogrammetrischer Geräte wie *Luftbildumzeichner, Zoom Transfer Scope* u.ä. in Betracht kommen. Dabei ist freilich zu beachten, daß diese Methoden nur für ebenes Gelände streng gültig sind. Sollten diese Möglichkeiten (z.B. wegen der Geländegestaltung) nicht ausreichen, so können die zu übertragen-

den Einzelheiten im Bild gekennzeichnet und im Rahmen einer stereophotogrammetrischen Auswertung kartiert werden.

b) Die Gliederung des Bildinhalts

Die Gliederung des Bildinhalts in flächenhafte und linienhafte Elemente ist
ein häufiger und grundlegender Vorgang in der Interpretation.
   Mit Hilfe der *flächenhaften Gliederung* wird der Inhalt von Luftbildern in
mehreren Stufen unterteilt und interpretiert. In Abb. 100 ist ein Beispiel für
eine dreistufige Gliederung der Flächennutzung dargestellt. In der *ersten
Stufe* werden je nach Bildinhalt wenige großräumige Flächen, die zusammen
das gesamte Bild abdecken, gegeneinander abgegrenzt. Die Beschreibung der
Nutzungsart dieser Flächen muß entsprechend allgemein sein. Es werden z.B.
bebaute Flächen von Freiflächen und bewaldeten Flächen unterschieden.

Abb. 100: Beispiel für die flächenhafte Gliederung nach Nutzungsarten
(Nach ALBERTZ u.a. 1982)

   In der *zweiten Stufe* werden die so erhaltenen Gebiete in Flächen gleich-
artiger Nutzung untergliedert. Eine graphische Darstellung der Interpretationsergebnisse ist für die Weiterverarbeitung und zur Dokumentation erforderlich.
   Genauere Angaben zu den im zweiten Schritt ausgewiesenen Flächen
werden in der *dritten Stufe* erarbeitet. Dabei kann es sich entweder um die
Beschreibung direkt sichtbarer Objekteinzelheiten handeln (z.B. die Homo-
genität eines Waldbestandes) oder um Interpretationsergebnisse (z.B. die Art
der vorkommenden Bäume).
   Während für die ersten beiden Stufen die graphische Darstellung aus-
reicht, ist für den dritten Schritt eine schriftliche tabellarische Form (evtl. in

Kombination mit einer differenzierteren graphischen Darstellung) zweckmäßig.

Außer nach der Flächennutzung kann die flächenhafte Gliederung auch nach anderen Gesichtspunkten erfolgen, z.b. nach den Geländeformen oder naturräumlichen Einheiten.

Da die flächenhafte Gliederung von Bildern linienhafte Landschaftselemente naturgemäß nicht zu erfassen vermag, wird sie ergänzt durch eine *linienhafte Gliederung*. Die dazu in Frage kommenden Elemente der Landschaft und ihre linienhafte Ausprägung können sehr verschieden sein, z.b. tektonische und morphologische Linien, Gewässer, Straßen und Wege, Leitungen usw.

Die Verfahrensweise bei diesem Interpretationsvorgang ist recht einfach. Zu Beginn der Arbeiten betrachtet man die auffälligen, im Bild dominierenden Linien. Verfolgt man ihren Verlauf, so findet man weitere linienhafte Elemente. Diese können von der gleichen Art sein, oder es kann sich um neue, andere linienhafte Objekte handeln. In der Nähe der Kreuzung von Linienstrukturen gleicher Art ist vielfach eine Aussage zur Gleichstellung, Über- oder Unterordnung der Objekte möglich (z.b. Hauptstraße/Nebenstraße). Bei verschiedenartigen Linienelementen wird an den Kreuzungen stets eines dem anderen übergeordnet sein (z.b. Straßenunterführung an Bahnlinie). Im Gegensatz zu den Flächen bilden also die Linien, die in der Regel ebenfalls in Deckblättern oder Karten festgehalten werden, in ihrer Gesamtheit ein hierarchisches System.

Flächenhafte und linienhafte Gliederung zusammen führen zu einer *Inventur* der Landschaftselemente.

c) Zur Verwendung von Interpretationsschlüsseln

Als *Interpretationsschlüssel* bezeichnet man eine systematische Zusammenstellung von charakteristischen Merkmalen der in Luftbildern zu interpretierenden Objekte (z.b. SCHNEIDER 1974, SCHMIDT-KRAEPELIN 1968). Dabei kann es sich um eine Sammlung von erläuterten Bildbeispielen handeln, die eine ähnliche Funktion haben soll, wie die Legende einer Karte. Aus diesen »Mustern« wird bei der Interpretation durch unmittelbaren visuellen Vergleich dasjenige ausgewählt, das dem fraglichen Objekt am nächsten kommt. Interpretationsschlüssel dieser Art werden deshalb als *Auswahlschlüssel* bezeichnet.

Eine andere häufige Form von Interpretationsschlüsseln nennt man *Eliminationsschlüssel*. Sie bestehen aus systematischen Aufstellungen von Objektbeschreibungen, die vom allgemeinen ausgehen und zum spezifischen fortschreiten. Auf jeder Stufe werden dem Interpreten zwei oder mehr Möglichkeiten zur Auswahl angeboten. Er entscheidet sich jeweils für diejenige, die dem fraglichen Objekt am besten entspricht. Auf diese Weise werden nach und nach alle unzutreffenden Deutungen ausgeschieden (»eliminiert«).

Darüber hinaus gibt es noch weitere Möglichkeiten zum Aufbau und zur Verwendung von Interpretationsschlüsseln (siehe z.b. REEVES 1975). Sie bieten alle den Vorteil, daß sie mehr Objektivität in den weitgehend von subjektiven Faktoren beherrschten Interpretationsvorgang bringen. Ein gutes Beispiel hierzu ist die Erfassung von Waldschäden aus Luftbildern, für die spezifische Interpretationsschlüssel erarbeitet wurden (VDI 1990). Dadurch wird es auch erleichtert, größere Interpretationsaufgaben auf verschiedene Sachbearbeiter zu verteilen. Besonders empfehlenswert ist die Verwendung von Interpretationsschlüsseln für wenig geübte Beobachter.

Vor übertriebenen Erwartungen bezüglich der Verwendung von Interpretationsschlüsseln muß aber gewarnt werden. Es hat sich nämlich als völlig unmöglich erwiesen, die Vielfalt der Objekterscheinungen in allgemeingültige Schemata zu pressen. Dazu kommt noch der Wechsel der Bildwiedergabe einer Objekterscheinung in Abhängigkeit von Jahreszeit, Beleuchtung, Filmtyp usw. Ferner sind auch die Gesichtspunkte der Interpretation zu verschieden, als daß sie durch *einen* Interpretationsschlüssel abgedeckt werden könnten.

Allgemein kann festgestellt werden, daß Interpretationsschlüssel jeweils nur auf bestimmte Fragestellungen ausgerichtet sein können. Sie müssen dafür von Fachleuten für das jeweilige Themengebiet ausgearbeitet werden. Ihr Inhalt ist außerdem an den Bildmaßstab und bei vielen Aufgabenstellungen auch an die Jahreszeit der Aufnahme gekoppelt. Schließlich dürfen Interpretationsschlüssel nur angewandt werden, wenn sie für die betreffende oder eine vergleichbare geographische Region aufgestellt wurden.

d) Verfahren der Bildanalyse

Als *Bildanalyse*, genauer als systematische Analyse des Bildinhaltes, kann man jene Verfahrensweise bezeichnen, die ursprünglich für die geographische Luftbildinterpretation entwickelt (TROLL 1943) und später vor allem für die bodenkundliche Interpretation genauer beschrieben wurde (BURINGH 1954).

Bei diesem Verfahren geht man davon aus, daß die in den Luft- oder Satellitenbildern enthaltenen unterschiedlichen Informationen in einzelne Elemente zerlegt (*analysiert*) werden können. Beispiele für solche Elemente sind: Entwässerungssysteme, Oberflächenformen, Erosionserscheinungen, Vegetationsbedeckung, Landnutzung, Verkehrsnetz, Bebauung u.ä. Die Auswahl der Elemente hängt davon ab, unter welchen Gesichtspunkten eine Interpretation des Bildinhaltes steht. Der Interpret bestimmt die für den jeweiligen Zusammenhang wichtigen Elemente des Bildes und kartiert evtl. ihre Lage, z.B. auf einer transparenten Deckfolie. Der eigentliche Interpretationsvorgang besteht in der Analyse der Eigenschaften dieser Elemente, im Studium ihrer Beziehungen und Abhängigkeiten. Daraus ergeben sich Hinweise auf mittelbar mit dem Bildinhalt zusammenhängende Sachverhalte.

Es kann zweckmäßig sein, innerhalb eines zu bearbeitenden Gebietes einzelne Analyseeinheiten voneinander zu trennen. Das können funktional oder naturräumlich einheitliche Gebiete sein. Einen Überblick zur Behandlung dieser Fragestellung verschafft man sich z.B. anhand eines Bildmosaiks. Durch dieses Vorgehen wird erreicht, daß die Fragen, die nur für bestimmte Teile der Landschaft relevant sind, auch nur in diesen Gebieten untersucht werden.

e) Diskussion der Interpretationsmethoden

Mit der zuerst dargestellten Methode der *flächenhaften und linienhaften Gliederung* des Bildinhaltes gewinnt man einen Überblick über die einzelnen Elemente der betroffenen Landschaft. Darüber hinaus liefert sie Informationen über Eigenschaften und Nutzung einzelner Teilgebiete. Besonderes Gewicht wird bei diesem Verfahren dem flächenhaften Aspekt bestimmter Fragestellungen beigemessen. Dagegen werden linienhafte Objekte bei dieser Art der Betrachtung leicht unterbewertet.

Wünscht man genaue Angaben zu Einzelobjekten, so sind diese mit Hilfe eines *Interpretationsschlüssels* mehr oder weniger vollständig zu ermitteln. Der Vorteil von Interpretationsschlüsseln liegt vor allen Dingen darin, daß das Vorgehen bei der Interpretation durch ein festgelegtes Schema vereinheitlicht wird. Das ist vor allem von Vorteil, wenn größere Projekte auf verschiedene Bearbeiter verteilt werden. Außerdem wird die Auswertung von Luft- und Satellitenbildern für Personen, die noch relativ wenig Interpretationserfahrung haben, erleichtert. Als Einschränkung ist zu vermerken, daß je nach Art des Objektes nicht immer eindeutige Schemata aufgestellt werden können, die eine Mißdeutung ausschließen. Schließlich darf nicht übersehen werden, daß zur Aufstellung von Interpretationsschlüsseln viel Arbeit investiert werden muß.

Im Hinblick auf das gesetzte Ziel, bestimmte Aussagen zu Einzelobjekten zu treffen, werden Interpretationsschlüssel oft als Ergänzung einer vorausgehenden flächenhaften und linienhaften Gliederung einzusetzen sein.

Mit Hilfe der Methode der *Bildanalyse* werden die Objekte bzw. Elemente der Landschaft beschrieben. Im Vordergrund steht weniger die flächenhafte Ausdehnung dieser Objekte, sondern mehr ihre Funktion. Damit ist es dann möglich, die Bedeutung dieser Elemente für die Landschaft abzuschätzen, wobei die Einzelelemente ohne Schwierigkeiten noch nach individuellen Gesichtspunkten bewertet werden können.

Es muß besonders darauf hingewiesen werden, daß die Bildinterpretation – vor allem, wenn sie dem komplexen Bereich geowissenschaftlicher und umweltrelevanter Sachverhalte gewidmet ist – eine interdisziplinäre Aufgabenstellung ist. Es steht außer Zweifel, daß die vielseitigsten und zuverlässigsten Informationen dann erhalten werden, wenn Fachleute verschiedener Disziplinen bei der Interpretation zusammenarbeiten (HEATH 1968).

## 5.2 Photogrammetrische Auswertung

Bei der photogrammetrischen Auswertung von Luft- und Satellitenbildern steht die Bestimmung geometrischer Größen im Vordergrund. Die inhaltliche Interpretation der Bilder ist nur insoweit betroffen als sie der Identifikation der zu messenden Größen gilt.

Im allgemeinen beruht die photogrammetrische Auswertung – von vereinfachenden Näherungsverfahren und Sonderfällen abgesehen – auf der geometrischen Rekonstruktion des Aufnahmevorgangs. Diese ist jedoch nur dann mit der angemessenen Genauigkeit möglich, wenn die auszuwertenden Bilder mit einer Reihenmeßkammer aufgenommen sind und deshalb die sog. *Innere Orientierung* (die das abbildende Strahlenbündel beschreibt) gegeben ist.

Zwischen Aufnahme und Auswertung besteht allerdings ein grundlegender Unterschied: Bei der Aufnahme führt jeder Geländepunkt (definiert durch die 3 Koordinaten X, Y und Z) zu einem eindeutig bestimmten Bildpunkt (definiert durch die Bildkoordianten x' und y'). Umgekehrt kann aber die Raumlage des Geländepunktes aus *einem* Bildpunkt nicht eindeutig rekonstruiert werden. Dazu bedarf es einer zusätzlichen geometrischen Information.

In der Photogrammetrie haben sich nun zwei Gruppen von Auswerteverfahren entwickelt, die die erforderliche Zusatzinformation auf verschiedene Weise gewinnen, nämlich

- die *Entzerrung*, bei der die dritte Koordinate dadurch bestimmt wird, daß der Objektpunkt innerhalb einer gegebenen Geländeebene liegen muß, und
- die *Stereoauswertung*, bei der die Informationen aus einem zweiten Bild herangezogen wird, um die Raumlage eines Geländepunktes zu bestimmen.

In beiden Fällen müssen die geometrischen Beziehungen zwischen den Bildkoordinaten und den Geländekoordinaten bekannt sein. Um diese Beziehungen zu bestimmen, verwendet man *Paßpunkte*, deren Koordinaten im System der Landesvermessung gegeben sind (vgl. 4.3.1). Im Falle der Entzerrung dienen die Paßpunkte dazu, den geometrischen Bezug zwischen der Bildebene und der Geländebene herzustellen. Bei der Stereoauswertung ist es sogar erforderlich, mit ihrer Hilfe die Lage der Aufnahmekammer im Raum (die sogenannte *Äußere Orientierung*) mit hoher Genauigkeit zu bestimmen.

Topographische Objekte (z.B. Wegekreuze) reichen für photogrammetrische Genauigkeitsforderungen als Paßpunkte oft nicht aus. Dann verwendet man *Signale*, das sind künstlich hergestellte Markierungen, die man in Form von Plastikscheiben, Farbmarkierungen oder in ähnlicher Weise vor der Datenaufnahme im Gelände anbringt.

Die Koordinaten der Paßpunkte müssen vielfach mit vermessungstechnischen Verfahren bestimmt oder durch sogenannte *Aerotriangulation* gewonnen werden. Die hierzu geeigneten Methoden sind in den Lehrbüchern der Photogrammetrie ausführlich dargestellt (z.B. KRAUS 1982/1984,

KONECNY & LEHMANN 1984, RÜGER u.a. 1987, ferner RINNER & BURK-HARDT 1972). Der Aufwand, den die Gewinnung von Paßpunkten erfordert, ist erheblich und stellt einen spürbaren Engpaß in der Anwendung photogrammetrischer Verfahren dar. Deshalb erwartet man vom Einsatz satellitengeodätischer Meßverfahren in der Zukunft eine wesentliche Vereinfachung (z.B. BAUER 1989, SEEBER 1989).

### 5.2.1 Entzerrung

Die Verfahren der Entzerrung dienen entweder dazu, einzelne Punkte bzw. Linien aus einem Luftbild in den Grundriß einer Karte zu übertragen oder aber den ganzen Bildinhalt so umzuformen, daß er grundrißtreu wird, also die geometrischen Eigenschaften einer Karte erhält. Diese Aufgabe kann streng nur für ebenes Gelände gelöst werden. In der Praxis genügt es aber, wenn das Gelände annähernd eben ist, so daß die radialen Versetzungen durch Geländehöhenunterschiede (vgl. 3.1.1) eine gewisse Toleranz nicht überschreiten. Unter den in Frage kommenden Entzerrungsverfahren sind in diesem Zusammenhang die graphischen Lösungen, die Luftbildumzeichner und die optisch-photographische Entzerrung zu erwähnen. Sie machen alle von der Tatsache Gebrauch, daß zwischen Bildebene und Geländeebene die in den Lehrbüchern der Photogrammetrie eingehend erläuterten projektiven Beziehungen bestehen. Um diese Beziehungen zu nutzen, sind jeweils vier Paßpunkte erforderlich. Die graphischen Lösungen der Entzerrungsaufgabe haben den Vorteil, daß sie keine instrumentellen Hilfsmittel benötigen und mit Lineal und Bleistift durchgeführt werden können.

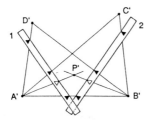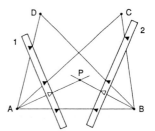

Abb.101: Papierstreifenverfahren
Der Punkt P' wird mit Hilfe von vier Paßpunkten und zwei Papierstreifen vom Bild (links) in die Karte (rechts) übertragen.

Beim *Papierstreifenverfahren* (oft auch als *Vierpunktverfahren* bezeichnet) werden zunächst in Bild und Karte von einem Paßpunkt A' bzw. A aus Verbindungslinien zu den anderen Paßpunkten gezeichnet (Abb.101). Außerdem zeichnet man im Bild den Strahl zu dem Punkt P', der in die Karte übertragen werden soll. An der Kante eines im Bild beliebig angelegten Papierstreifens 1 markiert man dann die Schnitte mit den Strahlen zu den anderen

Paßpunkten und zum Punkt P'. Dann wird der Streifen in die Karte so ein-gepaßt, daß sich die Markierungen mit den entsprechenden Strahlen zu den anderen Paßpunkten decken. Die Markierung für den Punkt P' definiert dann einen Punkt zur Konstruktion des Strahls AP. Wiederholt man das Verfahren von einem anderen Paßpunkt aus (Punkt B' bzw. B in Abb.101), so erhält man BP als zweiten geometrischen Ort und damit P als Schnittpunkt der Strahlen.

Das Papierstreifenverfahren eignet sich vor allem zur Übertragung einzel-ner Punkte. Falls aber viele Bildpunkte oder Linien (z.b. der Verlauf einer neuen Straße) in die Karte übertragen werden sollen, ist das *Verfahren der projektiven Netze* vorzuziehen (Abb.102). Dabei werden aus den durch vier Paßpunkte in Bild und Karte gegebenen Vierecken einander entsprechende Netze entwickelt. Man beginnt damit, in den Vierecken die Diagonalen zu zeichnen und die Viereckseiten zu ihren »Fluchtpunkten« (E' und F' bzw. E und F in Abb.102) zu verlängern. Die Verbindung dieser Punkte mit den Schnittpunkten der Diagonalen definiert neue (kleinere) Vierecke, in denen neue Diagonalen gezeichnet werden können. Der Vorgang wird solange wie-derholt, bis ein genügend enges Netz entstanden ist, so daß Einzelheiten nach Augenmaß vom Bild in die entsprechende Netzmasche der Karte übertragen werden können.

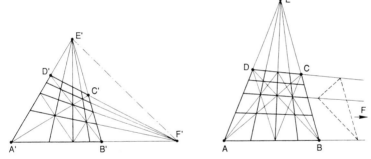

Abb.102: Verfahren der projektiven Netze
Jede Linie im Bild (links) entspricht aufgrund der projektiven Beziehungen einer Linie in der Karte (rechts). Falls sich die Seiten des Paßpunktvierecks erst außerhalb der Zeichenfläche schneiden, muß als Hilfskonstruktion ein ähnliches Dreieck benutzt werden.

Als instrumentelle Hilfsmittel zur Übertragung des Bildinhalts in Karten dienen *Luftbildumzeichner*. Unter dieser Bezeichnung sind Geräte bekannt, mit denen ein Beobachter mittels halbdurchlässiger Spiegel gleichzeitig das Luft- oder Satellitenbild und die Karte einander überlagert sehen kann (Abb.103). Durch Drehungen und Verschiebungen können die Bilder zur Deckung gebracht werden. Danach ist die zeichnerische Übertragung von Bilddetails in die Karte möglich, wobei die beim Zeichnen auf der Karte sichtbare Bleistiftspitze zugleich als »Meßmarke« dient. Die Leistungsfähig-keit dieses Verfahrens ist jedoch aus verschiedenen Gründen (z.B. Scharf-abbildung) begrenzt.

Abb. 103: Luftbildumzeichner
(CARL ZEISS, Oberkochen)

Weiterentwicklungen dieses Verfahrens machen flexibleres und präziseres Arbeiten möglich. So können beispielsweise mit dem auch für Diapositive geeigneten *Stereo Zoom Transfer Scope* (Abb.104) große Maßstabsunterschiede zwischen Bild und Karte sowie verschiedene Formen der Verzerrung mit rein optischen Mitteln kompensiert werden. Außerdem ist während des Übertragungsvorgangs zur besseren Interpretation auch die stereoskopische Bildbetrachtung möglich.

Abb. 104: Stereo Zoom
Transfer Scope
(Image Interpretation Systems
Inc., Rochester)

Während sich mit den bisher genannten Verfahren stets nur Einzelheiten zeichnerisch übertragen lassen, kann man durch die *optisch-photographische Entzerrung* den gesamten Bildinhalt in ein geometrisch korrigiertes, grundrißtreues photographisches Bild umwandeln. Man bedient sich dazu eines *Entzerrungsgeräts* (Abb. 105). Damit können die Verzerrungen, die durch die Abweichungen der Aufnahmerichtung von der Lotrichtung entstanden sind, ausgeglichen werden. Außerdem wird das Bild zugleich auf einen gewünschten Maßstab vergrößert oder verkleinert. In der Regel ist es zweckmäßig, hierfür einen üblichen Kartenmaßstab zu wählen.

Mit einem Entzerrungsgerät wird das Luftbild-Negativ über ein Objektiv auf eine Tischfläche projiziert. Insoweit ist es wie ein photographisches Vergrößerungsgerät aufgebaut. Um die Verzerrungen kompensieren zu können, die durch geneigte Aufnahmerichtungen verursacht werden, kann man aber die Tischfläche kippen. Bei dieser Art von Projektion müssen bestimmte Bedingungen eingehalten werden (Linsengleichung, Scheimpflug-Bedingung), damit die Bildfläche scharf auf den Tisch abgebildet wird. Bei den meisten Geräten werden diese Bedingungen automatisch erfüllt.

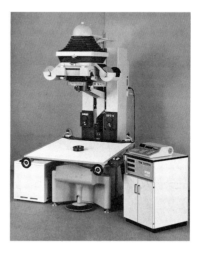

Abb. 105: Entzerrungsgerät SEG 6
(CARL ZEISS, Oberkochen)

Zur Entzerrung eines Bildes müssen vier im projizierten Luftbild sichtbare Paßpunkte mit den entsprechenden Paßpunkten zur Deckung gebracht werden, die im gewünschten Kartenmaßstab auf einer Zeichenfolie kartiert und auf dem Projektionstisch ausgelegt sind. Dazu hat der Operateur fünf Einstellgrößen (Kippungen, Verschiebungen und Vergrößerungsfaktor) zur Verfügung. Bei modernen Geräten vereinfacht sich die Arbeitsweise durch automatische Nachstellung von zwei dieser Einstellgrößen (sog. Fluchtpunktsteuerung). Die Einzelheiten dieses Vorgehens sind in den Lehrbüchern der Photogrammetrie beschrieben (z.b. KRAUS 1982/1984, KONECNY & LEHMANN 1984, RÜGER u.a. 1987).

Wenn die Einstellung abgeschlossen ist, wird photographisches Material (im allgemeinen Photopapier) auf den Projektionstisch gelegt und belichtet. Nach der Entwicklung liegt dann das Luftbild als positives photographisches Bild vor. Da die durch Bildneigung verursachten Verzerrungen eliminiert sind und zugleich ein bestimmter Maßstab erzielt wurde, hat das entzerrte Bild in geometrischer Hinsicht die Eigenschaften einer Karte.

Für viele Aufgaben müssen entzerrte Luftbilder zu größeren Einheiten zusammengefügt werden. Dies geschieht traditionell dadurch, daß die Bilder innerhalb der Überlappungsbereiche mit den Nachbarbildern beschnitten, auf einer festen Unterlage montiert und aufgeklebt werden. Auf diese Weise entsteht ein *Luftbildplan*, der in der Regel mit einem Kartenrahmen versehen und reproduziert wird.

Der Anwendbarkeit der Entzerrungsverfahren sind durch die Geländeformen bestimmte Grenzen gesetzt. Wenn die durch die Geländehöhenunterschiede verursachten Lagefehler (vgl. 3.1.1) das im Ergebnis tolerierbare Maß überschreiten, muß die sehr viel aufwendigere *Differentialentzerrung* (vgl. 5.2.3) angewandt werden, um ein grundrißtreues Bild zu erzielen.

### 5.2.2 Stereomessung und -kartierung

Bei der *Stereoauswertung* werden zwei Bilder benutzt, um die Raumlage von Geländepunkten zu bestimmen. Dazu dienen im allgemeinen Bildpaare, die sich zu etwa 60% überdecken. Allen üblichen Verfahren liegt das Prinzip des stereoskopischen Messens mit einer *Wandernden Marke* zugrunde (vgl. 5.1.2). Dabei müssen zwei Vorgehensweisen unterschieden werden, nämlich
- die *Stereometermessung*, die nur eine Näherungslösung darstellt, aber sehr einfach auszuführen ist und sich deshalb besonders für kleine Meßaufgaben im Rahmen von Interpretationsarbeiten eignet, und
- die *Stereokartierung*, bei der die Abbildungsgeometrie der Aufnahme rekonstruiert und dadurch die genaue geometrische Erfassung des Geländes möglich wird.

Abb. 106:
Spiegelstereoskop mit
Stereometer
(CARL ZEISS, Oberkochen)

Die *Stereometermessung* erfolgt unter dem Spiegelstereoskop. Die Meßeinrichtung besteht aus zwei durch eine Stange verbundenen Meßmarken, die auf die Bilder aufgelegt werden und bei der stereoskopischen Betrachtung zu einer Raummarke (Wandernde Marke) verschmelzen. Der Abstand der Meßmarken kann durch eine Mikrometerschraube um meßbare Beträge verändert werden. Dieses Gerät (Abb.106) wird *Stereometer* (oder auch Stereomikrometer) genannt. Für den Meßvorgang müssen die Bilder - den Bedingungen für das künstliche stereoskopische Sehen entsprechend - nach *Kernstrahlen* orientiert sein (vgl. 5.1.2).

Zur Messung wird die Raummarke auf einem Geländepunkt aufgesetzt und für die so gegebene Stellung der Meßmarken an der Skala des Stereometers der Wert $px_0$ abgelesen (der Nullpunkt der Skala kann beliebig sein). Für einen anderen Geländepunkt, der benachbart ist, aber unterschiedliche Höhe aufweist, erhält man dann den Wert $px_i$. Dann läßt sich aufgrund der in der Abb. 107 skizzierten geometrischen Zusammenhänge der Höhenunterschied $\Delta h_i$ zwischen diesen beiden Punkten berechnen:

$$\Delta h_i = \frac{h_i}{b' + \Delta p x_i} \cdot \Delta p x_i \qquad \text{mit } \Delta p x_i = p x_i - p x_0 .$$

Dabei ist b' die in den Bildern erscheinende Basislänge, die sich beim Orientieren nach Kernstrahlen als Abstand $H_1'H_2'$ bzw. $H_1''H_2''$ zwischen den Hauptpunkten ergibt. Für $h_0$ wird man im allgemeinen die mittlere Flughöhe $h_g$ über dem Gelände einsetzen. Wegen seines Näherungscharakters eignet sich das Verfahren allerdings nur zur Bestimmung von Höhenunterschieden zwischen nahe zusammenliegenden Punkten. Deshalb wird es gerne zur Ermittlung von Böschungshöhen, Gebäudehöhen, Baumhöhen u.ä. benutzt.

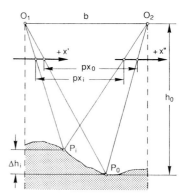

Abb. 107: Zur Bestimmung von Höhenunterschieden aus Parallaxenmessungen

Im Gegensatz dazu stellt die *Stereokartierung* mit Hilfe der speziell dazu gebauten Stereokartiergeräte eine vollständige Lösung der Meßaufgabe dar. Dabei wird der geometrische Zusammenhang bei der Aufnahme der Bilder rekonstruiert und durch Projektion ein formtreues (ähnliches), aber verkleinertes Modell des Geländes erzeugt. In diesem stereoskopisch zu betrachtenden Modell bewegt der Auswerter eine *Meßmarke* (Wandernde Marke) im Raum und sucht damit die zu kartierenden Punkte oder Linien auf. Die Lagekoordinaten dieser Bewegungen werden auf eine Zeichenfläche übertragen. Aus den beiden Zentralperspektiven der Bilder wird dadurch eine senkrechte Parallelprojektion auf die Kartenfläche abgeleitet.

Alle *Stereokartiergeräte* müssen – damit diese Funktionen möglich sind – aus mehreren Teilsystemen aufgebaut sein. Dabei sind zu unterscheiden

• das *Projektionssystem*, das die geometrischen Zusammenhänge zwischen zwei Bildpunkten und dem ihnen entsprechenden Raumpunkt im Stereomodell realisiert,

- das *Betrachtungssystem*, mit dem ein Auswerter Ausschnitte der Bilder stereoskopisch sehen und die Bewegung der Meßmarke verfolgen kann,
- das *Meßsystem*, mit dessen Hilfe der Beobachter die Wandernde Marke bewegt, sowie
- das *Kartiersystem*, das ihre Lage in einer Kartierung oder in einer Folge von digitalen Daten festhält.

Zur Rekonstruktion der Aufnahmegeometrie muß eine Orientierung der Bildpaare durchgeführt werden. Dieser Vorgang wird traditionell in drei Phasen durchgeführt. Zunächst wird die *Innere Orientierung* der Aufnahmekammer (vgl. 2.2.6) wiederhergestellt. Dann stimmen die im Auswertegerät projizierten Strahlenbündel mit den beim Aufnahmevorgang wirksamen Zentralprojektionen überein. Dann wird durch die *Relative Orientierung* die gegenseitige räumliche Lage der beiden Strahlenbündel rekonstruiert. Danach schneiden sich alle einander entsprechenden (homologen) Projektionsstrahlen und bilden in ihrer Gesamtheit ein räumliches Modell (*Stereomodell*) des betreffenden Geländes. Es ist – im mathematischen Sinne – dem Gelände ähnlich, weist also dieselbe Form auf. Sein Maßstab ist allerdings noch zufällig, so wie er sich aus dem Verhältnis der Aufnahmebasis (Flugweg zwischen den beiden Aufnahmen) zu der im Auswertegerät realisierten Basis ergibt. Außerdem nimmt das Modell noch eine beliebige, meist leicht schräge Lage im Raum ein. Deshalb wird das Stereomodell schließlich durch die *Absolute Orientierung* mit Hilfe von Paßpunkten auf einen runden Maßstab und in die richtige Raumlage gebracht.

Das *Projektionssystem* benutzt bei den herkömmlichen Stereokartiergeräten optische oder mechanische Mittel, um den Aufnahmestrahlengang zu rekonstruieren. Dazu müssen auch alle zur Orientierung benötigten Veränderungen (z.B. Kippen und Drehen der Bilder) instrumentell einstellbar sein. Dies erfordert beträchtlichen konstruktiven Aufwand. Bei neueren Konstruktionen, den sogenannten *Analytischen Auswertesystemen*, ist man deshalb dazu übergegangen, die geometrischen Zusammenhänge zwischen den Bildpunkten und dem entsprechenden Modellpunkt rein rechnerisch nachzuvollziehen. Dadurch vereinfacht sich die Gerätekonstruktion und das Gesamtsystem wird genauer und leistungsfähiger.

Die Arbeitsweise des photogrammetrischen Auswerters ist jedoch bei allen Systemen im Grunde gleich. Er benutzt stets drei Bedienungselemente des *Meßsystems*, um die Meßmarke im Raummodell zu bewegen, sie auf das Gelände aufzusetzen und sie topographischen Linien oder Höhenlinien nachzuführen. Dazu werden meist zwei Handräder für die Lageveränderungen und eine Fußscheibe für die Höheneinstellung benutzt (Abb.108). Es kommt aber auch die Freihand-Führung auf einer horizontalen Tischplatte vor, wobei dann die Höheneinstellung zum Beispiel an einer Rändelschraube vorgenommen wird (Abb.109).

Das *Betrachtungssystem* dient dazu, diese Bewegungen fortlaufend zu kontrollieren und sicherzustellen, daß die Meßmarke stets auf den zu messenden

Punkten aufsitzt oder den zu kartierenden Linien folgt. Zugleich wird diese Bewegung durch das *Kartiersystem* aufgezeichnet oder in Form von digitalen Daten registriert.

Abb. 108: Stereoautograph A8 der Firma WILD
Die oberhalb des Gerätes herausragenden mechanischen Lenkerstangen repräsentieren die konvergierenden Abbildungsstrahlen. Zur Bewegung der Meßmarke dienen zwei Handräder und eine Fußscheibe. Die Bewegungen der Handräder wirken auch auf die Zeicheneinrichtung des rechts stehenden Kartiertisches. (Photo: WILD Heerbrugg)

Abb. 109: Analytisches Auswertesystem Planicomp P 1 der Firma ZEISS
Zur Bewegung der Meßmarke dient eine Freihandführung (Cursor) auf einem graphischen Tablett. Die Höheneinstellung kann wahlweise über eine Rändelschraube am Cursor oder über eine Fußscheibe erfolgen. Der Kartiertisch ist nicht dargestellt, zumal er meist nicht direkt, sondern mittels der registrierten Meßdaten off-line betrieben wird. (Photo: CARL ZEISS, Oberkochen)

Stereokartiergeräte sind im Laufe der Zeit in großer Mannigfaltigkeit gebaut worden. Die Abb.108 zeigt ein typisches Gerät, das seit 1950 in großer Stückzahl gebaut und weltweit zur topographischen Kartierung eingesetzt wurde. Als Projektionssystem dienen mechanische Lenkerstangen. Die Orientierungsbewegungen erfordern viele mechanische Drehachsen und Einstellmöglichkeiten.

Im Vergleich dazu ist ein modernes, universelles analytisches Stereokartiersystem äußerlich einfach aufgebaut (Abb.109). Orientierung, Stereoprojektion sowie Messung und Kartierung erfolgen rein rechnerisch bzw. rechnergestützt. Schließlich zeigt die Abb.110 ein System, das nur ein einfaches Meßsystem aufweist, aber besonders für quantitative Arbeiten im Zusammenhang mit der Luftbildinterpretation geeignet ist.

Abb. 110: Rechnergestütztes Auswertegerät Stereocord G 3
Das Gerät kann vom Stereometer-Meßsystem stufenweise für verschiedene Anforderungen bis zur linienweise topographischen Kartierung ausgebaut werden. (Photo: CARL ZEISS, Oberkochen)

Die Verfahren und Geräte zur stereophotogrammetrischen Auswertung sind in den Lehrbüchern der Photogrammetrie ausführlich beschrieben (z.B. KRAUS 1982/1984, KONECNY & LEHMANN 1984, RÜGER u.a. 1987).

### 5.2.3  Differentialentzerrung

Die Verfahren der Entzerrung (5.2.1) gehen von der Annahme aus, daß die Geländefläche genähert als Ebene betrachtet werden kann. Wenn die Geländehöhenunterschiede die zulässige Grenze überschreiten, entstehen Fehler, die nicht mehr toleriert werden können. Sie müssen deshalb durch den Vorgang der *Differentialentzerrung* korrigiert werden. Dabei werden die durch das Geländerelief verursachten Lagefehler eliminiert. Das Verfahren ist technisch aufwendig und setzt voraus, daß die Geländehöhen in geeigneter Form gegeben sind (z.b. in Form eines Digitalen Geländemodells). Häufig ist es erforderlich, die Geländehöhen durch stereophotogrammetrische Messungen zu bestimmen. Deshalb kann die Differentialentzerrung auch als Kombination von Stereoauswertung und Entzerrung verstanden werden.

Durch die Differentialentzerrung wird ein Luftbild so umgeformt, daß es geometrisch die Eigenschaften einer Karte aufweist. Ein solches Bild nennt man ein *Orthophoto.*[1] Es kann wie eine Karte verwendet werden, bietet also u.a. den Vorteil, daß darin Messungen geometrischer Größen (z.b. Flächenmessungen) vorgenommen werden können, was in gewöhnlichen Senkrechtbildern nur in grober Näherung möglich ist. Die Verfahrensweise ist sinngemäß auch auf Satellitenbilder anzuwenden. Die durch Geländehöhenunterschiede verursachten Lagefehler sind in Satellitenbildern aber in der Regel klein, so daß nur selten die Notwendigkeit zur Anwendung der Differentialentzerrung gegeben ist.

Die Differentialentzerrung kann entweder mit speziellen Projektionsgeräten oder mit den Methoden der Digitalen Bildverarbeitung durchgeführt werden. Jede Lösung setzt freilich voraus, daß die Formen der Geländeoberfläche genügend genau bekannt sind. In aller Regel geht man von einem Digitalen Geländemodell aus, das die Oberfläche in einem regelmäßigen Punktraster beschreibt.

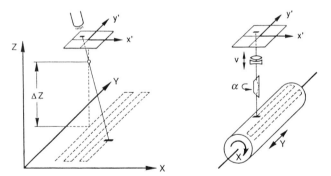

Abb. 111: Prinzipien der Differentialentzerrung mit speziellen Projektionsgeräten
Links: Zentralprojektive Zuordnung durch optische Projektion. Rechts: Funktionale Zuordnung zwischen Linienelementen in Bild und Orthophoto

In den älteren Projektionsgeräten, den *Orthoprojektoren,* wurde die Aufnahmegeometrie rekonstruiert und jedes kleine Flächenelement F (Abb.111, links) mit dem ihm zugehörigen Projektionsabstand $\Delta z$ auf einen Film belich-

---

[1] Um Mißverständnissen vorzubeugen sei darauf hingewiesen, daß es im Ausland (z.B. in den USA) vielfach üblich ist, entzerrte Bilder allgemein als Orthophotos zu bezeichnen, nicht nur die differentiell entzerrten. Dort bezieht sich also der Begriff auf die Eigenschaft des Ergebnisses, im deutschen Sprachraum jedoch auf die Methode der Herstellung.

tet. Alle moderneren Systeme zur Differentialentzerrung beruhen auf der funktionalen Zuordnung zwischen Flächenelementen in Bild und Orthophoto. Mit Hilfe der Orientierungsdaten des Luftbildes und des digitalen Geländemodelles werden zunächst die Steuerdaten für das Orthophotosystem errechnet. Für jedes Flächenelement F sind dies die zugehörigen Bildkoordinaten x', y', die Vergrößerung v und die Drehung $\alpha$ (Abb. 111, rechts). Diese Daten werden dem Gerätesystem zugeführt, das die Projektion durchführt. Die Abb. 112 zeigt die Außenansicht eines solchen Systems.

Abb. 112:
Differentialentzerrungs-
system Avioplan OR-1
von WILD Heerbrugg

Ausführliche Darstellungen der Differentialentzerrung findet man in den Lehrbüchern der Photogrammetrie (z.B. KRAUS 1982/1984, KONECNY & LEHMANN 1984, RÜGER u.a. 1987).

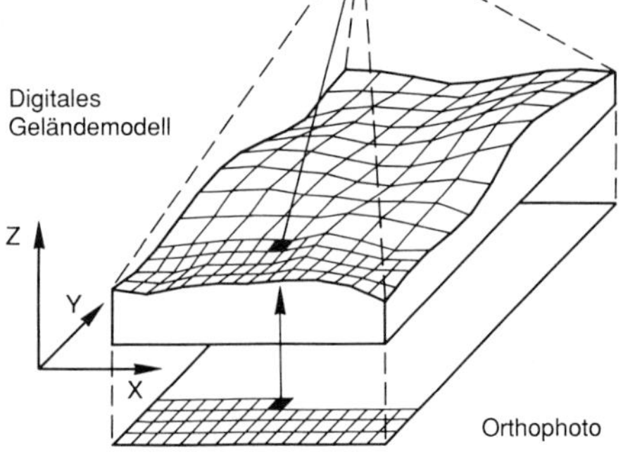

Abb. 113: Differentialentzerrung
durch Digitale Bildverarbeitung
(schematisch)
Gemäß der indirekten Entzerrungsmethode wird von einem Pixel des
Orthophotos über das Digitale Geländemodell in das Luftbild zurück-
gerechnet, um dort den zugehörigen
Grauwert zu entnehmen.

Luftbild

Digitales
Geländemodell

Orthophoto

Zur flexibelsten Lösung des Problems kommt man durch den Einsatz der *Digitalen Bildverarbeitung*. Spezielle Hardware-Systeme sind dabei nicht erforderlich. Es muß lediglich das zu entzerrende Luftbild digitalisiert und das errechnete Orthophoto wieder als Bild ausgegeben werden. Im übrigen kann die Aufgabe als eine geometrische Transformation aufgefaßt werden, wie sie in Abschnitt 4.3.1 bereits erläutert worden ist. Die Transformationsgleichungen beschreiben die zentralperspektive Abbildung (Abb.113). Durch die indirekte Entzerrungsmethode wird für jedes Pixel des Orthophotos der entsprechende Grauwert aus der Matrix des digitalisierten Luftbildes entnommen bzw. interpoliert.

Schließlich kann die Differentialentzerrung noch in dem Sinne erweitert werden, daß ein Orthophoto und ein dazu passender »Stereopartner« hergestellt wird. Das Orthophoto, das ja eine senkrechte Parallelprojektion darstellt, wird dabei durch eine mittels künstlicher Parallaxen erzeugte schräge Parallelprojektion des Geländes ergänzt. Es entsteht ein Bildpaar, das man als *Stereoorthophoto* bezeichnet. In ihm sind die Vorteile der Grundrißtreue und der stereoskopischen Interpretationsmöglichkeit (vgl. Abschnitt 5.1.2) vereinigt. Der große technische Aufwand setzt jedoch der praktischen Anwendung dieser Technik recht enge Grenzen. Näheres dazu findet man z.B. bei BLACHUT (1971), KRAUS u.a. (1979), KRAUS (1984).

## 5.3 Digitale Bildauswertung

Während die Bildinterpretation ein »typisch menschliches« Auswerteverfahren ist, handelt es sich bei der Digitalen Bildauswertung um Computerverfahren, die »im Prinzip« ohne menschlichen Beobachter auskommen. Ihr Ziel ist es, Bildinhalte durch automatische Verfahren festzustellen. Allgemein wird diese Aufgabe als *Maschinelles Sehen* oder *Computer Vision* bezeichnet.

Einfache Überlegungen zeigen, daß unser menschliches Sehvermögen gewisse in Bilddaten vorliegende Informationen – z.B. Grauwerte oder Flächengrößen – nur sehr ungenau wahrnehmen kann und dabei sogar vielfachen optischen Täuschungen unterliegt. Andererseits ist seine Leistungsfähigkeit enorm, wenn es um die Wahrnehmung von Bildstrukturen, Formen, Texturen usw., um das Erkennen von Objekten oder um die Analyse von Zusammenhängen geht. Beim Computer ist es genau umgekehrt. Er kann mit hoher Präzision Grauwerte analysieren oder Flächen ermitteln, ohne dabei Täuschungen zu unterliegen. Aber schon die Rekonstruktion dreidimensionaler Strukturen aus einem Stereobildpaar verlangt erheblichen rechnerischen Aufwand und gelingt nicht in jedem Falle. Und es ist überhaupt nicht daran zu denken, daß ein Rechner eine Bildszene in ähnlicher Weise »verstehen« könnte, wie es für einen Menschen selbstverständlich ist (LEVINE 1985).

Die bisherigen Anwendungen des Maschinellen Sehens beschränken sich deshalb auf einzelne – vergleichsweise einfache – Aufgabenstellungen, die sich leicht in Rechenalgorithmen umsetzen lassen. Dazu gehören zum Beispiel Überwachungsfunktionen in der industriellen Fertigung oder das Erkennen von Schriftzeichen. Auch die stereoskopische Bildpunktzuordnung – die im Ergebnis der Messung mit der *Wandernden Marke* durch einen Beobachter entspricht – ist in nicht zu komplizierten Fällen möglich.

Aber das automatische Identifizieren von bestimmten Objektstrukturen in Luft- und Satellitenbildern ist bisher Wunschtraum geblieben. Zwar wurden viele Versuche unternommen, um beispielsweise Straßennetze, Gebäudegrundrisse oder ähnlich signifikante Bildelemente durch Digitale Bildauswertung zu erfassen und zu kartieren. Dabei konnten jedoch bisher nur in einfachen Fällen bescheidene Erfolge erzielt werden, die noch kaum praktische Bedeutung haben. Die Erfahrungen machen im Gegenteil deutlich, daß wir die komplexe Wirkungsweise des menschlichen Wahrnehmungssystems Auge/Gehirn mit seiner immensen Flexibilität und Leistungskraft bisher im Grunde nicht verstanden haben.

Erfolge hat die Digitale Bildauswertung jedoch auf einem Gebiet vorzuweisen, auf dem das menschliche Wahrnehmungsvermögen kaum konkurrieren kann, nämlich bei der Analyse multispektraler Daten. Dabei geht es um die Unterscheidung verschiedener Objektklassen aufgrund vorliegender Meßdaten, in der Regel der mit einem Multispektral-Scanner gewonnenen digitalen Bilddaten. Deshalb ist die Verfahrensweise auch als *Multispektral-Klassifizierung* bekannt. Es sollte aber nicht übersehen werden, daß es sich dabei um einen Spezialfall der allgemeineren *Mustererkennung (Pattern Recognition)* handelt (z.B. NIEMANN 1983), daß also nicht nur multispektrale Meßdaten, sondern auch andere quantitative Objektmerkmale Verwendung finden können.

### 5.3.1 Prinzip der Multispektral-Klassifizierung

Der Grundgedanke der Multispektral-Klassifizierung läßt sich an einem einfachen schematischen Beispiel aufzeigen. Wie Abb.114 veranschaulicht, weisen die Objektklassen Boden, Vegetation und Wasser sehr unterschiedliche Reflexionseigenschaften auf. Deshalb werden sich Meßdaten, die ein multispektrales Fernerkundungssystem in den Spektralbereichen $\lambda_1$, $\lambda_2$ und $\lambda_3$ für jedes Pixel aufnimmt, für die Objektklassen Boden, Vegetation und Wasser stark unterscheiden.

Definiert man nun einen sogenannten *Merkmalsraum*, in dem diese Meßwerte die Koordinaten $\lambda_1$, $\lambda_2$ und $\lambda_3$ darstellen, so erhält man eine Punkteverteilung, wie sie in der Abb.115 skizziert ist. Die Meßwerte für die einzelnen Objektklassen liegen also in verschiedenen Bereichen des Merkmalsraums. Mehrere Einzelmessungen einer Oberflächenart fallen aber nicht in einem Punkt zusammen, sondern bilden – wegen der individuellen Unterschiede der Flächenelemente und vieler störender Einflußfaktoren – einen Punkthaufen.

Im Idealfall lassen sich zwischen diesen Punkthaufen eindeutige Grenzen ziehen. Damit ist der Merkmalsraum unterteilt, und jedes beliebige Wertetripel $\lambda_1$, $\lambda_2$ und $\lambda_3$ weiterer Messungen kann automatisch einer Objektklasse zugeordnet werden. Als Ergebnis erhält man dann eine thematische Kartierung der drei in einer Szene vorkommenden Objektklassen.

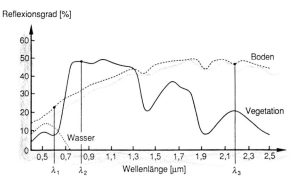

Abb. 114: Voraussetzungen zur Multispektral-Klassifizierung
Die oberflächentypische Wellenlängenabhängigkeit der Reflexionsgrade führt dazu, daß sich für die Objektklassen in den einzelnen Spektralkanälen unterschiedliche Meßwerte ergeben.

Das Verfahren kann leicht auf mehrere Spektralbereiche erweitert werden und ermöglicht theoretisch thematische Kartierungen ohne menschliches Eingreifen. Die Praxis sieht freilich ganz anders aus. Die Meßwerte der einzelnen Objektklassen unterscheiden sich nicht so signifikant, wie im schematischen Beispiel angenommen, die Punkthaufen berühren oder überschneiden sich und der Gesamtprozeß ist einer Fülle von Störeinflüssen verschiedener Art ausgesetzt (vgl. 5.3.3). Deshalb sind geeignete Verfahren der Daten-Vorverarbeitung und diffizil ausgearbeitete Klassifizierungsalgorithmen anzuwenden, um zuverlässige Ergebnisse zu erhalten.

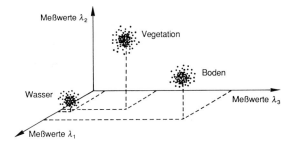

Abb. 115: Merkmalsraum zur Multispektral-Klassifizierung
Aufgrund ihrer Meßwerte liegen die einzelnen Objektklassen in verschiedenen Bereichen des dreidimensionalen Merkmalsraums.

Es ist aber offensichtlich, daß der Erfolg eines solchen Verfahrens nicht nur von den vorliegenden Meßwerten abhängt, sondern daß dabei von zusätzlichen Vorinformationen Gebrauch gemacht wird. Es muß nämlich bekannt sein, daß die einzelnen Punkthaufen, die der Unterteilung des Merkmalsraumes zugrunde liegen, die entsprechenden Objektklassen charakterisieren. Um diese Vorinformationen in den Auswerteprozeß einzuführen, benutzt man sogenannte *Trainingsgebiete*, das sind Referenzflächen, von denen bekannt ist, welcher Objektklasse sie zugehören. Diese Informationen müssen durch Geländeerkundungen oder mit anderen Methoden beschafft werden. Praktisch ist es erforderlich, für jede zu bestimmende Objektklasse mindestens eine Referenzfläche vorzugeben, aus der die Unterscheidungskriterien bestimmt werden können. Man nennt das Verfahren dann eine *Überwachte Klassifizierung*. Im Gegensatz dazu bezeichnet man eine auf statistischen Ansätzen beruhende Analyse der von einem bestimmten Gebiet vorliegenden Multispektraldaten als *Unüberwachte Klassifizierung* oder *Cluster-Analyse*, wenn keine Referenzdaten in Form von Trainingsgebieten benutzt werden.

Zur Auswahl und Festlegung von Trainingsgebieten und wegen verschiedener anderer Vorteile bedient man sich in der Praxis der Digitalen Bildauswertung sehr häufig interaktiver Arbeitsweisen. *Interaktive Verfahren* kombinieren die visuelle Interpretation mit der automatischen Klassifizierung durch den Rechner. Dadurch werden die Vorteile der beiden Verfahren vereinigt, nämlich einerseits die menschliche Fähigkeit, bildliche Darstellungen sehr schnell zu erfassen und zu interpretieren, und andererseits die große Leistungsfähigkeit des Rechners bei der Verarbeitung digitaler Daten aus mehreren Spektralbereichen. Ein interaktives Verfahren verlangt die Dialogmöglichkeit mit dem Rechner an einem entsprechenden Arbeitsplatz. Dazu gehört ein Bildschirm, auf dem z.B. Ausschnitte der Bilddaten oder vorläufige Ergebnisse der Klassifizierung wiedergegeben und vom Beobachter beurteilt werden können und wo er außerdem die Möglichkeit hat, Punkte oder Flächen zu identifizieren.

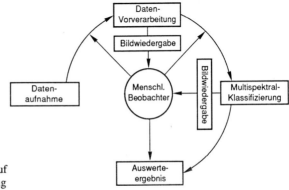

Abb. 116: Verfahrensablauf
bei interaktiver Auswertung

Der Datenfluß, wie er sich bei der Auswertung durch interaktive Verfahren ergeben kann, ist in Abb.116 schematisch dargestellt. Im Mittelpunkt steht der menschliche Beobachter, der den Verfahrensablauf entscheidend bestimmt. Er kann die Ergebnisse der Daten-Vorverarbeitung oder der Klassifizierung visuell beurteilen und daraufhin in beide Vorgänge steuernd eingreifen bis ihm das Ergebnis optimal erscheint. Das eigentliche Auswerteergebnis kann sich dann direkt aus der Klassifizierung ergeben, z.b. in Form einer thematischen Kartierung (Tafel 5), oder es kann durch den menschlichen Beobachter zustande kommen, der die Bildwiedergabe visuell interpretiert.

## 5.3.2 Klassifizierungsverfahren

Bei der *Cluster-Analyse* bzw. *Unüberwachten Klassifizierung* besteht die Aufgabe, die Gesamtheit der Bildelemente in eine Anzahl von Klassen ähnlicher spektraler Eigenschaften zu unterteilen. Über die Bedeutung dieser Klassen braucht nichts bekannt zu sein. Deshalb werden auch keine Trainingsgebiete oder andere Referenzdaten gebraucht.

Zur Cluster-Analyse werden meist iterativ arbeitende Verfahren eingesetzt (z.b. RICHARDS 1986, HABERÄCKER 1987). Mit ihnen kann ermittelt werden, wie vielen verschiedenen Klassen die Daten zugehören und wo die Zentren der Punkthaufen liegen. Die Bedeutung der einzelnen Klassen kann man nachträglich durch Interpretation des Ergebnisses bestimmen. Häufig wird diese Art der Datenanalyse aber nicht als selbständiges Verfahren, sondern zur Vorbereitung einer Überwachten Klassifizierung eingesetzt. Dabei läßt sich dann prüfen, ob die vorliegenden Meßdaten überhaupt die Trennung der gewünschten Objektklassen ermöglichen bzw. ob die gewählten Klassen nicht ihrerseits aus mehreren Unterklassen bestehen. Durch die so erarbeiteten Vorkenntnisse wird dann die Überwachte Klassifizierung erleichtert.

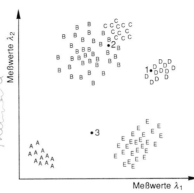

Abb. 117: Schematisches Beispiel zur Multispektral-Klassifizierung
Die in den Spektralkanälen $\lambda_1$ und $\lambda_2$ vorliegenden Meßwerte von Trainingsgebieten beschreiben die Objektklassen A bis E. Die Punkte 1, 2 und 3 seien Daten von zu klassifizierenden unbekannten Bildelementen.

Für die praktische Durchführung einer *Überwachten Klassifizierung* kommen verschiedene methodische Ansätze in Betracht. Zu nennen sind vor allem das *Maximum-Likelihood-Verfahren*, das *Minimum-Distance-Verfahren*, das *Quader-Verfahren* und die *Hierarchische Klassifizierung*. Die Wirkungsweise dieser Methoden läßt sich am besten an einem einfachen Beispiel mit Daten aus zwei Spektralkanälen erläutern, da dann der Merkmalsraum als Ebene dargestellt werden kann (Abb. 117).

Das weit verbreitete *Maximum-Likelihood-Verfahren* (Verfahren der größten Wahrscheinlichkeit) berechnet aufgrund statistischer Kenngrößen der vorgegebenen Klassen die Wahrscheinlichkeiten, mit denen die einzelnen Bildelemente diesen Klassen angehören. Zugewiesen wird jedes Pixel dann der Klasse mit der größten Wahrscheinlichkeit (z.b. SWAIN & DAVIS 1978, RICHARDS 1986). Dabei unterstellt man, daß die Meßdaten der Bildelemente jeder Objektklasse im Merkmalsraum eine Normalverteilung um den Klassenmittelpunkt aufweisen. Hergeleitet werden die Wahrscheinlichkeitsfunktionen aus den Daten der vorgegebenen Trainingsflächen. Korrelationen zwischen den Daten der Spektralkanäle führen zu elliptischer Form der Linien gleicher Wahrscheinlichkeit (Abb. 118). Das Verfahren ist rechenaufwendig, führt aber in der Regel auch zu guten Ergebnissen.

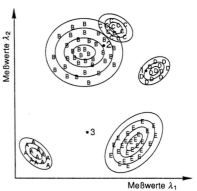

Abb. 118: Maximum-Likelihood-Verfahren
Dargestellt sind Linien gleicher Wahrscheinlichkeit für die Zugehörigkeit von Pixeln zu den Klassen. Der Punkt 2 wird der Klasse B zugeordnet, Punkt 3 bleibt unklassifiziert, da die Wahrscheinlichkeit, daß er einer der drei Klassen zugehört, zu gering ist.

Das *Minimum-Distance-Verfahren* (Verfahren der nächsten Nachbarschaft) ist demgegenüber einfach und erfordert nur geringen Rechenaufwand. Dabei werden zunächst für die Trainingsgebiete jeder Objektklasse die Mittel der Meßwerte in den einzelnen Spektralkanälen berechnet. Für jedes zu klassifizierende Bildelement berechnet man anschließend den Abstand zu den Mittelpunkten aller Klassen. Das Pixel wird jener Klasse zugeteilt, zu deren Mittelpunkt der Abstand am kürzesten ist (RICHARDS 1986, HABERÄCKER 1987). Das Verfahren hat den Nachteil, daß es die unterschiedlichen Streubereiche der Meßwerte nicht berücksichtigt. Deshalb kann ein Bildelement einer Klasse zugewiesen werden, der es mit großer Wahrscheinlichkeit nicht zugehört (Punkt 2 in Abb. 119).

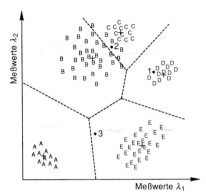

Abb. 119: Minimum-Distance-Verfahren
Ein Bildelement wird derjenigen Klasse zugewiesen, deren Mittelpunkt (+) am nächsten
liegt. Der Punkt 2 wird der Klasse C zugeordnet; Punkt 3 bleibt unklassifiziert, wenn
der Abstand zum nächsten Klassenmittelpunkt einen vorgegebenen Wert überschreitet.

Beim *Quader-Verfahren* (engl. *Parallelepiped* oder *Box Classifier*) wird
in den einzelnen Spektralkanälen eine obere und untere Grenze der für eine
Objektklasse gültigen Meßwerte definiert, was im zweidimensionalen Fall zu
rechteckigen Entscheidungsgrenzen führt (Abb. 120). Dies kann interaktiv
angesichts der Verteilung der Daten der Trainingsgebiete im Merkmalsraum
geschehen. Um die einzelnen Bildelemente den Objektklassen zuweisen zu
können, muß dann lediglich abgefragt werden, ob die Meßwerte zu einem
Punkt innerhalb eines Rechteckes gehören. Wenn sie in kein Rechteck fallen,
bleibt das Pixel unklassifiziert.

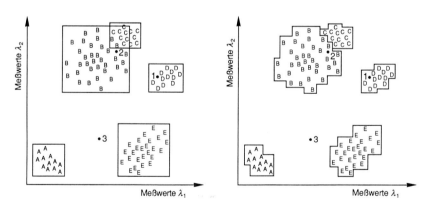

Abb. 120: Quader-Verfahren
Durch die Festlegung oberer und unterer Grenzen der für eine Objektklasse gültigen Meßwerte werden rechteckige Entscheidungsgrenzen im Merkmalsraum definiert (links). Um
die Punkthaufen möglichst gut zu erfassen und Überschneidungen zu vermeiden, sind
jedoch verfeinerte Abgrenzungen erforderlich (rechts).

Schwierigkeiten treten beim Quaderverfahren dann auf, wenn sich die
Punkthaufen im Merkmalsraum nur durch sich überlappende Rechtecke um-

schreiben lassen. Dann müssen die Abgrenzungen der Zuordnungsflächen modifiziert werden, um sie den Eigenschaften der Daten besser anzupassen (CURRAN 1985, HABERÄCKER 1987).

Die *Hierarchische* oder *Baumförmige Klassifizierung* (engl. *Hierarchical Classification*) unterscheidet sich grundlegend von den anderen Vorgehensweisen. Die Zuordnung erfolgt nicht in einem einmaligen Vorgang, das endgültige Ergebnis wird vielmehr schrittweise durch eine Folge von Einzelentscheidungen erreicht (QUIEL 1976, 1986). Dabei wird in den einzelnen Stufen zwischen jeweils nur wenigen (häufig zwei) Klassen gewählt, indem der Bearbeiter interaktiv Grenzlinien im Merkmalsraum festlegt. Jedes Ergebnis kann bei Bedarf wieder in weitere Unterklassen eingeteilt werden, bis das endgültige Ergebnis erreicht ist (Abb. 121). Das Verfahren ist sehr flexibel anzuwenden, da für jede Einzelentscheidung die günstigste Kanalkombination und das zweckmäßigste Kriterium benutzt werden kann. Dabei kann der Bearbeiter seine Erfahrungen und die für den jeweiligen Anwendungszweck maßgebenden Kriterien besser zur Geltung bringen als bei anderen Verfahren. Der interaktive Arbeitsaufwand ist aber entsprechend größer.

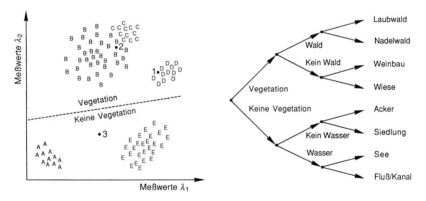

Abb. 121: Baumförmige Klassifizierung (schematisch)
In jeder Phase werden im Merkmalsraum interaktiv Grenzen definiert, die zwei oder mehr Unterklassen optimal voneinander trennen (links). Durch mehrfache Unterteilung erhält man eine baumförmige Aufgliederung der Gesamtfläche (rechts).

Ein Beispiel für eine Multispektral-Klassifizierung zeigt die Tafel 5.

In der Praxis ist die Anwendung der Multispektral-Klassifizierung freilich weit schwieriger, als man zunächst anzunehmen geneigt ist. Tatsächlich sind die der Methode zugrundeliegenden Annahmen nur näherungsweise erfüllt, und eine ganze Reihe von Störfaktoren schränkt die Anwendbarkeit ein. Die wichtigsten davon sind im folgenden kurz angedeutet.

Zunächst ist festzustellen, daß sich die *Spektralsignaturen* der in Frage kommenden Objektklassen meist nicht so klar unterscheiden wie in schematischen Beispielen dargestellt. Die aus Trainingsgebieten abgeleiteten Punkt-

haufen überlappen sich oft erheblich, insbesondere wenn es um die Unterscheidung von verschiedenen Vegetationsarten oder -zuständen geht.
Dazu weisen die einzelnen *Objektklassen* keineswegs homogene Ausprägungsformen auf. Bei einem Getreideacker beispielsweise, den man bei Klassifizierungsaufgaben im allgemeinen als homogene Einheit betrachten wird, können innerhalb der Fläche aus den verschiedensten Gründen große Unterschiede im Bewuchs und damit auch in den multispektralen Meßwerten auftreten. Bei anderen Objektklassen (z.b. Moorflächen, Siedlungen, Industrieanlagen) ist dies in noch viel stärkerem Maße der Fall.

In vielen Fällen treten *Mischsignaturen* auf, d.h. in den Meßwerten eines Pixels sind Reflexionsanteile von verschiedenen Objektklassen enthalten. Dies wird stets für die Bildelemente an der Grenze zwischen zwei Flächen der Fall sein (z.b. entlang einer Uferlinie). Aber auch innerhalb einer Objektklasse können Oberflächenanteile ganz verschiedener Art gemischt sein und damit zu einer sehr komplexen Struktur der Meßdaten führen. Beispielsweise kann ein 900 m² großes Thematic Mapper-Pixel aus einem Siedlungsgebiet Anteile von Baumkronen, Hausdächern, Parkplätzen, Vorgärten usw. enthalten.

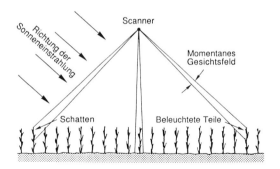 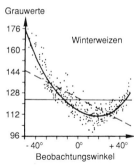

Abb. 122: Richtungsabhängigkeit von Multispektraldaten
Links: Entstehung der Richtungsabhängigkeit. Rechts: Richtungsabhängiges Strahlungsverhalten von Winterweizen bei 0,41 μm. (Nach PFEIFFER 1983)

Die vorliegenden Meßwerte können auch eine *Richtungsabhängigkeit* aufweisen. Dieser Effekt tritt vor allem bei der Aufnahme mit einem Flugzeug-Scanner auf, weil dabei große Unterschiede in der Beobachtungsrichtung vorkommen. So wird beispielsweise ein Vegetationsbestand in der Streifenmitte senkrecht von oben mit einem erheblichen Anteil an Bodenfläche und ausgewogenen Sonnen- und Schattenpartien erfaßt. An den Seiten des abgebildeten Streifens nimmt die Bodensicht durch die schräge Sicht ab, und auf der einen Seite treten vorwiegend Sonnenpartien, auf der anderen Seite vorwiegend Schattenpartien der Vegetation in Erscheinung (Abb.122). Außerdem ergeben sich durch die unterschiedlichen Beobachtungswege ungleiche Atmosphäreneinflüsse. Die Folge davon ist, daß sich die Meßwerte oft erheblich unterscheiden, auch wenn es sich um eine homogene Objektklasse handelt. Bis zu einem gewissen Grade ist mit entsprechendem Aufwand die Korrektur solcher Richtungsabhängigkeiten möglich (PFEIFFER 1982, 1983).

Schließlich ergibt sich durch das *Geländerelief* eine ungleiche Beleuchtung der Erdoberfläche, was zu weiteren Inhomogenitäten in den Multispektraldaten führt. Das schräg einfallende Sonnenlicht bestrahlt die zur Einfallsrichtung exponierten Hänge stärker, die abgewandten schwächer und im Extremfall können sogar Schlagschatten auftreten. Die Meßwerte variieren dementsprechend. Da die Einflüsse in hohem Maße korreliert sind, kann den Störungen durch geeignete Verfahren (z.B. Ratiobildung, vgl. 4.3.3) entgegengewirkt werden.

Insgesamt unterliegt die Multispektral-Klassifizierung einer Vielzahl von Störeinflüssen. Aus diesem Grunde verlangt die Anwendung der Methoden Sorgfalt, Sachkenntnis und praktische Erfahrung. Bei der Interpretation der Ergebnisse müssen die methodischen Grenzen des Verfahrens stets bedacht werden. Andererseits gibt es vielfältige Bemühungen, die Verfahrensweisen weiterzuentwickeln, um die Einschränkungen zu überwinden. Dazu gehört die Erweiterung des Verfahrens durch Einbeziehung zusätzlicher Daten.

### 5.3.3 Erweiterungen der Multispektral-Klassifizierung

Da die Klassifizierung von Multispektral-Daten einen Sonderfall der allgemeinen Aufgabe der *Mustererkennung* darstellt, können die angewandten Verfahrensweisen erweitert werden. Der Grundgedanke dabei ist, daß außer den Meßwerten in den Spektralkanälen weitere »künstliche Kanäle« definiert und als zusätzliche Daten zur Entscheidungsfindung herangezogen werden (Abb. 123). Dabei ist selbstverständlich vorauszusetzen, daß die miteinander zu kombinierenden Datensätze in geometrischer Hinsicht übereinstimmen bzw. vor der Auswertung in ein einheitliches Bezugssystem transformiert werden. Die folgenden Beispiele geben einige Hinweise auf diese vielfältigen Möglichkeiten.

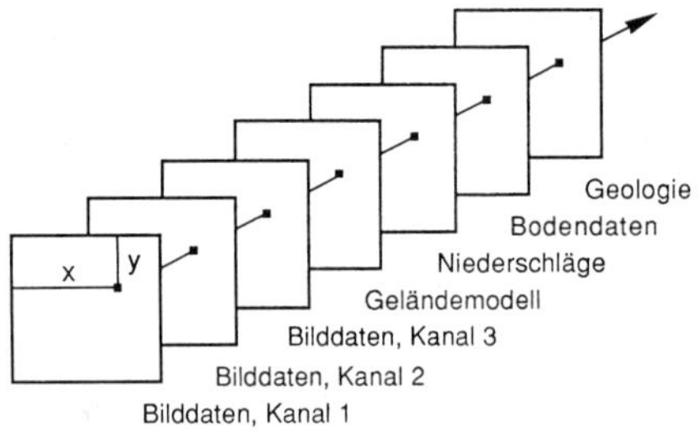

Abb. 123: Zusatzdaten zur Multispektral-Klassifizierung
Schematische Darstellung zur Definition »künstlicher Kanäle«, die zur Klassifizierung mitbenutzt werden

Geologie
Bodendaten
Niederschläge
Geländemodell
Bilddaten, Kanal 3
Bilddaten, Kanal 2
Bilddaten, Kanal 1

Bilddaten enthalten bekanntlich Informationen über die wiedergegebenen Objektklassen auch in Form von Texturen (vgl. 5.1.1). Diese können für die Klassifizierung nutzbar gemacht werden, wenn man sie quantifiziert und die erhaltenen *Texturparameter* als zusätzlichen Kanal einführt (z.B. HARALICK

1986, HABERÄCKER 1987, MATHER 1987). Von der Möglichkeit wird bisher aber nur in bescheidenem Maße Gebrauch gemacht, da die Definition geeigneter Texturparameter nicht einfach und der Rechenaufwand beträchtlich ist.

Vielfältige Möglichkeiten bietet die Kombination verschiedener Bilddaten, insbesondere die gemeinsame Auswertung von Daten, die zu verschiedenen Zeitpunkten aufgenommen wurden. Dadurch wird der multispektrale Ansatz zur *Multitemporalen Klassifizierung* erweitert. Dies bietet dann Vorteile, wenn die Multispektraldaten der zu differenzierenden Objektklassen unterschiedlichen phänologischen Veränderungen unterliegen und sich dadurch zusätzliche Entscheidungskriterien ergeben. Dies kommt beispielsweise bei der Erfassung landwirtschaftlicher Nutzflächen regelmäßig vor.

In vielen Fällen soll die Anwendung von Fernerkundungsmethoden nicht dazu dienen, einen bestimmten Zustand zu kartieren, sondern sich vollziehende Veränderungen zu erfassen. Diese Aufgabenstellung ist unter der Bezeichnung *Change Detection* (Erkennen von Veränderungen) bekannt. Sie kann als multitemporale Klassifizierung gelöst werden (vgl. Abb.82).

Die am weitesten gehende Verallgemeinerung des Klassifizierungsansatzes erreicht man, wenn beliebige *Zusatzdaten* einbezogen werden. Dabei kann es sich zum Beispiel um ein Digitales Geländemodell handeln oder um davon abgeleitete Daten wie Hangneigung oder Exposition, um den Inhalt von Geologischen Karten, Bodeneigenschaften, Niederschlagswerte oder um beliebige andere Daten, die für den Klassifizierungsprozeß wichtig sein können. Die Art und Weise, wie solche Daten aufbereitet und verwendet werden, kann sehr verschieden sein und muß auf den jeweiligen Zweck abgestimmt werden. Die aktuellen Entwicklungen auf dem Gebiet der Geoinformationssysteme (vgl. 6.3) werden voraussichtlich dazu beitragen, daß von derartigen Möglichkeiten künftig mehr Gebrauch gemacht wird als bisher.

## 5. 4 Darstellung der Auswerteergebnisse

Die Methoden, mit denen Luft- und Satellitenbilder ausgewertet werden, also die visuelle Bildinterpretation, die photogrammetrische Auswertung und die digitale Bildauswertung führen zu sehr verschiedenartigen Ergebnissen. Um diese dem jeweiligen Zweck entsprechend für die weitere Verwendung bereitzuhalten, reicht eine einfache textliche Beschreibung in der Regel nicht aus. Sie müssen vielmehr in geeigneter Weise aufbereitet, dargestellt und gespeichert werden.

So vielfältig wie die Daten, die Auswerteverfahren und die Anwendungen sind auch die Formen der Darstellung der Auswerteergebnisse. Dabei lassen sich – mehr oder weniger deutlich gegeneinander abgrenzbar – drei Möglichkeiten definieren. *Karten und kartenähnliche Darstellungen* eignen sich dazu, Ergebnisse lagerichtig darzustellen und räumliche Bezüge anschaulich zu machen. *Graphische Darstellungen* sind geeignet, andere Strukturen und Zu-

sammenhänge zu dokumentieren und überschaubar zu vermitteln. Schließlich
werden die aus Luft- und Satellitenbildern gewonnenen Auswerteergebnisse
in zunehmendem Maße in den Datenbestand von *Geoinformationssystemen*
eingeführt.


### 5.4.1 Karten und kartenähnliche Darstellungen

Die Wiedergabe der aus Luft- und Satellitenbildern gewonnenen Auswerteergebnisse in Kartenform setzt voraus, daß diese in das Kartenbild übertragen werden. Als Unterlage (Kartengrund) dazu kann z.b. eine Topographische Karte oder eine sogenannte Basiskarte dienen. Darunter versteht man
mit verschiedenen Methoden gewonnene Darstellungen, die als geometrisches
Gerüst für die Eintragung von thematischen Sachverhalten dienen (HAKE
1985).

Zur Übertragung der Interpretationsergebnisse von den Luft- oder Satellitenbildern in den Kartengrund kommen verschiedene Hilfsmittel in Frage.
Im einfachsten Fall sind es die im Abschnitt 5.2.1 erwähnten graphischen Entzerrungsverfahren (Papierstreifenmethode, projektive Netze). Etwas höhere
Ansprüchen werden durch Luftbildumzeichner verschiedener Bauart erfüllt.

Für die Praxis ist es jedoch in vielen Fällen empfehlenswert, die Übertragung von Interpretationsergebnissen in den Kartengrund ganz zu vermeiden. Das ist dadurch möglich, daß man die Interpretation bereits im Kartenmaßstab auf der Grundlage von entzerrten Luft- oder Satellitenbildern bzw.
in Orthophotos durchführt. Die Interpretationsergebnisse können dann z.B.
auf transparenten Deckfolien festgehalten werden und lassen sich kartographisch leicht weiter verarbeiten.

Für die Gestaltung der kartographischen Darstellungen, durch welche die
Auswerteergebnisse vermittelt werden sollen, stehen alle Möglichkeiten der
thematischen Kartographie zur Verfügung. Diese findet man in den entsprechenden Lehrbüchern ausführlich dargestellt (z.B. HAKE 1985, WITT
1970, IMHOF 1972).

Besonders hervorzuheben ist die Möglichkeit, thematische Sachverhalte
kartographisch auf dem Bilduntergrund von Luft- oder Satellitenbildern darzustellen. Beispiele dieser Art gibt es zwar schon seit langem, etwa die Ökonomische Karte von Schweden (vgl. 6.1) oder einzelne Forstkarten (HUSS
1984), doch wird man insgesamt sagen müssen, daß die gegebenen Möglichkeiten in der thematischen Kartographie bisher nicht ausgeschöpft wurden.


### 5.4.2 Graphische Darstellungen

Manche Ergebnisse der Interpretation von Luft- und Satellitenbildern lassen sich besser in anderen Darstellungsformen wiedergeben als in Karten.

Ein Beispiel dieser Art sind statistische Auswertungen von Photolineationen, also von linearen Elementen im Landschaftsbild, die auf geologische
Strukturen schließen lassen (vgl. 6.3). Um die azimutale Verteilung der Zahl
oder auch der Länge der linearen Elemente zu analysieren, kann man sie in
*Kluftrosen* darstellen. Dazu werden beliebige Azimutintervalle definiert und
die in die einzelnen Segmente fallenden Lineationen nach Zahl oder Länge
radial aufgetragen. Die Abb.124 zeigt ein Beispiel dieser Art.

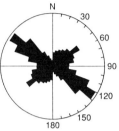

Abb. 124: Kluftrose von Photolineationen
Richtungsverteilung kartierter Photolineationen in einem Teil
des Pontischen Gebirges in der Türkei (Azimutintervalle 10°).
(Nach KRONBERG 1984)

Bei anderen Aufgaben können die Auswerteergebnisse zweckmäßig in
Form von Profilen wiedergegeben werden. Als Beispiel kann die mit Hilfe
von Luftbildern erhobene Fahrgeschwindigkeit von Autos in einem Kreis-
verkehr dienen (Abb.125) oder der Verlauf der Oberflächentemperatur eines
Flusses (Abb.148).

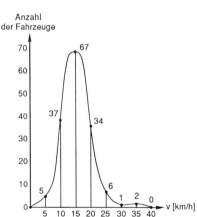

Abb. 125: Verteilung der Fahrzeug-
geschwindigkeit
Aus Bildfolgen wurde die Bewegungs-
vektoren der Fahrzeuge in einem Kreis-
verkehr (Place d'Étoile in Paris) bei unge-
störtem Verkehr bestimmt. Daraus konnte
die Fahrgeschwindigkeit und deren Häufig-
keitsverteilung abgeleitet werden. Nach
DUBUISSON & BURGER 1959/60)

Durch die methodischen Möglichkeiten, die heute in der Digitalen Bildverarbeitung und Graphischen Datenverarbeitung zur Verfügung stehen, können
auch leicht perspektivische Darstellungen der verschiedensten Art erzeugt
werden (KUHN 1989). Diese Form vermag manche Sachverhalte besonders
anschaulich zu vermitteln (Abb.126).

Die Erzeugung von *Perspektiven* setzt allerdings voraus, daß das betreffende Gebiet in einem Digitalen Geländemodell erfaßt ist und auch die Interpretationsergebnisse in geeignetem Datenformat vorliegen. Die Entwicklung,

die sich gegenwärtig auf dem Gebiet der Geoinformationssysteme vollzieht, wird dazu führen, daß diese Anforderungen immer häufiger erfüllt sind.

Abb. 126: Gelände-Perspektive
Aus einem Digitalen Geländemodell
und TM-Daten erzeugtes Perspektiv-
bild des Aletsch-Gletschers

### 5.4.3 Geoinformationssysteme

Der Sammelbegriff *Geoinformationssysteme* (GIS) kennzeichnet Systeme zur Datenverarbeitung, in denen raumbezogene Daten erfaßt, verwaltet und verarbeitet und für die verschiedensten Aufgabenstellungen genutzt werden können. Je nach dem Anwendungsbereich kommen auch die Begriffe *Land-informationssystem* (LIS), *Rauminformationssystem* (RIS), *Umweltinformationssystem* (UIS) oder auch *Geographisches Informationssystem* vor. Im Gegensatz zu sonstigen Datenbanken machen Geoinformationssysteme zur Bearbeitung und Nutzung der Daten stets von den Möglichkeiten der graphischen Datenverarbeitung Gebrauch.

Jedes Geoinformationssystem besteht aus den Komponenten Hardware und Software sowie einem Datenbestand. Zur *Hardware* gehören ein Rechnersystem, Speichermedien, Graphik-Prozessoren und -Bildschirme und Peripheriegeräte zur Digitalisierung von Vorlagen und zur Ausgabe von graphischen und bildhaften Ergebnissen. Die *Software* muß Programmsysteme zur Verwaltung der Daten und eine Methodenbank zu ihrer Bearbeitung umfassen sowie Module zur Definition der Benutzeroberflächen, der Schnittstellen für Vernetzungen u.ä. Der *Datenbestand* schließlich besteht aus raumbezogenen verschiedener Art, die in einzelnen Ebenen strukturiert sind (Abb. 127). Dabei kann es sich um Daten in Vektorform handeln, wie z.B. im Kataster und in der großmaßstäbigen Kartierung üblich, oder um Rasterdaten wie in der Fernerkundung und allgemein in der Bildverarbeitung. Da beide Datenformen gewisse Vorteile und auch Nachteile haben, tendiert die gegenwärtige Entwicklung deutlich dahin, Vektorgraphik und Rastergraphik in hybriden graphischen Systemen zu vereinen.

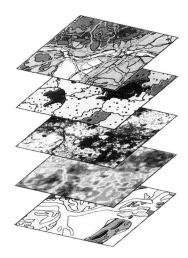

Abb. 127: Verschiedene Ebenen eines Geo-
informationssystems (schematisch)
Dargestellte Daten (von oben nach unten):
Topographische Karte, Verwaltungseinheiten
und Gemeinden, Satelliten-Bilddaten (LAND-
SAT), Thermalbild (von meteorologischem
Satelliten), Geologische Karte.
(Nach GÖPFERT 1987)

Mit den Geoinformationssystemen entstehen leistungsfähige Methoden, um
die großen Datenmengen, welche für Planung, Ressourcenschutz, Umwelt-
kontrolle usw. benötigt werden, zu handhaben und effektiv zu nutzen. Für die
*Fernerkundung* ist diese Entwicklung in zweierlei Hinsicht wichtig:
- Erstens werden sowohl Fernerkundungsdaten als auch daraus abgeleitete Auswerteergebnisse zum künftigen Datenbestand vieler GIS gehören. Dabei bietet die Fernerkundung gegenüber anderen Methoden
  der Datenerhebung den Vorteil, daß sie flächendeckend arbeitet und die
  Datengewinnung zur Aktualisierung leicht wiederholt werden kann.
- Zweitens stehen in Geoinformationssystemen Informationen zur Verfügung, welche die Auswertung von Fernerkundungsdaten unterstützen
  können, indem sie beispielsweise als Zusatzdaten in die Multispektral-
  Klasssifizierung einbezogen werden (vgl. 5.3.3).

Die Integration von Fernerkundungsdaten und Bildverarbeitungsmethoden in Geoinformationssysteme eröffnet deshalb auf längere Sicht aussichts-
reiche Perspektiven. Freilich befindet sich das Gebiet gegenwärtig noch in
einer rasanten und schwer überschaubaren Entwicklung. Dabei liegen die zu
lösenden Probleme weniger in den technischen Leistungen der Hardware als
vielmehr in der Entwicklung der Anwendersoftware und der internen und
externen Schnittstellen. Außerdem darf nicht übersehen werden, daß die
Komplexität der Aufgaben auch eine neue Qualität in der Zusammenarbeit
von Industrie, Wissenschaft und Anwendung erfordert.

Eingehende Darstellungen zu diesem Themenkreis bieten z.B. GÖPFERT
(1987), BARTELME (1989), BILL & FRITSCH (1990).

# 6. ANWENDUNGEN VON LUFT- UND SATELLITENBILDERN

Die Informationen, die in Luft- und Satellitenbildern gespeichert sind, lassen sich in vielfältigster Weise nutzen. Die Ziele, die dabei verfolgt werden, können sehr unterschiedlich sein. Auf der einen Seite kann es sich um die Feststellung einfacher Sachverhalte handeln. Andererseits liefert die Interpretation von Luft- oder Satellitenbildern reichhaltige Beiträge zu komplexen Analysen des Landschaftshaushaltes, der sozio-ökonomischen Strukturen u.ä. Die Anwendungsgebiete sind dementsprechend vielfach miteinander verflochten und oft nur schwer gegeneinander abgrenzbar.

Die folgenden Abschnitte sollen einen Eindruck von dieser Vielfalt der möglichen Anwendungen vermitteln. Zugleich sollen sie einige Hinweise auf die teils recht unterschiedlichen Anforderungen geben, die für verschiedene Zwecke an das Bildmaterial, die Verarbeitungstechniken und die Auswertemethoden gestellt werden. Nicht zuletzt verweisen sie auf weiterführende Literatur zu den einzelnen Themenkreisen. Zu allen Themen findet man reichhaltiges, jedoch aus amerikanischer Sicht zusammengestelltes Material bei COLWELL (1983).

## 6.1 Kartographie

Die Interpretation und photogrammetrische Auswertung von Luftbildern ist seit Jahrzehnten das wichtigste und wirtschaftlichste Verfahren der topographischen Geländeaufnahme. Trotz der großen Leistungsfähigkeit der hierzu entwickelten Methoden, kann der weltweit bestehende Bedarf an topographischen und thematischen Karten mit den herkömmlichen Mitteln nicht befriedigt werden. Deshalb gehen die Bestrebungen mehr denn je dahin, auch Satelliten-Bilddaten für kartographische Zwecke zu nutzen (eine ausführliche Darstellung dazu findet man bei BUCHROITHNER 1989).

Allgemein sind bei der kartographischen Anwendung von Luft- und Satellitenbildern drei verschiedene Zielsetzungen zu unterscheiden, nämlich die Herstellung und Fortführung von *Topographischen Karten*, die Herstellung von *Bildkarten* und die Herstellung von *Thematischen Karten*. Dabei können aus Luft- oder Satellitenbildern gewonnene topographische Karten und Bildkarten ihrerseits wieder die Grundlage für weitere Interpretationen sein, die zu thematischen Karten führen.

In *Topographischen Karten* werden die für eine Landschaft charakteristischen Elemente wie Geländeformen, Gewässer, Bodennutzung, Siedlungen,

Verkehrswege usw. dargestellt. Man bedient sich dazu eines wohldurch-
dachten Systems graphischer Zeichen, mit dem die Kartenbenutzer vertraut
sind. Jedem Zeichen kommt dabei eine *inhaltliche* Bedeutung zu, seine Lage in
der Karte vermittelt aber zugleich eine *geometrische* Information.

Wenn man nun topographische Karten durch die Auswertung von Luft-
oder Satellitenbildern herstellen will, so muß die inhaltliche Information
durch Interpretieren der Bilder, die geometrische Information durch photogrammetrische Messung gewonnen werden. Dementsprechend sind auch die
Anforderungen, die an die Bilder gestellt werden: die Interpretation der topographischen Sachverhalte setzt voraus, daß die relevanten Objekte zuverlässig
genug erkannt werden können (vgl. 3.3), und die photogrammetrische
Messung muß in der Genauigkeit dem jeweiligen Kartenmaßstab angepaßt
sein.

Zur topographischen Kartierung nach *Luftbildern* liegen umfangreiche
Erfahrungen vor, die in den Lehrbüchern der Photogrammetrie ausführlich
dargestellt sind (z.B. KRAUS 1982/1984, KONECNY & LEHMANN 1984,
RÜGER u.a. 1987, ferner RINNER & BURKHARDT 1972). Nach der schon erwähnten Faustregel (vgl. 2.2.7) ist das Verhältnis zwischen Kartenmaßstab
und geeignetem Bildmaßstab nicht konstant. So eignen sich für die Karten-
maßstäbe 1:5.000, 1:25.000 und 1:50.000 Luftbilder in den ungefähren Maßstäben 1:15.000, 1:40.000 und 1:55.000. Dann werden die Erfordernisse
sowohl hinsichtlich Interpretierbarkeit als auch hinsichtlich Meßgenauigkeit
erfüllt. Als Besonderheit ist ferner zu vermerken, daß Luftbilder für die
topographische Kartierung – im Gegensatz zu vielen anderen Aufgaben –
meist im Frühjahr vor der Belaubung der Bäume aufgenommen werden, um
die Geländeoberfläche möglichst gut einsehen zu können.

Kritischer sind Interpretierbarkeit und Meßgenauigkeit beim Einsatz von
*Satellitenbildern* zu sehen. Die frühen photographischen Aufnahmen und die
Bilddaten der LANDSAT-Sensoren konnten die Anforderungen noch nicht erfüllen. Deshalb stand bei der Planung der fortgeschrittenen photographischen
Aufnahmesysteme (*Metric Camera, Large Format Camera, KFA-1000*) die
kartographische Anwendung im Vordergrund. In ähnlicher Weise spielte für
die Konzeption des SPOT-Systems die Möglichkeit zur stereophotogrammetrischen Auswertung eine entscheidende Rolle. Der kritische Faktor ist dabei
die Höhenmeßgenauigkeit, die für die Erfassung der Geländeformen wichtig
ist. Die bisherigen Erfahrungen zeigen, daß sowohl die photographischen
Bilder als auch die (panchromatischen) Stereodaten von SPOT zur topo-
phischen Kartierung in kleinen und mittleren Maßstäben geeignet sind (z.B.
BUCHROITHNER 1989, ALBERTZ u.a. 1991, AHOKAS u.a. 1991). Die Grenze
der Leistungsfähigkeit liegt derzeit etwa beim Kartenmaßstab 1:50.000. In
manchen Fällen kann aber sogar die Aktualisierung topographischer Karten
1:25.000 erleichtert oder beschleunigt werden (KRÄMER & ILLHARDT 1990).

Ganz anders liegen die Verhältnisse bei der Herstellung von *Bildkarten*.
Darunter versteht man entzerrte Bildwiedergaben, die mit den Mitteln der

kartographischen Gestaltung ergänzt und in die äußere Form von Karten gebracht sind. Sie weisen also Signaturen, Schriften, Koordinaten, Kartenrahmen usw. auf und stellen somit eine Kombination von Bildwiedergaben und topographischen Karten dar (zum Vergleich von Bild und Karte siehe 3.4). Nach dem verwendeten Bildmaterial ist es üblich, von Luftbildkarten und von Satelliten-Bildkarten zu sprechen.

Die *Luftbildkarte* – bei Anwendung der Differentialentzerrung vielfach auch als *Orthophotokarte* bezeichnet – ist relativ einfach und schnell herzustellen. Sie wird bevorzugt in größeren Kartenmaßstäben zwischen 1:5.000 und 1:25.000 benutzt. Dabei übertrifft ihr Detailreichtum denjenigen vergleichbarer Karten, und der Bildinhalt bleibt dennoch leicht interpretierbar. Für manche Gebiete werden Luftbildkarten im Maßstab und Blattschnitt der amtlichen Kartenwerke angeboten. So bietet beispielsweise das Landesvermessungsamt Nordrhein-Westfalen die *Deutsche Grundkarte 1:5.000* auch als Luftbildkarte an (PAPE 1971), ebenso die *Topographische Karte 1:25.000*. Dabei ist es üblich, solche Karten in Schwarzweiß herzustellen. Der für farbige Luftbildkarten erforderliche zusätzliche Aufwand erscheint kaum gerechtfertigt (KELLERSMANN 1985). Gute Dienste können Orthophotokarten für viele spezielle Anwendungen leisten, z.B. für gletscherkundliche Aufgaben (BRUNNER 1980).

Für die Herstellung von Bildkarten eröffnet die Satelliten-Fernerkundung neue Dimensionen. Im Gegensatz zu den Luftbildkarten steht hier der Überblick über große Flächen im Vordergrund. Deshalb wurden gleich nach dem Start von LANDSAT-1 im Sommer 1972 die ersten Versuche unternommen, die neuartigen Bilddaten in *Satelliten-Bildkarten* umzusetzen (z.B. USGS 1973). Inzwischen wird für die Aufbereitung der Bilddaten, die Entzerrung und meist auch Mosaikbildung fast ausschließlich die Digitale Bildverarbeitung eingesetzt (COLVOCORESSES 1986, ALBERTZ 1988). Für diesen Zweck wurden spezielle Software-Pakete entwickelt (z.B. ALBERTZ u.a. 1987, KÄHLER 1989). Beispiele von Satelliten-Bildkarten zeigen die Tafeln 13 bis 16.

Nach dem gegenwärtigen Stand werden Satelliten-Bildkarten im Maßstab 1:250.000 überwiegend aus MSS-Daten, im Maßstab 1:100.000 aus TM-Daten oder multispektralen SPOT-Daten und im Maßstab 1:50.000 aus panchromatischen SPOT-Daten hergestellt. Da fast immer farbige Karten angestrebt werden, müssen für Karten in großen Maßstäben panchromatische SPOT-Daten mit Hilfe multispektraler Daten anderer Sensoren zu Farbbildern kombiniert werden (vgl. 4.3.4).

Einen Sonderfall stellen die *Radar-Bildkarten* dar. Das Ausgangsmaterial dazu waren bisher mit Flugzeug-Radarsystemen gewonnene Daten. Es ist aber zu erwarten, daß nach dem Start des Satelliten ERS-1 auch die Daten von Satelliten-Radarsystemen diesbezüglich Bedeutung erlangen.

Großflächige Radar-Bildkartenwerke wurden vor allem in den feuchten Tropengebieten der lateinamerikanischen Länder und in Südostasien erstellt. Vielfach dienten die Radar-Aufnahmen zugleich der erstmaligen Herstellung einer kleinmaßstäbigen topographischen Karte und der Ableitung verschiedener thematischer Karten. Am bekanntesten ist das brasilianische RADAM-Projekt, das 1972 für einen Landesteil begonnen und später auf fast das ganze Land ausgedehnt wurde. Dabei wurden mit dem SAR-System der Firma GOODYEAR aus 11.000 m Höhe 37 km breite Streifen aufgenommen. Aus den Daten konnten Hunderte von Radar-Bildkarten abgeleitet werden (Abb.128). Außerdem entstanden durch Interpretation dieser Bildkarten unter Mitbenutzung von Luftbildern, terrestrischen Erhebungen und anderen Quellen thematische Karten über Geologie, Geomorphologie, Bodenarten, Waldbestand und potentielle Bodennutzung (FAGUNDES 1974, 1976).

Abb. 128: Ausschnitt aus einer Radar-Bildkarte 1:250.000 (verkleinert auf 1:500.000)
Im Rahmen des RADAM-Projektes 1976 erstellt durch LASA Engenharia e Prospecções S.A.

Die Gestaltung von Bildkarten ist keine leichte Aufgabe. Dabei besteht immer das Problem, die Bildvorlage durch graphische Elemente zu ergänzen, ohne die wichtigen Bildeinzelheiten zu beeinträchtigen. Es sind also heterogene Darstellungsmittel zu einer geschlossenen Gesamtwirkung zu vereinigen, wobei ihre Lesbarkeit bzw. Interpretierbarkeit erhalten bleiben soll.

In ähnlicher Weise gilt dies für *Thematische Karten*. In diesen werden raumbezogene Themen verschiedenster Art dargestellt. Dabei können Luft- und Satellitenbilder in zweierlei Hinsicht einbezogen sein. Einerseits können die darzustellenden thematischen Informationen durch Auswertung von Luft- oder Satellitenbildern gewonnen werden. Andererseits kann die Basiskarte - das ist der topographische Untergrund, auf dem die thematische Karte in aller Regel entsteht - eine Bildkarte oder eine aus Luft- bzw. Satellitenbildern abgeleitete topographische Karte sein.

Ein besonders bekanntes Beispiel für eine auf Luftbildbasis erstellte thematische Karte ist die »*Ökonomische Karte*« von Schweden, die seit 1937 herausgegeben wird (JONASSON & OTTOSON 1974), ohne daß grundlegende Veränderungen erforderlich gewesen wären (vgl. Tafel 8). Sie deckt den größten Teil des Landes ab, ausgenommen Berglandschaften im Nordwesten, für die kein Bedarf besteht. Hergestellt wird die vierfarbig gedruckte Karte allgemein im Maßstab 1:10.000, in weniger dicht besiedelten Gebieten in 1:20.000. Als Untergrund dienen entzerrte Luftbilder bzw. Orthophotos. Sie enthält Verwaltungs- und Eigentumsgrenzen, Grenzen und Typen der Landnutzung, hydrographische Angaben und vieles mehr. Die Karte war ursprünglich für land- und forstwirtschaftliche Zwecke konzipiert, wurde aber später mehr und mehr als allgemeine Planungsgrundlage eingesetzt.

Einige Beispiele für andere thematische Karten werden im Zusammenhang mit den folgenden Anwendungsgebieten erwähnt. Zahlreiche Hinweise zur thematischen Kartierung auf der Basis von Satellitenbildern gibt BUCH-ROITHNER (1989).

### 6.2 Geographie

Es liegt in der Natur der Sache, daß die geographischen Wissenschaften, die sich mit der Fülle der Erscheinungen an der Erdoberfläche, ihren Beziehungen und Veränderungen befassen, aus der Interpretation von Luft- und Satellitenbildern vielfältigen Nutzen ziehen können. Die Spannweite ist dabei enorm breit und schließt viele Sachverhalte mit ein, die ihrerseits Arbeitsgegenstand anderer Disziplinen sind. Diese Überschneidung geographischer Forschung mit anderen Forschungszweigen drückt sich auch darin aus, daß viele der in den folgenden Kapiteln skizzierten Anwendungen auch unter geographischen Aspekten gesehen werden können. Wenn hier der Geographie dennoch ein eigener Abschnitt gewidmet wird, so sollen damit die methodischen Besonderheiten der geographischen Luftbildforschung betont werden.

Die sogenannte »geographische Methode« der Luftbildinterpretation geht auf grundlegende Arbeiten von CARL TROLL zurück und wurde während des Zweiten Weltkrieges in Deutschland entwickelt (TROLL 1939, 1942, 1943, SCHNEIDER 1989). Sie macht von der durch Luftbilder vermittelten großräumigen *Übersicht* Gebrauch, um eine *Analyse* der verschiedenartigen Landschaftselemente durchzuführen und danach zu einer *Synthese* zu kommen mit dem Ziel, nach Ursache und Wirkung zusammengehörige Landschaftselemente zu erkennen und funktionale Zusammenhänge im Landschaftshaushalt zu erfassen. Dazu hat TROLL selbst festgestellt, daß dieser im Grunde interdisziplinäre Ansatz der Luftbildforschung »zu einem sehr hohen Grade Landschaftsökologie« ist (TROLL 1939), ein Aspekt, dem heute unter dem Begriff *Geoökologie* noch größere Bedeutung zukommt als damals.

Inzwischen haben sich freilich die technischen und methodischen Gegebenheiten weiter entwickelt (z.B. ENDLICHER & GOSSMANN 1986). So hat durch die Satellitentechnik die *Übersicht* eine neue Dimension bekommen. Dies gilt aber nicht nur in räumlicher Hinsicht, denn durch den Einsatz von Sensoren außerhalb der photographisch erfaßbaren Spektralbereiche werden auch neuartige Informationen und damit ein vollständigeres Bild der Landschaft vermittelt. Hinsichtlich der *Analyse* sind Methoden zur naturräumlichen Gliederung (SCHNEIDER 1970) und diffizile Verfahren der Geländeanalyse (VAN ZUIDAM 1985/85) entwickelt worden. Die Möglichkeiten zur *Synthese* schließlich werden durch die Entwicklung von Geoinformationssystemen auf eine ganz neuartige Basis gestellt und erfahren dadurch eine früher kaum denkbare Erweiterung (vgl. 5.3). Dazu gehört auch, daß die zeitliche Dimension erfaßt und die Dynamik einer Landschaftsentwicklung beobachtet werden kann. Damit ergibt sich ein Übergang von der bloßen Beschreibung eines Zustandes (engl. *Inventoring*) zur fortlaufenden Überwachung einer Entwicklung (engl. *Monitoring*).

In einigen Lehrbüchern ist die Fernerkundung mit besonderer Betonung geographischer Aspekte dargestellt (z.b. SCHNEIDER 1974, LÖFFLER 1985).

## *6.3 Geologie und Geomorphologie*

Zwischen den Oberflächenformen und anderen Erscheinungen in einer Landschaft und dem geologischen Unterbau bestehen enge Zusammenhänge. Deshalb können aus den in Luft- und Satellitenbildern sichtbaren Formen und Merkmalen vielfältige Schlüsse auf die Gesteinstypen und den tektonischen Aufbau einer Landschaft gezogen werden. In besonderem Maße gilt dies für aride und semiaride Regionen, wo die Oberflächenformen weitgehend offen zutage liegen. Aber auch in den dicht bewachsenen feuchten Tropengebieten und in den gemäßigten humiden Bereichen bieten Reliefformen, Vegetationsmuster, Landnutzung u.ä. Hinweise zur Unterscheidung von Gesteinseinheiten und zur Erfassung tektonischer Strukturen.

Luftbilder stellen deshalb in der Geologie seit langem eine wichtige Informationsquelle dar. Sie ergänzen die Geländearbeit des Geologen in hervorragender Weise und lassen Erscheinungsformen und räumliche Zusammenhänge erkennen, die nur aus der Vogelperspektive sichtbar werden. Besonders wichtig ist dabei auch die stereoskopische Betrachtung der Oberflächenformen. Der praktischen Bedeutung dieser Arbeitsweise entsprechend, hat sich eine eigene Teildisziplin entwickelt, die *Photogeologie*, die sich der Interpretation und Kartierung geologischer Sachverhalte aus Luftbildern widmet (z.B. MILLER 1961, KRONBERG 1984). Die Entwicklung weiterer Sensoren und vor allem der Einsatz von Satelliten-Bilddaten hat die methodischen Möglichkeiten noch wesentlich erweitert. Ausführliche Darstellungen zur Photogeologie und zur geologischen Fernerkundung findet man z.B. bei KRONBERG (1985) und SABINS (1987), zur Landschaftsanalyse und geomorphologischen Kartierung mittels Luftbildern bei VERSTAPPEN (1977) und VAN ZUIDAM (1985/86).

Zu den Interpretationskriterien, von denen die geologische Auswertung von Luft- und Satellitenbildern intensiv Gebrauch macht, gehören neben den

Grau- bzw. Farbtönen vor allem morphologische Formen, Entwässerungsnetze, Texturen, Vegetation und Landnutzung. Bei der Interpretation von
Satellitenbildern spielt dazu noch die Erfassung großräumiger Strukturen und
die statistische Analyse von Lineamenten eine Rolle.

Die *morphologischen Formen* einer Landschaft werden vor allem in der
stereoskopischen Betrachtung sichtbar. Ihr momentanes Erscheinungsbild ist
freilich das Ergebnis vielfältiger Prozesse, die außer von den geologischen
Gegebenheiten auch stark vom Klima und von der Topographie abhängen.
Die Interpretation der Formen muß diese Zusammenhänge berücksichtigen.
In der Photogeologie werden die Bergformen, Talformen, Hangneigungen
usw. analysiert und Rückschlüsse auf die Gesteinsarten, ihre Lagerung, ihre
gegenseitige Abgrenzung und tektonische Strukturen gezogen. Besondere
Bedeutung haben dabei einerseits die Merkmale der verschiedenen Erosions-
arten, andererseits die an typischen Stellen der Topographie auftretenden
Ablagerungen wie Schuttfächer, Schotterterrassen, Moränen, Dünen usw.
Spezielle Fragestellung der morphologischen Interpretation gelten der Feststellung und Verhütung von Erosionsschäden, Wildbachverbauung, Lawinen-
schutz u.ä.

Durch die morphogenetischen Kräfte haben sich in den meisten Landschaften *Entwässerungsnetze* herausgebildet, zu denen sowohl die eigentlichen
Gewässer als auch die trockenliegenden Muldenlinien gehören. Die Gestalt
dieser Netze (vgl. Abb. 86 und 87) hängt stark von den Eigenschaften des
Gesteins und den tektonischen Strukturen des Untergrundes ab. So treten z.B.
baumförmige (dendritische) Netze auf, wenn keine tektonischen Einflüsse
wirksam sind. Dabei ist die Dichte des Netzes u.a. von der Durchlässigkeit des
Gesteins beeinflußt; grobe Formen entstehen auf gut durchlässigem Untergrund, enge und feinverzweigte Formen lassen auf wenig durchlässige und
leicht erodierbare Gesteine schließen (Abb. 129).

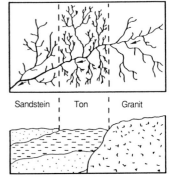

Abb. 129: Zusammenhang zwischen der Dichte
des Entwässerungsnetzes und dem Untergrund
Draufsicht und schematisches Profil zeigen, daß
das dendritische Netz auf Granit und Sandstein
weniger dicht, auf Ton dagegen dicht ausgebildet
ist. (Nach AVERY 1977)

Werden die Entwässerungsnetze dagegen durch den tektonischen Bau beeinflußt, so entstehen ganz andere Formen (z.B. Abb. 130). Darüber hinaus
kommen viele andere Netzstrukturen mit allen denkbaren Mischformen vor.

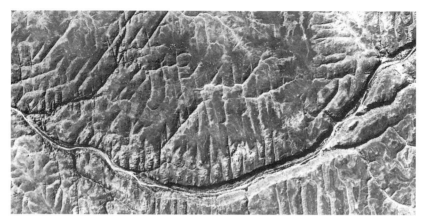

Abb. 130: Tektonisch geprägtes Entwässerungsnetz
Fast horizontal liegende Schichtfolgen von Sandsteinen sind von mehreren Kluftsystemen
unterschiedlicher Streichrichtung durchsetzt. Da die Erosion an diesen Klüften selektiv
ansetzt, entsteht ein winkliges Entwässerungsnetz. (Nach KRONBERG 1985)

Zur geologischen bzw. morphologischen Interpretation tragen auch die
unterschiedlichen *Texturen* bei, die in Bildern sichtbar sind (vgl. 5.1.1). Ihre
Erscheinungsweise ist stark vom Bildmaßstab abhängig. Abb. 131 gibt zwei
Beispiele dazu.

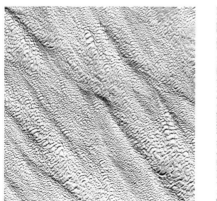 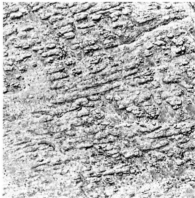

Abb. 131: *Texturen verschiedener Geländeoberflächen*
Links: Dünenfeld in der algerischen Sahara (Maßstab etwa 1:70.000). Rechts: Sandstein-
plateau in Utah/USA (Maßstab etwa 1:30.000)

Die Art und Verteilung der *Vegetation* in einer Landschaft steht ebenso
wie der Typ der *Landnutzung* in einem engen Zusammenhang mit dem geologischen Aufbau des Untergrundes. Deshalb können auch die Muster, die

dabei auftreten, zur Interpretation beitragen. Ein anschauliches Beispiel dieser Art vermittelt Abb. 87.

Zu den methodischen Besonderheiten der Photogeologie gehört die Kartierung und Auswertung von *Photolineationen* oder *Lineamenten*. Darunter versteht man linienhafte Strukturen in der Morphologie, im Entwässerungsnetz, in der Vegetation oder auch nur in der Helligkeit der Oberfläche. Die erkennbaren Lineamente, von denen angenommen wird, daß sie unterirdische Strukturen widerspiegeln, werden kartiert und nach ihrer Richtungsverteilung statistisch ausgewertet (Abb. 132). Die Analyse kann Hinweise auf Verwerfungs- und Bruchzonen geben und damit zur Erkenntnis geodynamischer Prozesse und zur Erkundung von Lagerstätten beitragen.

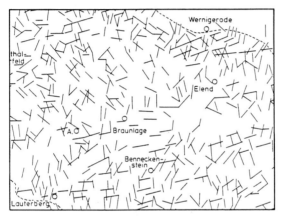 

Abb. 132: Lineamente und ihre Analyse
Links: In einem LANDSAT-MSS-Bild kartierte Lineamente im Harz (Ausschnitt). Rechts: Richtungsverteilung der Lineamente im Bereich des Brocken. (Nach KRONBERG 1985)

Mit Flugzeugscannern aufgenommene *Thermalbilder* wurden in der Geologie oft zur Lösung spezieller Probleme eingesetzt. Dazu gehört z.b. die Unterscheidung von lockeren und festen Gesteinen aufgrund ihres unterschiedlichen Thermalverhaltens, die Kartierung von Störungen, an denen durch Feuchtigkeitsunterschiede stärkere Verdunstung auftritt, die Erfassung geothermaler Anomalien und die Beobachtung aktiver Vulkane.

Großen Nutzen kann der Einsatz von *Radarbildern* in der Geologie bringen. Mit Flugzeugsystemen aufgenommene Radarbilder sind vor allem in den feuchten Tropen in großem Umfang eingesetzt worden, z.B. im Rahmen des RADAM-Projektes in Brasilien (vgl. 6.1). Aufgrund der Radarbilder und der anderen verfügbaren Daten konnten umfangreiche geologische Kartierungen durchgeführt werden. Bei solchen Interpretationen ist es ein besonderer Vorteil, daß die schräge Bestrahlung des Geländes durch das Radarsystem zu einer Überbetonung des Geländereliefs führt. Dadurch werden morphologische Formen, Lineamente, Falten u.ä. gut erkennbar. Vielfach treten auch in dicht bewaldeten Gebieten geologische Strukturen klar hervor. Dies muß jedoch nicht heißen, daß die Radarstrahlung den Baumbestand durchdringt, sondern daß sich die betreffenden Strukturen auch in der Ausprägung des Kronendaches auswirken. Die Interpretation kann – wenn sich überlappende Radar-Bildstreifen vorliegen – auch stereoskopisch erfolgen.

Von großem Interesse für geologische Zwecke sind die während zweier Missionen gewonnenen SIR-Daten (*Shuttle Imaging Radar*, vgl. 2.4). Vergleiche mit LANDSAT MSS-Daten zeigten, daß sich von Sand überlagerte Festgesteine, die im optischen Bereich nicht erkennbar sind, in den Radarbildern klar abzeichnen (Abb. 133). Die trockene Sandschicht wurde demnach von der Mikrowellenstrahlung durchdrungen. Es bleibt abzuwarten, ob sich aufgrund dieser Erfahrung mit den vom Satelliten ERS-1 zu erwartenden Radarbildern neue geologische Anwendungsmöglichkeiten eröffnen.

Zum Einsatz von Thermal- und Radarbildern in der Geologie geben z.B. KRONBERG (1985) und SABINS (1987) weitere Quellen an.

 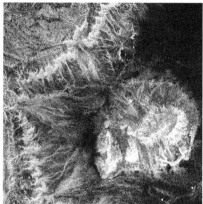

Abb. 133: Geologische Strukturen in MSS- und Radarbildern
Gebel el Barqa in Ägypten. Links: LANDSAT MSS-Bild (Kanal 7). Rechts: SIR A-Bild

Die Ergebnisse der geologischen Interpretation von Luft- und Satellitenbildern werden in vielen Fällen zu thematischen Karten ausgearbeitet, die in der Regel farbig gestaltet sind (vgl. Tafel 8).

## 6.4 Bodenkunde

In Luft- und Satellitenbildern ist stets nur die Oberfläche jener obersten Verwitterungsschicht der Erdrinde sichtbar, die als *Boden* bezeichnet wird. In vielen Bereichen ist diese Oberfläche sogar permanent durch Vegetationsbestände verdeckt. Deshalb können Aussagen über den eigentlichen Bodenkörper (Typ, Profil, Mineralgehalt usw.) immer nur indirekt aufgrund von sichtbaren Indikatoren erschlossen werden. Außer den Grau- und Farbtönen, die sich in Bildern durch die Reflexionseigenschaften der Oberflächen und die Charakteristik der Sensoren ergeben, kommen als Indikatoren vor allem morphologische Merkmale und Bewuchsmerkmale in Frage. Daneben treten aber auch bodenkundlich wichtige Erscheinungen auf, die aufgrund typischer Bildstrukturen gut erkennbar sind, z.b. vernäßte Hohlformen (Abb. 138) oder Bodenabspülungen. Geeignet sind vor allem Bildmaßstäbe um 1:10.000.

Für die *Bodenkartierung* wurden spezielle Methoden der Luftbildinterpretation entwickelt (z.b. BURINGH 1954, USDA 1966, VINK 1970). Sie gehen stets davon aus, daß die Luftbildauswertung mit Geländearbeiten kombiniert wird. Dabei dienen die Luftbilder vor allem dazu, anhand von Grautönen und Bildmustern bodenkundliche Einheiten auszuweisen, die durch Geländeuntersuchungen näher identifiziert werden. Eine umfassende Darstellung der Thematik bietet MULDERS (1987).

Abb. 134: Formen der Bodenzerstörung im Luftbild
Links: Bodenverwehungen in Schleswig-Holstein (Maßstab etwa 1:11.000, aus HASSEN-PFLUG & RICHTER 1972). Rechts: Rückwärts einschneidende Erosion auf Ackerland in den Tropen (Transvaal, aus SCHNEIDER 1974).

Für den *Bodenschutz* leisten Luft- und Satellitenbilder wertvolle Dienste. Die hierfür relevanten Merkmale lassen sich meist gut interpretieren und kartieren. Dabei kann durch den Vergleich mit älteren Bildern auch auf die Dynamik der Prozesse geschlossen werden. Die Möglichkeiten zur Erfassung der in Deutschland auftretenden Formen der Bodenabspülung und Bodenverwehung wurden von HASSENPFLUG & RICHTER (1972) untersucht (Abb. 134, links). Andere Formen der *Erosion*, wie sie beispielsweise im Alpenraum durch den Tourismus oder in vielen Entwicklungsländern durch falsche Bewirtschaftung oder Übernutzung des Bodens entstehen, können durch die Auswertung von Luftbildern sowohl qualitativ als auch quantitativ erfaßt werden (Abb. 134, rechts). *Bodenversalzung* wird zunächst durch sehr starke

Störungen des Pflanzenwuchses angezeigt, in fortgeschrittenem Stadium durch helle Flecken, die durch das an der Oberfläche angereicherte Salz hervorgerufen werden (z.b. DALSTED & WORCESTER 1979).


## 6.5 Forst- und Landwirtschaft

In der *Forstwirtschaft* hat die Anwendung von Luftbildern eine lange Tradition. Über erste Versuche zum Einsatz von aus einem Ballon aufgenommenen Bildern wurde schon 1887 berichtet (HILDEBRANDT 1987). Um 1920 setzten intensive Bemühungen ein, Luftbilder als Hilfsmittel zur Forsteinrichtung, als Forstkartenersatz und zur Erhebung von Bestandesdaten zu verwenden. Die Kartierung großer Waldgebiete im Ausland (z.b. Kanada, UdSSR) wäre ohne Luftbilder gar nicht möglich gewesen. Vergleichsweise früh erschien auch eine lehrbuchartige Darstellung der forstlichen Luftbildinterpretation (BAUMANN 1957).

Die Zielsetzungen sind im einzelnen sehr verschieden, wobei sich die wichtigsten durch die Stichwörter Erhebung von Bestandesdaten, Forsteinrichtung, Großrauminventuren, Erfassung von Waldschäden und Waldbrand-Monitoring charakterisieren lassen. Die Anforderungen an die Bilddaten und die angewandten Auswertemethoden variieren dabei sehr stark.

Zur *Erhebung von Bestandesdaten* kann die Auswertung von Luftbildern in größeren Maßstäben (mindestens 1:15.000) viel beitragen (vgl. Tafel 9). Baumhöhen können unter bestimmten Voraussetzungen aus radialen Versetzungen bzw. Schattenlängen (vgl. 3.1.1) oder durch stereophotogrammetrische Messung (vgl. 5.2.2) ermittelt werden. Die Anzahl und Größe von Kronen läßt sich auszählen bzw. mit einfachen Mitteln messen (vgl. Abb. 97). Zur Ermittlung des Kronenschlußgrades werden Dichteskalen herangezogen (Abb. 135). Das Alter eines Bestandes kann aufgrund der Baumhöhen und der Kronendimensionen geschätzt werden. Die Bestimmung von Baumarten ist dagegen nur bedingt möglich. Sie setzt gründliche Kenntnis der örtlich vorkommenden Baumarten und ihrer natürlichen Standorte voraus. Ferner müssen großmaßstäbige Bilder vorliegen, welche die artenspezifischen Merkmale der Krone, der Zweigstellung usw. erkennen lassen. Auch ist es zweckmäßig, einen Beispielschlüssel zu erarbeiten, der die im Luftbild sichtbare Kronenstruktur wiedergibt (Abb. 136). Allgemein sind der Ermittlung dieser und weiterer Parameter aus Luftbildern jedoch aus methodischen Gründen Grenzen gesetzt, die im einzelnen berücksichtigt werden müssen (z.b. Einflüsse von Geländerelief, Beleuchtung, Aufnahmegeometrie).

Bei der *Forsteinrichtung*, wie die mittel- und langfristige forstliche Betriebsplanung traditionsgemäß genannt wird, spielen Luftbilder seit Beginn des Luftbildwesens eine Rolle. Dabei geht es um die etwa alle 10 Jahre durchzuführende Inventur des Forstbetriebes mit einer Überprüfung der Wirtschaftsführung und der Planung für den kommenden Zeitraum. Luftbilder werden dabei als Arbeitshilfe für die Vorbereitung, als Hilfsmittel zur Bestandesbeschreibung und zur Feststellung eingetretener Veränderungen sowie als Grundlage für die Flächenermittlung und Kartenergänzung eingesetzt. Sie können die örtlichen Erkundungen beim Waldbegang wesentlich erleichtern und beschleunigen. Die geeigneten Bildmaßstäbe sind 1:12.000 oder größer, wobei als Arbeitsmaterial oft Vergrößerungen 1:5.000 benutzt werden.

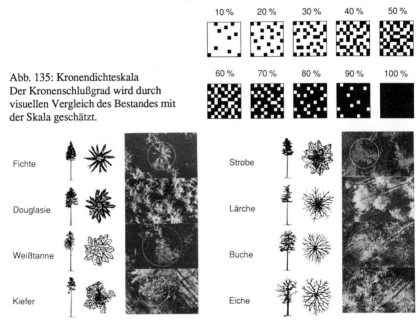

Abb. 135: Kronendichteskala
Der Kronenschlußgrad wird durch
visuellen Vergleich des Bestandes mit
der Skala geschätzt.

Abb. 136: Interpretationsschlüssel zur Bestimmung mitteleuropäischer Baumarten
Schematischen Skizzen der Seitenansicht und der Kronenansicht von oben sind Beispiele aus großmaßstäbigen Luftbildern gegenübergestellt. (Nach RHODY 1983, verkleinert)

Forstliche *Großrauminventuren* sollen den Zustand der Waldgebiete einer Region oder eines Landes erfassen. Die Zielsetzungen können dabei verschieden sein, und auch die Randbedingungen (Gebietsgröße, topographische Gegebenheiten, einsetzbares Personal, verfügbare Zeit usw.) variieren stark. Dementsprechend werden auch verschiedene Verfahrensweisen angewandt. Einerseits gibt es Inventuren, die auf terrestrischen Stichprobenverfahren beruhen und bei denen Luftbilder nur als Orientierungshilfe im Gelände dienen. Andererseits wurden Inventuren ausschließlich durch Auswertung von Luft- und Satellitenbildern durchgeführt, nachdem Interpretationsschlüssel bzw. Trainingsgebiete für die Multispektral-Klassifizierung erarbeitet worden waren. Die verwendeten Luftbildmaßstäbe liegen häufig bei 1:15.000 bis 1:25.000. Die Auswertung von Satellitendaten eignet sich vor allem für extensiv bewirtschaftete Großräume. Aber auch zweistufige Verfahren, die

Tafel 9: Waldbestände verschiedenen Alters im Farb- bzw. Farbinfrarot-Luftbild
Oben: Fichten im Harz, etwa 1:3.000. (Photo: DLR Oberpfaffenhofen). Unten: Laubwald in
Schleswig-Holstein: 1 = Eiche/Buche (Jungwuchs); 2 = Eiche/Buche; 3 = vorw. Eiche; 4 =
vorw. Buche; 5 = Fichtengruppe; 6 = Pappel/Erle, etwa 1:6.000. (Photo: Hansa Luftbild)

Stufe 0
(ohne erkennbare Schadmerkmale)

Krone dicht und
kuppelartig gewölbt
Astsysteme fächerartig aufragend

Stufe 1
(schwach geschädigt)

Umriß etwas ausgefranst
Kronenperipherie aufgelockert
Periphere Astsysteme
meist spießartig

Stufe 2
(mittelstark geschädigt)

Umriß stark ausgefranst
Krone deutlich aufgelockert
Periphere Astsysteme
spieß- bis pinselartig

Stufe 3
(stark geschädigt)

Krone in bruchstückhafte
Einzelteile zerfallen
Astsysteme skelettiert

Tafel 10: Vereinfachtes Beispiel für einen Schlüssel zur Interpretation von Baumschäden Zustandsstufen der Buche im Farbinfrarot-Luftbild und aus terrestrischer Sicht. Die sachgemäße Anwendung eines solchen Interpretationsschlüssels setzt entsprechende Erfahrungen des Bearbeiters und stereoskopische Betrachtung voraus. (Photos: M.RUNKEL, Berlin)

Tafel 11: Luftbild als Planungshilfe für die Dorfentwicklung
In einer Studie wurde die Verwendung von Luftbildern bei der Dorfentwicklungsplanung
untersucht (WEISER 1984). Dabei wurden auch die Planungsergebnisse auf Luftbildern im
Maßstab 1:1000 dargestellt. (Photo: Landesamt für Flurbereinigung Baden-Württemberg)

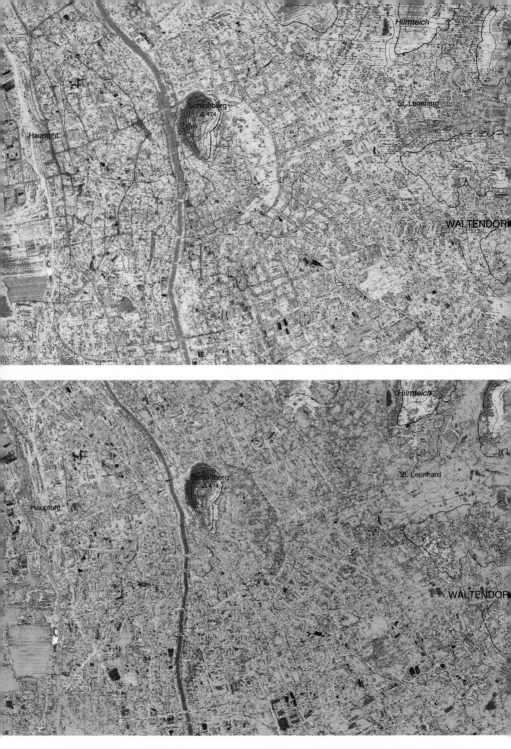

Tafel 12: Karten der Strahlungstemperaturen in Graz am 2./3.10.1986 (verkl. Ausschnitte)
Um mikroklimatische Vorgänge zu erfassen, wurden mit einem Flugzeugscanner Thermal-
bilder aufgenommen und zu Themakarten 1:25.000 aufbereitet (blau = kalt, rot = warm).
Oben: 22 Uhr abends. Unten: 5 Uhr morgens. (KAUFMANN & BUCHROITHNER 1990)

flächendeckend Satelliten-Bilddaten und für ausgewählte Teilflächen zusätzlich Luftbilder verwenden, wurden entwickelt.

Zur *Erfassung von Waldschäden* wurden Luftbilder vor allem in Mitteleuropa seit langem eingesetzt. Dabei läßt sich eine flächige Bestandesvernichtung, wie sie durch Waldbrand, Windwurf, Erdrutsch u.ä. entsteht, leicht und sicher erfassen (Abb.137). Schwieriger ist es, Schädigungen durch Insekten, Pilze, Immissionen usw. zu erkennen und zu bewerten. Dazu bedarf es der differenzierten Interpretation der an den Kronen sichtbaren Symptome, z.B. Kronenstruktur und Astsysteme (vgl. Tafel 10). Große Bedeutung hat hierbei auch die Farbinfrarot-Photographie erlangt, da sie die Reflexionseigenschaften im nahen Infrarot wiedergibt, welche für den Vitalitätszustand eines Baumes charakteristisch sind (vgl. 2.1.3). Die Vorteile von Farbinfrarot-Bildern – auch bei der Bewertung der Vitalität von Straßenbäumen – wurden in vielen Fällen überzeugend nachgewiesen (z.B. KENNEWEG 1970, 1979).

Abb. 137: Windwurf in einem Waldgebiet nahe Ingolstadt
Aufgenommen am 5.8.1958, Bildmaßstab 1:6.000. (Photo: PHOTOGRAMMETRIE GmbH)

Besondere Aktualität erlangte die Schadenserfassung mit Hilfe von Luftbildern als nach 1980 neuartige Waldschäden um sich griffen, die in der Öffentlichkeit als »Waldsterben« bekannt sind. Seither wurden Farbinfrarot-Luftbilder in großem Maße eingesetzt, um die aufgetretenen Schäden und die Dynamik ihrer Veränderung zu erfassen (z.B. HARTMANN 1984, TZSCHUPKE 1988). Die Interpretation von Luftbildern und terrestrische Inventurmethoden ergänzen sich dabei. Die Aufgabenstellung ist jedoch alles andere als trivial. Deshalb war die Entwicklung auch Anlaß zu intensiven Forschungsarbeiten mit dem Ziel, die methodischen Ansätze und die Zuverlässigkeit der Ergebnisse zu verbessern sowie die Kriterien für die Bewertung von Schädigungen zu präzisieren. In diesem Zusammenhang waren auch Multispektral-Daten von Flugzeug-Scannern und Satelliten-Bilddaten Gegenstand eingehender Untersuchungen (LANDAUER & VOSS 1989).

Eine spezielle Aufgabenstellung läßt sich mit dem Stichwort *Waldbrand-Monitoring* charakterisieren. Dazu eignen sich besonders im Thermalbereich gewonnene Flugzeug-Scannerbilder, da deren Aufnahme von der Tageszeit unabhängig und durch Nebel und Rauch kaum behindert ist. Außerdem bieten sie die Chance, sog. »*Hot Spots*« zu erfassen, also durch Blitzschlag, Lagerfeuer u.ä. verursachte Schwelbrände, die noch nicht offen brennen. In den USA wurden deshalb schon um 1970 Überwachungssysteme entwickelt, die während des Fluges direkt Thermal-Bildstreifen aufzeichnen, die zur Feuerbekämpfung sofort verfügbar sind (z.b. HILDEBRANDT 1976).

Eine eingehende Darstellung des Einsatzes von Luft- und Satellitenbildern in der Forstwirtschaft mit vielen Literaturhinweisen bietet HUSS (1984).

Die Anwendungen in der *Landwirtschaft* betreffen zwar auch Vegetationsbestände, doch sind die Aufgaben und Methoden von denen der Forstwirtschaft gänzlich verschieden (z.b. GEBHARDT 1987, KÜHBAUCH u.a. 1990). Die wichtigsten Bereiche lassen sich zusammenfassen unter Nutzungskartierung, Zustandserhebung und Ertragsschätzung. Darüber hinaus spielen die schon erwähnten Aspekte der Bodenkunde eine wichtige Rolle, nicht zuletzt im Hinblick auf die potentielle Landnutzung.

Bei der *Nutzungskartierung* soll der Anbau-Umfang einzelner Feldfrüchte erfaßt werden. Diesbezüglich bestehen große regionale Unterschiede, da die natürlichen Gegebenheiten und die landwirtschaftlichen Produktionsmethoden weltweit sehr stark variieren. Unter mitteleuropäischen Verhältnissen können die Hauptanbauarten Getreide, Hackfrüchte und Grünland in Luftbildern mittlerer Maßstäbe (etwa 1:10.000) mit großer Sicherheit identifiziert werden (MEIENBERG 1966). Auch eine weitergehende Differenzierung, z.B. in Weizen, Roggen und Gerste, ist möglich. Es versteht sich von selbst, daß dabei der Erfolg stark von der Wahl eines günstigen Aufnahmezeitpunktes abhängt (STEINER 1961). Bei der visuellen Interpretation werden vor allem die objektspezifischen Texturen als Unterscheidungskriterien benutzt. Trotzdem wird die Kartierung landwirtschaftlicher Nutzflächen durch Farb- oder Farbinfrarot-Bilder wesentlich erleichtert.

Anders liegen die Verhältnisse bei der Nutzungskartierung aus Satelliten-Bilddaten durch Multispektral-Klassifizierung. Bei diesen Daten gehen die objektspezifischen Texturmerkmale in der Pixelstruktur unter. Außerdem treten an den Feldrändern unerwünschte Mischsignaturen auf. Andererseits bieten die Thematic Mapper-Daten umfassendere Spektralinformationen. In der Praxis zeigt sich, daß sich vor allem der multitemporale Ansatz für die Kartierung der Landnutzung eignet, der aus den kurzzeitigen Veränderungen der Vegetationsbestände Nutzen zieht (z.B. BOOCHS u.a. 1989).

In anderen Regionen kann man manche Nutzungsarten auch in Satellitenbildern leicht an ihren typischen Formen erkennen (rechteckige Felder, runde Bewässerungsfelder u.ä.). Zur Identifizierung der Feldfrüchte, Plantagen usw. sind jedoch in aller Regel genaue regionale Kenntnisse erforderlich. Dies gilt in noch stärkerem Maße für gemischte Nutzungsformen, wie sie in vielen Entwicklungsländern vorkommen (z.B. Kaffee-Anbau unter Schatten-bäumen).

Ziel der *Zustandserhebung* ist es vor allem, solche Flächen zu erfassen und zu kartieren, die aus verschiedenen Gründen (Standortbedingungen, Krankheiten, Schädlingsbefall, Frost u.ä.) vom normalen Bestand abweichen. Dazu kommen in erster Linie Farbinfrarot-Luftbilder in Frage, da in ihnen die betroffenen Flächen meist gut identifiziert und abgegrenzt werden können. Dies ist auf die Tatsache zurückzuführen, daß die Schädigungen vielfach mit einer Verringerung des Reflexionsgrades im nahen Infrarot einhergeht. In anderen Fällen dienen andere Merkmale, die auch in Schwarzweißbildern erkennbar sind, zur Identifizierung von Schäden (Abb.138).

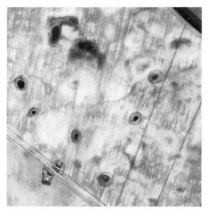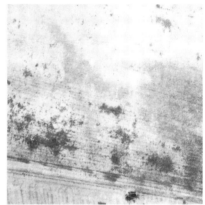

Abb. 138: Schädigungen in landwirtschaftlichen Flächen
Links: Vernäßte Hohlformen in jungpleistozänem Tiefland mit teils offenen Wasserflächen (Maßstab 1:10.000, Photo: Universität Rostock). Rechts: Dunkle Flecken in einem Luzerne-feld, verursacht durch Nematoden-Befall (Nach BARRETT & CURTIS 1982).

Der Einsatz von multispektralen Scanner-Daten zur Erfassung von Pflanzenschäden wurde 1971 im großen Stil in den USA erprobt. Anlaß war die rasante Ausbreitung einer Pilzkrankheit in den Maisfeldern. Im *Corn Blight Watch Experiment* wurden Farbinfrarot-Luftbilder, Flugzeug-Scannerdaten in 12 Kanälen und intensive Geländeerhebungen ausgewertet. Es zeigte sich, daß die Schädigungen in ihrem frühen Stadium weniger gut, in ihrem späteren Verlauf aber gut erkannt wurden (COLWELL 1983).

Die *Ertragsschätzung* für landwirtschaftliche Produkte gehört zu den Anwendungen der Fernerkundung, die in der Öffentlichkeit besonders populär gemacht wurden. Dabei ist es keineswegs einfach und auch nicht ein Verdienst der Fernerkundung alleine, wenn in gewissen Grenzen Voraussagen über landwirtschaftliche Erträge möglich sind. Jeder Ansatz dazu muß nämlich von zwei Größen ausgehen, der jeweiligen Anbaufläche und einem prognostizierten Ertrag pro Flächeneinheit. Der Beitrag der Fernerkundung wird sich weitgehend auf die Ermittlung der Anbaufläche beschränken. Der zu erwartende Ertrag ist dann über komplexe Modellrechnungen zu schätzen, in die Kenntnisse über Klimazonen und Naturräume, frühere Ertragszahlen, laufende Beobachtungen von Temperatur und Niederschlag u.ä. eingehen. Das bekannteste Projekt zur Ertragsschätzung, das bisher unternommen wurde, ist das *Large Area Crop Inventory Experiment* (LACIE) der NASA (z.B. COLWELL 1983). Es wurde 1974 mit dem Ziel begonnen, die Weizenernte in den Hauptanbaugebieten (USA, Kanada, Argentinien, UdSSR) vorauszusagen. Dabei dienten LANDSAT MSS-Daten zur Ermittlung der Anbauflächen nach einem regional orientierten Stichprobenverfahren. Die Vorhersage der Erträge erfolgte dann über agrometeorologische Modellrechnungen. Die Abweichungen der Vorausschätzungen von den tatsächlichen Erträgen sollte unter 10% liegen. Da dieses Ziel (trotz größerer Fehler im einzelnen) erreicht wurde, erwuchsen in der Öffentlichkeit ungerechtfertigt hohe Erwartungen in das Verfahren (KÜHBAUCH u.a. 1990). Mit ähnlichen Methoden und unter Verwendung von Daten verschiedener Sensoren und Maßstäbe werden auch für die Nahrungsmittelproduktion in Afrika Voraussagen gemacht. Diese sollen nach den mehrfachen Hungerkatastrophen vor allem in der Sahelzone zu einem Frühwarnsystem beitragen (z.B. GULAID 1986).

## 6.6 Tierkunde

Im Gegensatz zu der in den Medien hochgespielten Ernteschätzung mit Luft- und Satellitenbildern hat deren Einsatz zur Zählung freilebender Tiere und zur Erfassung und Überwachung ihrer Lebensräume wenig öffentliche Beachtung gefunden. Dies ist deswegen überraschend, weil Luftbilder schon seit Jahrzehnten systematisch für diese Zwecke benutzt werden. Methodisch kommen dabei zwei sehr unterschiedliche Vorgehensweisen in Frage, je nachdem, ob die betreffenden Tiere in Bildern direkt erkennbar sind oder ob nur indirekt durch Interpretation anderer Merkmale auf ihre Habitate geschlossen werden kann.

Es versteht sich von selbst, daß die *Zählung von Tieren*, die sich mit genügendem Kontrast von ihrer Umgebung abheben, in photographischen Bildern leicht möglich ist. Dadurch können Tierpopulationen zuverlässiger als mit jeder anderen Methode erfaßt werden (Abb.139), und zwar auch in nur schwer zugänglichen Gebieten (z.B. Sumpflandschaften). Gezählt werden auf diese Weise Rentiere, Gnus, Elefanten, Wasservögel, Seehunde und viele andere (z.B. GRZIMEK & GRZIMEK 1960, FRICKE 1965, SCHÜRHOLZ 1972, POOLE 1989). Da keine Messungen erforderlich sind, lassen sich außer Reihenmeßkammer-Bildern mit Vorteil auch kleinformatige Luftbilder einsetzen. Sie werden meist als Schrägbilder von kleinen Beobachtungsflugzeugen aus aufgenommen, was dem Verfahren trotz geringer Kosten große Flexibilität verleiht. Die Bildmaßstäbe müssen ziemlich groß sein und liegen meist zwischen 1:3.000 und 1:8.000. Verschiedentlich wurden auch Thermal-bilder eingesetzt, um warmblütige Wildtiere aufgrund ihrer Wärmeausstrah-lung zu erfassen. Dies bietet zwar den Vorteil, daß auch nachtaktive Tiere aufgenommen werden können, doch treten viele praktische Schwierigkeiten auf, so daß das Verfahren auf Sonderfälle beschränkt bleibt. Eine ausführ-liche Behandlung erfährt das Thema Tierzählung durch BEST (1983).

Abb. 139: Rentierherde
Die Zahl der Tiere einer Herde wird im allgemeinen wesentlich unterschätzt. Diese im nörd-lichen Kanada aufgenommene Herde umfaßt etwa 2.800 Tiere. (Nach POOLE 1989)

Die Erfassung der *Lebensräume von Tieren* ist eine Teilaufgabe der natur-räumlichen Gliederung und der geoökologischen Kartierung und geht von denselben methodischen Grundlagen aus. Dabei werden - im Gegensatz zur Tierzählung - meist flächendeckend vorliegende Luftbilder oder Satelliten-Bilddaten benutzt. Aufgrund von Topographie, Morphologie, Vegetation, Landnutzung und anderer Kriterien (z.B. Klima, Nahrungsangebot) werden die als Wildtierhabitate geeigneten ökologischen Einheiten abgegrenzt und ihre Veränderungen beobachtet. In ähnlicher Weise dienen Luft- und Satel-litenbilder auch der Überwachung von Weidegebieten in der Viehwirtschaft.

## 6.7 Regionale Planung

Für regionale Planungsaufgaben wird stets eine Fülle von aktuellen Unter-lagen benötigt, die im allgemeinen flächendeckend verfügbar sein müssen. Da die Anforderungen mit herkömmlichen Erhebungsmethoden und konventio-nell erstellten Karten kaum erfüllt werden können, finden vor allem Luft-bilder in diesem Bereich vielfältige Anwendung. Sie eignen sich außerdem hervorragend zur Vorbereitung und Durchführung von Geländebegehungen sowie als Dokumentationsmittel und als Mittel zur Kommunikation zwischen den Planungsbeteiligten. Satellitenbilder kommen vor allem für großräumige Aufgaben in Betracht. Die Vielfalt der Anwendungen mag durch die Begriffe Nutzungsplanung, Verkehrsplanung, Landschaftsschutz, Erholungsplanung sowie Dokumentation von Veränderungen angedeutet werden.

Die *Nutzungsplanung* muß stets von einer Kartierung des gegenwärtigen Zustandes ausgehen. Dabei können mit geeigneten Luftbildern die meisten Nutzungsarten zuverlässig erfaßt werden (z.b. Gewerbegebiete, Sonderkulturen, Kleingärten, Sportanlagen, offene Abbauflächen, Deponien usw.). Die Bildmaßstäbe schwanken je nach Aufgabenstellung stark, und zwar von etwa 1:5.000 in überbauten Gebieten bis etwa 1:25.000 in Acker- und Wiesenbereichen. Die als Ergebnis vorliegende Kartierung der Flächennutzung kann am vielfältigsten weiterverwendet werden, wenn sie anschließend digitalisiert wird. Für großräumige Erhebungen kommen jedoch auch Stichprobenverfahren in Betracht. So beruht beispielsweise die Arealstatistik in der Schweiz auf Daten, die aus Luftbildern in einem Rasternetz von 100 m Maschenweite erhoben werden (TRACHSLER 1980, KÖLBL 1981).

Zur *Verkehrsplanung* kann nicht nur der Erschließungsgrad einer Landschaft durch Straßen und Bahnen untersucht, sondern auch der ruhende und der fließende Verkehr erfaßt werden (TRACHSLER 1980). Dazu bedarf es allerdings sorgfältig geplanter spezieller Aufnahmen. Luftbilder leisten wertvolle Hilfe beim Entwurf von Linienführungen, bei der Beurteilung von Umgehungsstraßen usw. Viele landschaftspflegerisch oder bautechnisch sensible Bereiche (Biotope, Lärmschutzbedarf, Rutschungen u.ä.) können dabei ausgewiesen werden. Es wird empfohlen, für Vorplanungen vorzugsweise Farb- oder Farbinfrarot-Bilder in Bildmaßstäben um 1:13.000, für Detailplanungen in Maßstäben um 1:4.000 zu verwenden (ALBERTZ u.a. 1982).

Für den *Landschaftsschutz* können Luftbilder zunächst der Inventarisierung schutzwürdiger Naturobjekte und Landschaftselemente dienen. Es kann sich dabei um ökologisch wertvolle Gebiete (z.B. Feuchtbiotope), besondere geomorphologische Formen, Baumgruppen, Hecken u.ä. handeln oder auch um kulturhistorisch wichtige Objekte oder Siedlungsformen. Daneben bieten Luftbilder reichhaltige Hinweise auf Naturgefahren und Landschaftsschäden. Als Beispiele seien Erosionserscheinungen, Überschwemmungen, Rutschungen, Vegetationsschäden, Altlasten u.ä. genannt.Vielfach können auch ältere Luftbilder herangezogen werden, um potentielle Altlasten zu lokalisieren. Es hat sich beispielsweise gezeigt, daß unkontrollierte Deponien am besten in Bildern aufzuspüren sind, die zum Zeitpunkt der Ablagerung aufgenommen wurden.

Mit dem Landschaftsschutz eng verbunden ist die *Erholungsplanung*. Dabei stellt sich zuerst die Frage, wo einzelne Erholungseinrichtungen (Badestrände, Campingplätze, Skipisten usw.) liegen und wie sie zugänglich sind, vor allem aber wie stark sie zu bestimmten Zeiten in Anspruch genommen werden. Für Erhebungen hierzu (Zählen von Badegästen, Belegung von Parkplätzen in Wandergebieten u.ä.) haben sich Bilder in größeren Maß-

Abb. 140: Veränderungen einer Landschaft durch den Menschen
Luftbilder dokumentieren die Veränderungen einer Landschaft. Das Beispiel zeigt Münster-
Coerde im Jahre 1954 (oben) und im Jahre 1975 (unten). Bildmaßstab etwa 1:14.000. (Auf-
nahme: Hansa Luftbild GmbH, Münster)

stäben (etwa zwischen 1:2.000 und 1:10.000) bewährt (PLÜCKER & VUONG 1975, SCHNEIDER 1977, TRACHSLER 1980). Luftbilder eigenen sich darüber hinaus in vielfältiger Weise zur Planung von Erholungseinrichtungen und zur Abschätzung der von ihnen ausgehenden Belastungen.

Jedes Luftbild hält einen bestimmten historischen Zustand der Landschaft fest, und zwar in viel umfassenderer Form als es in einer topographischen Karte möglich ist. Deshalb eignet sich der Vergleich alter und neuer Luftbilder in hervorragender Weise zur *Dokumentation von Veränderungen.* Es versteht sich von selbst, daß damit sich vollziehende Entwicklungstendenzen erfaßt werden können, wie beispielsweise die Zunahme oder der Rückgang bestimmter Nutzungsformen oder auch die örtliche Verlagerung von Nutzungen, welche in einer Flächenstatistik gar nicht in Erscheinung tritt. Die Abb. 140 verdeutlicht diesen dokumentarischen Wert von Luftbildern.

Ein reichhaltige Sammlung von Erfahrungsberichten zur Anwendung der Fernerkundung in der Regionalplanung findet man bei SCHNEIDER (1984).

*6. 8 Siedlungen und technische Planung*

Auch in anderen Anwendungsbereichen wie Städtebau, Dorferneuerung, Planung von Industriestandorten, Deponien usw. steht zunächst die Erfassung und Analyse des gegebenen Zustandes im Vordergrund. Häufiger als sonst kommt es dabei aber auch darauf an, die dritte Dimension in die Betrachtungen einzubeziehen. Deshalb werden in diesem Zusammenhang vielfach auch stereophotogrammetrische Messungen durchgeführt und Schrägbilder eingesetzt.

Mit den Methoden der *Stereophotogrammetrie* (vgl. 5.2.2) können Gebäude, Industrieanlagen, Straßenbäume u.ä. nicht nur im Grundriß kartiert, sondern auch in ihrer räumlichen Ausprägung erfaßt werden. Die damit verbundenen Vorteile kommen jedoch meist erst bei digitaler Verarbeitung der Daten zum Tragen. Die Abb. 141 zeigt als Beispiel eine photogrammetrisch erfaßte »Dachlandschaft«, die dann in beliebigen Perspektiven wiedergegeben oder auch um geplante Objekte erweitert werden kann.

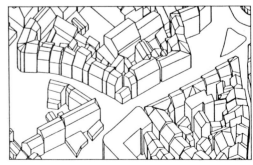

Abb. 141: Perspektive einer Stadt
Die Stadtmitte von Aurillac (Frankreich) wurde nach photogrammetrischen Messungen axonometrisch dargestellt (Ausschnitt). (Nach CARBONNELL & EGELS 1980)

Als Ergänzung zu Senkrecht-Luftbildern können *Schrägbilder* eingesetzt werden. Sie sind auch für Laien sehr anschaulich und erleichtern außerdem die Bewertung von Stadt- und Landschaftsbildern, Industriestandorten u.ä. Ferner lassen sich damit Fassaden oder Ensembles erfassen, die in Senkrechtbildern nicht oder nicht so übersichtlich wiedergegeben werden (Abb.142).

Abb. 142: Rothenburg ob der Tauber
Das Schräg-Luftbild bietet eine anschauliche Übersicht über das Ensemble der mittelalterlichen Stadt. (Photo: CARL ZEISS, Oberkochen)

Vielfältige Anwendung finden Luftbilder in der Forschung auf dem Gebiet der *Siedlungs- und Stadtgeographie*. Gegenstand der Untersuchung sind oft die Bezüge zwischen Stadt und Umland sowie die historischen und funktionalen Entwicklungen.[1] Darüber hinaus sind sozioökonomische Analysen möglich, in denen aufgrund von Bebauungsart und -dichte, Straßenführung, Grundstücksgestaltung, sichtbaren Außenanlagen u.ä. Rückschlüsse auf soziologische und wirtschaftliche Strukturen gezogen wird (z.B. VÖLGER 1969, BADEWITZ 1971).

Bei der *Siedlungsplanung*, die ihrerseits die Planung der Nutzung, Erschließung, Gestaltung,Verkehrsführung usw. umfaßt, können Luftbilder als Informationsquelle und Arbeitsunterlage hervorragende Dienste leisten. Sie vermitteln nicht nur eine Fülle von planungsrelevanten Einzelheiten, sondern ermöglichen auch eine gesamtheitliche Beurteilung einer Siedlung und ihres Umlandes. Dadurch werden die klassischen Werkzeuge der Planer, nämlich kartographische Bestandsaufnahme, Ortsbegehung und Bürgerbefragung er-

---

[1] Viele Beispiele dazu findet man unter den Luftbildinterpretationen, die seit 1959 in der Zeitschrift »Die Erde« veröffentlicht wurden, aber auch in den unter der Bezeichnung »Luftbildatlas« für einzelne Regionen erschienenen Bildbänden.

weitert. Die Luftbildinterpretation soll keines dieser Werkzeuge ersetzen, sie kann aber die Informationen ergänzen, vertiefen und präzisieren und zugleich den gesamten Planungsprozeß erleichtern und beschleunigen (TRACHSLER 1980, WEISER 1984). Dabei liegt es nahe, die Anschaulichkeit der Bilder auch zur Darstellung der Planungsergebnisse zu nutzen. Die Abstimmung unter den Planungsbeteiligten wird dadurch erleichtert. In einer Pilotstudie hierzu wurde das in Tafel 11 gezeigte Beispiel erarbeitet.

Abb. 143: Tagebau Hambach im Rheinischen Braunkohlenrevier
Oben: Das Gebiet des Tagebaus vor der Erschließung; das Luftbild dokumentiert den ursprünglichen Zustand und dient als Planungsgrundlage. Unten: Das gleiche Gebiet während des Abbaus; das Luftbild dient zur Überwachung der fortschreitenden Arbeiten. Bildmaßstab etwa 1:35.000. (Photos: RHEINBRAUN AG)

Bei der *Standortwahl* und *Planung von technischen Einrichtungen* im weitesten Sinne (Industrieanlagen, Einkaufszentren, Klärwerke, Deponien, Kiesgruben, Steinbrüche usw.) gilt es immer, ein komplexes Gefüge von wirtschaftlichen, ökologischen, verkehrsgeographischen und vielen anderen Faktoren zu berücksichtigen. Durch die Interpretation von Luftbildern kann die Bewertung der möglichen Standorte, der zu erwartenden Belastungen u.ä. wesentlich erleichtert und präzisiert werden. Daneben dienen Luftbilder vielfach auch der stereophotogrammetrischen Erfassung von relevanten geometrischen Informationen sowie der Dokumentation von Veränderungen (z.B. Abb.143). Schließlich können sie auch bei der Überwachung von technischen Einrichtungen (z.b. Pipelines, Dammbauten), bei der Beseitigung von Folgen technischer Maßnahmen (z.b. Rückbau von Straßen, Rekultivierung von Tagebauflächen, Abb.144) und ähnlichen Aufgaben effektiv genutzt werden.

Abb. 144: Tagebau Berrenrath im Kölner Revier nach der Rekultivierung
In der linken Bildhälfte liegt das neue Dorf Berrenrath; das alte Dorf befand sich im Bereich des heutigen Sees. Bildmaßstab etwa 1:35.000. (Photo: RHEINBRAUN AG)

Flugzeug-Scanner werden bei der Planung von Siedlungen und technischen Einrichtungen vor allem zur Gewinnung von Thermalbildern eingesetzt (vgl. 6.11). Satelliten- und Radar-Bilder kommen in diesem Bereich kaum vor.

## 6.9 Archäologie

Zu den besonders faszinierenden Anwendungen der Luftbildinterpretation gehört die Entdeckung, Erforschung und Dokumentation historischer und prähistorischer Stätten. Daß sich historische Städte, Befestigungsanlagen oder alte Kultstätten der noch jungen Fliegerei in neuartiger Perspektive präsentierten, konnte nicht überraschen. Folgerichtig wurden schon während des Ersten Weltkrieges durch die Piloten einer deutschen Fliegerstaffel für das

»Deutsch-Türkische Denkmalschutzkommando« alte Stadtanlagen in Syrien, Palästina und Westarabien aufgenommen. Daß man aber in Luftbildern bisher unbekannte Grabanlagen, ehemalige Römerstraßen oder ganze Siedlungsgrundrisse würde entdecken können, das war nicht zu erwarten gewesen. Wie ist das möglich?

Zwei Aspekte wirken in der *Luftbild-Archäologie* zusammen. Zum einen bietet die Vogelperspektive einen Überblick, der Grundrißformen und Zusammenhänge sichtbar werden läßt, welche von der Erdoberfläche aus nicht erkennbar sind. Der englische Pionier der Luftbild-Archäologie, O.G.S. CRAWFORD, hat dies mit einem Teppichmuster verglichen: aus der Perspektive einer Katze bleibt es ein unverständliches Liniengewirr, während sich dem Menschen aus seiner Augenhöhe die Zusammenhänge erschließen. Zum zweiten werden an der Oberfläche sonst nicht mehr sichtbare archäologische Objekte unter bestimmten Bedingungen wahrnehmbar. Schon CRAWFORD (1938) unterschied dabei drei verschiedene Arten von Merkmalen, die er *Shadow Sites*, *Crop Sites* und *Soil Marks* nannte:

- Kleine, unauffällige *Unebenheiten* im Gelände können bei sehr niedrigem Sonnenstand zu Schattierungen führen, die bei der synoptischen Betrachtung von oben den Verlauf von Gräben, Wällen oder anderen charakteristischen Merkmalen verraten (*Shadow Sites*). Dadurch können z.B. ehemalige Siedlungen und alte Flureinteilungen (Abb.146) oder auch Grenzanlagen wie der römische Limes sichtbar werden.

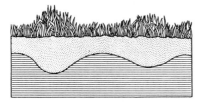 

Abb.145: Positive und negative Bewuchsmerkmale in der Luftbildarchäologie
Links: Alte Gräben (verbesserte Standortbedingung für den Pflanzenwuchs). Rechts: Unterirdischer Mauerrest (verschlechterte Standortbedingung). (Nach AVERY 1977)

- Zu gewissen Zeiten fallen die Spuren archäologischer Objekte innerhalb von Äckern und Wiesen durch stärkeren oder schwächeren Pflanzenwuchs auf (*Crop Sites*). Solche *Bewuchsmerkmale* zeigen, daß sich der Wurzelraum der Pflanzen an diesen Stellen von der unbeeinflußten Umgebung unterscheidet (Abb.145). Dabei kann es sich um positive Merkmale handeln (z.B. ehemalige Gräben, durch die die Standortbedingungen verbessert werden) oder um negative Merkmale (z.B. Mauerreste, die den Wurzelraum der Planzen einengen). Die Wirkung hängt nicht nur vom Wechsel der Jahreszeiten, sondern auch von der Pflanzenart ab. Besonders günstig sind mit Getreide bestandene Ackerflächen; die Abb.147 zeigt ein typisches Beispiel dieser Art. Manche

Abb. 146: Untergegangenes mittelalterliches Dorf
Durch die verbliebenen Unebenheiten werden die Straßen und Gebäude eines ehemaligen
Dorfes in Northamptonshire (England) bei niedrigem Sonnenstand ebenso sichtbar wie die
alte Einteilung der angrenzenden Feldflur. (Photo: Cambridge University Collection ©)

Abb.147: Teil der ehemaligen Römerstadt Carnuntum an der Donau
Straßen und Grundrisse der Bauten des Lagerdorfes, das Teil des römischen Legionslagers
war, werden durch negative Bewuchsmerkmale in Getreidefeldern sichtbar. (Nach VOR-
BECK & BECKEL 1973)

Bewuchsmerkmale werden in jedem Jahr zu bestimmten Zeiten sichtbar. In anderen Fällen kommen die Unterschiede aber erst unter extremen Witterungsbedingungen (z.b. bei lange anhaltender Trockenheit) zur Geltung. Gerade deshalb bieten Bewuchsmerkmale die vielseitigste, ergiebigste und auch exakteste Methode der Luftbild-Archäologie.

- Seltener und nicht immer leicht zu interpretieren sind an vegetationsfreien Flächen zu beobachtende *Bodenverfärbungen*, durch die Mauerreste, ehemalige Wege oder auch Gräben sichtbar werden können.

Für die archäologische Forschung sind Luftbilder zu einem unentbehrlichen Arbeitsmittel geworden. Die Erfolge der Luftbild-Archäologie hängen aber stark davon ab, daß die Aufnahmen zu den günstigsten Zeitpunkten gemacht werden, da die Merkmale oft nur kurzfristig sichtbar sind. Es kommt also auf große Flexibilität in der Aufnahmetechnik an. Dies ist ein gewichtiger Grund dafür, daß in diesem Bereich die Verwendung von Handkameras, vielfach Kleinbildkameras, überwiegt. Hinsichtlich der Filmsorten scheinen panchromatische Schwarzweiß-Filme und Farbfilme als Standard akzeptiert zu sein. Die Nutzung zusätzlicher Spektralbereiche durch Farbinfrarot-Filme oder gar durch Thermal- und Mikrowellen-Fernerkundung hat noch nicht die Bedeutung erlangt, die man erwarten könnte. Der damit verbundene technische und finanzielle Aufwand dürfte allerdings die Möglichkeiten der auf archäologischem Gebiet tätigen Stellen übersteigen.

Ausführliche Darstellungen zu diesem Themenkreis findet man u.a. bei DEUEL (1977) und DASSIÉ (1978).

### 6.10 Gewässerkunde

Zur Erkundung und Beobachtung von offenen Gewässern wie auch zur Analyse von Grundwasserverhältnissen bietet die Fernerkundung viele Einsatzmöglichkeiten. Die meisten lassen sich den Stichwörtern Grundwasser, Bäche, Flüsse und Seen, Hochwasser, Gewässer-Belastung, sowie Gletscher-Kartierung zuordnen. Hinweise auf ozeanographische Anwendungen der Fernerkundung bieten z.b. GIERLOFF-EMDEN (1980), SCHMIDT (1986).

Es versteht sich von selbst, daß auf *Grundwasser* nur indirekt aufgrund von Oberflächenmerkmalen geschlossen werden kann. In ähnlicher Weise wie in Geologie und Bodenkunde werden in Luft- oder Satellitenbildern sichtbare Einzelheiten kartiert und daraus Rückschlüsse auf den Grundwasserkörper gezogen. Als Indikatoren dienen vor allem geomorphologische Erscheinungen sowie Vegetations- und Landnutzungstypen. Die Grundwasserverhältnisse hängen aufs engste mit dem geologischen Untergrund, seiner Eignung als Wasserspeicher und mit der durch geologische Strukturen kontrollierten möglichen Wasserführung zusammen. Deshalb tragen auch viele für die geologische Auswertung der Bilder geltenden Kriterien (vgl. 6.3) zur Interpretation bei.

Im Gegensatz dazu sind *Bäche, Flüsse und Seen* mit den Methoden der Fernerkundung direkt zu beobachten. Da die Reflexionsverhältnisse in Wasserkörpern kompliziert und sehr unterschiedlich sind, ist auch die Wiedergabe von Wasserflächen in Luft- und Satellitenbildern großen Schwankungen unterworfen (vgl. 2.1.3). Im nahen Infrarot wird auftreffende Strahlung vom Wasser sehr stark absorbiert. Aus diesem Grunde erscheinen offene Wasserflächen in Infrarot- bzw. Farbinfrarot-Luftbildern und in Infrarot-Kanälen von Satelliten-Bilddaten fast schwarz (vgl. Abb.21) und heben sich dadurch deutlich ab. Diese Tatsache macht man sich bei der Kartierung von Uferlinien an Flüssen und Seen und bei der Beobachtung von Überflutungen durch *Hochwasser* zunutze. In engem Zusammenhang damit steht auch die Erfassung und Dokumentation von Hochwasserschäden, bei der in der Regel Luftbilder (z.B. SCHNEIDER 1984), bei großen Überflutungen auch Satellitenbilder eingesetzt werden (z.b. PHILLIPSEN & HAFKER 1981). Schließlich eignen sich Luftbilder – in Verbindung mit örtlichen Beobachtungen – auch hervorragend zur Kartierung der Ufervegetation von Seen und Flüssen (Abb.148). Wenn dabei die Vegetation unter der Wasseroberfläche erfaßt werden soll, sind normale Farbfilme am besten geeignet (LANG 1969).

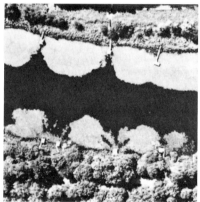

Abb. 148: Ufervegetation im Luftbild
Links: Schilfröhricht und Steifseggenried im Ermatinger Becken des Bodensees; Bildmaßstab etwa 1:10.000 (nach LANG 1969). Rechts: Schwimmblattzone im Altrhein bei Wörth (Pfalz); Herden der *Wassernuß* zeigen Tiefen von 1 bis 2 m und starke Eutrophierung an (nach SCHNEIDER 1977).

Schwebstoffe, Algen usw. führen dazu, daß die Wasserflächen auch im Infrarot-Bereich stärker reflektieren. Dieser Effekt hängt vor allem von der Art und Konzentration der Stoffe ab. Deshalb kann daraus auf die *Gewässer-Belastung* geschlossen werden. Von Vorteil ist die flächige Aufnahme mit Hilfe der Fernerkundung, da andere Verfahren nur lokale Messungen zulassen. Die Kriterien zur Bewertung der Bildinformationen müssen sich jedoch auf örtliche Beobachtungen stützen. Fernerkundungsdaten dienen vor allem dazu, die Ausdehnung und Veränderung der Belastung und die Vermischung verschiedener Wasserkörper zu erfassen.

Eine spezielle Problematik ist die thermische Belastung von Seen und Flüssen. Dies ist von besonderer Wichtigkeit dort, wo durch Industriebetriebe oder Kraftwerke Abwässer eingeleitet werden. Thermal-Bilder erfassen den kontinuierlichen Verlauf der Vermischungs- und Abkühlungsvorgänge, soweit sie sich in der Oberflächentemperatur widerspiegeln. In mehreren Studien wurden in diesem Zusammenhang wichtige Erkenntnisse über das Verhalten fließender Gewässer gewonnen (SCHNEIDER 1977). Es zeigte sich, daß die Vermischungs- und Abkühlungsvorgänge in hohem Maße von der Menge und der Geschwindigkeit des Flußwassers abhängen. In kleineren und langsamfließenden Gewässern ist kurz nach dem Warmwassereinlaß die gesamte Wasseroberfläche erwärmt. In großen Flüssen, z.B. im Rhein, wird dagegen das eingeleitete Wasser oft über viele Kilometer als schmale Warmwasserfahne am Ufer entlanggedrückt. Deshalb ist das Wasser in der Flußmitte durch Wärmeeinleiter kaum beeinflußt, während es am Ufer stark belastet ist (Abb. 149). Durch solche Untersuchungen können die Kenntnisse über die Vermischungsvorgänge erweitert und die Wärmelastpläne für Gewässer verbessert werden.

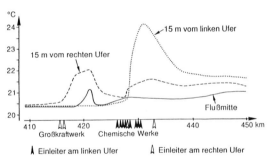

Abb. 149: Oberflächentemperaturen des Flußwassers im Oberrhein (Brühl – Worms) Die Erwärmungen durch Einleiter am rechten und linken Ufer klingen nur langsam ab; die Flußmitte ist davon aber kaum betroffen; Messungen am 29.8.1973.
(Nach SCHNEIDER 1977)

Auch in seiner festen Form ist das Wasser Bobachtungsgegenstand der Fernerkundung. Zur *Gletscher-Kartierung*, ursprünglich eine Domäne der terrestrischen Photogrammetrie, werden in zunehmendem Maße Luft- und Satellitenbilder sowie Radar-Bilddaten benutzt (z.B. BRUNNER 1980, BUCHROITHNER 1989, ROTT 1980). Die Beobachtung der Inlandeismassen in der Antarktis mittels Radar-Daten von ERS-1 wird vorbereitet (Strauch 1988).

### 6.11 Meteorologie und Klimatologie

Die Möglichkeiten, welche Satelliten als Beobachtungsplattformen für die Meteorologie bieten, wurden sehr früh erkannt. Durch sie konnte die großräumige, nahezu simultane Erfassung der Wolkenbedeckung und anderer

Tafel 13: Satelliten-Bildkarte »Ruhrgebiet 1:50.000« (etwas verkleinerter Ausschnitt)
Die Karte wurde durch Kombination von panchromatischen SPOT-Daten und TM-Daten
mittels IHS-Transformation erstellt. Bearbeitet und herausgegeben durch FPK – Ingenieurbüro für Fernerkundung, Photogrammetrie und Kartographie, Berlin.

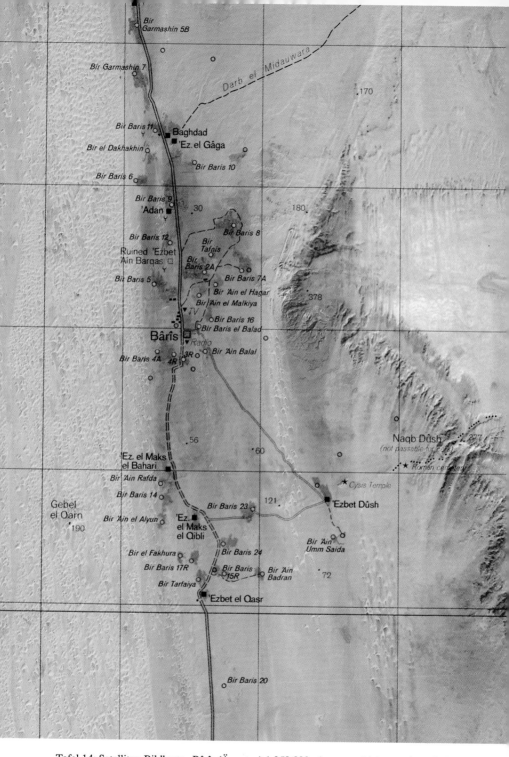

Tafel 14: Satelliten-Bildkarte »Bârîs (Ägypten) 1:250.000« (etwas verkleinerter Ausschnitt)
Die Karte des Oasengebietes von Bârîs ist ein Mosaik aus MSS- und TM-Daten. Sie wurde
vom Fachgebiet Photogrammetrie und Kartographie der Technischen Universität Berlin im
Rahmen des Sonderforschungsbereichs 69 der Deutschen Forschungsgemeinschaft erstellt.

Tafel 15: Satelliten-Bildkarte »Laag (Somalia) 1:50.000« (etwas verkleinerter Ausschnitt)
Hergestellt durch Kombination von panchromatischen SPOT-Daten und TM-Daten mittels
IHS-Transformation. Bearbeitet vom Fachgebiet Photogrammetrie und Kartographie der
Technischen Universität Berlin im Rahmen des Sonderforschungsbereichs 69 der DFG.

Tafel 16: Satelliten-Bildkarte »Leipzig 1:50.000« (etwas verkleinerter Ausschnitt)
Die Karte wurde durch digitale Verarbeitung eines mit der Kamera KFA-1000 aufgenommenen Bildes hergestellt. Gemeinsam herausgegeben von FPK, Ingenieurbüro für Fernerkundung, Photogrammetrie und Kartographie, Berlin, und KAZ Bildmess GmbH, Leipzig.

atmosphärischer Parameter Wirklichkeit werden. Deshalb wurde schon 1960 mit TIROS-1 der erste speziell für meteorologische Zwecke gebaute Satellit gestartet. Seither sind ganze Generationen von Wetter-Satelliten mit immer wieder verbesserten Sensoren in Betrieb genommen worden. Satellitenbilder gehören zum festen Bestandteil der täglichen Wetterberichte und stellen damit wohl die am weitesten verbreiteten Fernerkundungsdaten dar.

Unter den für meteorologische Zwecke konzipierten Satelliten sind zwei Gruppen zu unterscheiden. Die einen fliegen in Höhen zwischen etwa 700 und 1.400 km in Umlaufbahnen, die gegen die Äquatorebene stark geneigt sind; sie werden deshalb *polar-umlaufende Satelliten* genannt. Zu ihnen gehören die Satelliten-Familien TIROS, NOAA und NIMBUS. Die wichtigsten abbildenden Sensoren arbeiten wie optisch-mechanische Scanner. Durch sie können Streifen von etwa 1.000 bis 3.000 km Breite aufgenommen werden, und zwar – da die Bahnen meist sonnensynchron ausgelegt sind – in der Regel unter praktisch gleichbleibender Beleuchtung.

Diese Beobachtungen werden ergänzt durch die Gruppe der *geostationären Satelliten*, die in etwa 36.000 km Höhe über dem Äquator fliegen. Da sie die Erde einmal in 24 Stunden in Richtung der Erddrehung umlaufen, scheinen sie still zu stehen. Dies macht es möglich, den dem Satelliten zugewandten Teil der Erdkugel sehr häufig aufzunehmen. Bei METEOSAT und den vergleichbaren Satelliten geschieht dies alle 30 Minuten (LENHART 1978).

Für meteorologische Zwecke gelten in vieler Hinsicht andere Gesichtspunkte als für die Beobachtung der Erdoberfläche. Auf eine hohe geometrische Auflösung der Sensoren kommt es dabei meist nicht an. Wichtig sind aber hohe radiometrische Auflösung sowie die Verwendung von speziellen Spektralkanälen (z.B. in den Absorptionsbanden des Wasserdampfes). Als Besonderheit ist auch zu erwähnen, daß Thermal-Bilder in der Meteorologie »negativ« wiedergegeben werden (wärmere Oberflächen also dunkler erscheinen), sonst würden die stets kühleren Wolken dunkler als die Erdoberfläche abgebildet, was unserer subjektiven Erfahrung völlig widerspräche.

Grundlagen und Methoden der meteorologischen Fernerkundung sind ausführlich dargestellt bei HENDERSON-SELLERS (1984).

Mit spezielleren Fragestellungen, zu denen die Auswertung von Thermalbildern wertvolle Beiträge liefern kann, befaßt sich die regionale und lokale *Klimatologie*. Dabei geht es um sehr komplexe Sachverhalte, bei denen thermische Parameter wie das Temperaturverhalten von Oberflächenmaterialien, Verlauf und Intensität von Wärmeströmen, Bildung von Kaltluftseen u.ä. beobachtet werden sollen. Mit den klassischen Verfahren können die entsprechenden Parameter nur punktuell gemessen werden, so daß sich die flächenhafte Verteilung nur mit viel Aufwand und großer Unsicherheit erfassen läßt. Thermalbilder geben dagegen gerade die flächige Verteilung der Oberflächentemperatur wieder. Sie können deshalb über räumliche Zusammenhänge sonst überhaupt nicht erfaßbare Informationen vermitteln. Zur Aufnahme der Thermalbilder kommen entweder Flugzeug-Scanner in Frage, oder es

werden die Daten vom TM-Kanal 6 des LANDSAT-Satelliten benutzt. Gegenstand vieler Untersuchungen waren auch Daten eines 1978 bis 1980 betriebenen Satelliten, der *Heat Capacity Mapping Mission* (HCMM).
Die Anwendung von *Flugzeug-Thermalbildern* reicht von der Analyse des thermischen Verhaltens einzelner Siedlungstypen (NÜBLER 1979, WEISCHET 1984) über die Untersuchung städtischer Wärmeinseln (STOCK 1975, 1984) und die Wirkung von Flurbereinigungsmaßnahmen (ENDLICHER 1980, Abb. 150) bis zum Studium regionaler Klimafaktoren (z.b. BUCHROITHNER 1990). Durch solche Untersuchungen kann das komplexe Zusammenwirken einzelner Komponenten besser verständlich werden. Dies gilt z.b. für das Temperaturverhalten von Baukörpern in Abhängigkeit von Größe, Anordnung, Material usw. ebenso wie für das Strömungsverhalten von Luftmassen, das durch Hochbauten, Dämme, Lärmschutzwände u.ä. beeinflußt wird.

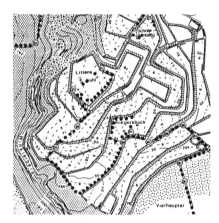 

Abb. 150: Geländeklimatische Wirkung von Großterrassen im Kaiserstuhl
Links: Im Zuge der Rebflurbereinigung angelegte Großterrassen am Fohrenberg (etwa 1:20.000) mit den Punkten von Temperaturmessungen im Gelände. Rechts: Ein am 16.Juli 1976 um 4.14 MEZ aufgenommenes (geometrisch unkorrigiertes) Thermalbild, das kühle Bereiche dunkel wiedergibt. Die Analyse ergab, daß Großterrassen niedrigere Temperaturen aufweisen als nicht- oder kleinterrassierte Hänge und deshalb zu erhöhter Frostgefahr führen. (Nach ENDLICHER 1980)

Bei allen derartigen Untersuchungen ist es jedoch wichtig, daß die Daten-Aufnahme zu einer geeigneten Wetterlage und einer für das Vorhaben günstigen Tageszeit erfolgt. Diese muß je nach Zielsetzung aufgrund der Gesetzmäßigkeiten gewählt werden, die in der Wärmehaushaltsgleichung zum Ausdruck kommen (vgl. 2.1.4). So ist beispielsweise für geländeklimatologische Studien die Aufnahme kurz vor Sonnenaufgang vorzuziehen, da sich dann die Wirkung von Kaltluftströmen am besten in der Oberflächentemperatur widerspiegelt. Wenn andererseits das thermische Verhalten verschiedener Baukörper untersucht werden soll, sind Aufnahmen um die Mittagszeit bzw.

zu mehreren Zeitpunkten erforderlich. Die sachgemäße Auswertung von Thermalbildern setzt im allgemeinen voraus, daß zum Zeitpunkt der Aufnahme auch intensive Geländebeobachtungen gemacht werden. Damit wird es möglich, die vom Scanner registrierten Meßwerte auf Oberflächen-Temperaturen bzw. Temperaturdifferenzen zu reduzieren. Bei solchen Arbeiten darf nicht übersehen werden, daß die Flugzeug-Scannerdaten geometrisch unregelmäßig verzerrt sind. Da eine genaue geometrische Entzerrung mit vertretbarem Aufwand nicht möglich ist, muß man sich bislang mit Näherungslösungen zufriedengeben (vgl. 3.1.2).

Verschiedene Studien haben gezeigt, daß auch *Satelliten-Thermalbilder* für ökologische und klimatologische Fragestellungen genutzt werden können (z.B. WINIGER 1986). Dies betrifft auch die Beschreibung und Erklärung von kleinräumigen (subregionalen) Klimadifferenzen. So konnten anhand von HCMM-Daten (600 m Auflösung, 10,5 bis 12,5 μm) Zusammenhänge zwischen Geländerelief, Wald- und Siedlungsverteilung erfaßt werden (GOSSMANN 1984). Es wird sich aber erst noch zeigen, welcher Wert diesen Methoden in der künftigen Umweltforschung zukommt.


## 6.12 Planetenforschung

Es soll nicht unerwähnt bleiben, daß die Methoden der Fernerkundung auch in der Planetenforschung zur Anwendung kommen. Unsere Kenntnisse von den Oberflächen der Planeten sind dadurch in überwältigender Weise bereichert worden. Erstes Ziel der planetaren Fernerkundung war der Mond, der vor und nach den Mondlandungen intensiv kartographisch erfaßt wurde. Dazu dienten Aufnahmen mit Vidicon-Kameras, das sind zur Benutzung im Weltraum besonders gut geeignete Fernseh-Kameras, und photographische Bilder aus verschiedenen Missionen. Vidicon-Kameras spielten auch zur Aufnahme der Planeten Merkur, Mars und Jupiter eine große Rolle. Die Gewinnung von Bilddaten der Planetenoberflächen setzt aber voraus, daß die Daten im Orbit zwischengespeichert und bei günstiger Bahnlage per Funk zu Empfangsstationen auf der Erde übertragen werden.

Das bisher gewonnene Bildmaterial hat zum Teil sehr eindrucksvolle Ergebnisse erbracht (Abb.151). Es ist jedoch hinsichtlich Flächendeckung, Auflösung, Beleuchtungssituation u.ä. recht uneinheitlich. Die Herleitung von Karten aus derartigen Bilddaten ist keine einfache Aufgabe. Die meisten Arbeiten auf diesem Gebiet wurden beim *US Geological Survey* durchgeführt, der in Flagstaff/Arizona ein Zentrum für planetare Kartographie unterhält. Dabei wurden spezielle photogrammetrische Verfahren zur Definition von geographischen Koordinaten auf den Planeten angewandt. Außerdem wurde eine besondere Schummerungstechnik entwickelt, um die in uneinheitlichem Bildmaterial sichtbaren morphologischen Formen in eine möglichst gleichartige Kartendarstellung umzusetzen.

Eine Übersicht über die bisherigen Anwendungen der Fernerkundung in der Planetenforschung und die erstellten Karten geben NEUKUM & NEU-GEBAUER (1984) sowie BUCHROITHNER (1989). Im Mittelpunkt weiterer Missionen wird die Oberfläche des Mars stehen. Deutschland will sich mit einem optoelektronischen Kamerasystem an der Mission MARS'94 der Sowjetunion beteiligen. Die erwarteten Bilddaten sollen zur Gewinnung von Höheninformationen und zur kartographischen Erfassung der Marsoberfläche beitragen. Sie werden aber auch vielseitige weitere Interpretationsmöglichkeiten bieten.

 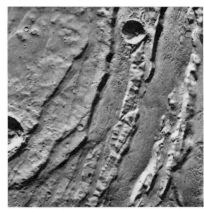

Abb. 151: Planetenoberflächen
Links: Merkur, Mosaik aus Bildern der Mission Mariner 10 im Jahre 1974, Maßstab etwa 1:14 Mill. Rechts: Mars, aufgenommen in der Viking-Mission 1976, Bildmaßstab etwa 1:1 Mill. (Photos: NASA, RPIF, DLR Oberpfaffenhofen)

## 6.13 Ausblick

Durch die Auswertung von Luft- und Satellitenbildern können wir reichhaltiges Wissen über den Zustand unserer Umwelt und die sich vollziehenden Veränderungen gewinnen. Von der Vielfalt der Anwendungsmöglichkeiten vermögen die vorausgegangenen Abschnitte nur einen skizzenhaften und keineswegs vollständigen Eindruck zu geben. Um ein realistisches Bild zu vermitteln, sollten aber drei kritische Punkte nicht vergessen werden.

Erstens darf man *praktische Schwierigkeiten* nicht übersehen. Es gibt zwar viele mit Luft- und Satellitenbildern sehr einfach zu lösende Aufgaben. Andererseits ist die Auswertung von Fernerkundungsdaten aber in anderen Fällen ausgesprochen schwierig. Um beispielsweise Bodeneigenschaften, Pflanzenschäden, Gewässerbelastungen oder mikroklimatische Erscheinungen mit den Mitteln der Fernerkundung zu erfassen, bedarf es gründlicher

Fachkenntnisse und der engen Zusammenarbeit von Fachleuten verschiedener Disziplinen. Nicht hoch genug einzuschätzen ist die praktische Geländeerfahrung von Geologen, Geographen, Forstleuten usw., durch welche die technisch-methodischen Möglichkeiten erst voll zur Geltung kommen können.

Zweitens müssen die *Grenzen der Methodik* bedacht werden. Man darf von der Interpretation von Luft- und Satellitenbildern nicht Ergebnisse erwarten, die sie grundsätzlich nicht bieten kann. Fernerkundung ist ein Mittel zum *Feststellen* von Sachverhalten und zur Beobachtung von Veränderungen. Sie liefert aber keine Maßstäbe zur *Bewertung* dieser Sachverhalte und Veränderungen. Wir können also beispielsweise feststellen, ob und in welchem Umfang ein Wald gerodet wird. Wir können aber mit den Mitteln der Fernerkundung nicht entscheiden, ob die Rodung ökologisch vertretbar ist oder nicht. Hierzu sind Kriterien erforderlich, die von anderen wissenschaftlichen Disziplinen erarbeitet werden müssen.

Drittens muß man sich darüber im klaren sein, daß die Anwendung der Fernerkundung *Kosten* verursacht. Dies ist freilich ein vielschichtiges Problem, zu dem sich keine allgemeingültigen Aussagen machen lassen. Die Skala reicht von den wenigen Mark, die Kopien von Luftbildern im Handel Kosten, bis zu den Millionenbeträgen, welche durch Entwicklung, Bau und Betrieb von Fernerkundungssatelliten verschlungen werden. Allgemein läßt sich sagen, daß photographische Luftbilder angesichts der Fülle von Informationen, die aus ihnen gewonnen werden kann, überaus preiswert und wirtschaftlich sind. Satelliten-Bilddaten sind teurer, und zu ihrer optimalen Nutzung kann auf die Mittel der Digitalen Bildverarbeitung kaum verzichtet werden. Dafür geben sie eine große Geländefläche unter praktisch einheitlichen Aufnahmebedingungen wieder, was vielfach von Vorteil ist. Vergleichsweise teuer sind bisher Flugzeug-Scannerdaten und Radar-Daten. Jede Kostenbetrachtung sollte freilich auch an den volkswirtschaftlichen Schaden denken, der vielfach dadurch entsteht, daß bekannte und verfügbare Methoden *nicht* eingesetzt werden.

Unsere Zeit ist sich der drängenden Probleme bewußt geworden, die durch die Stichwörter Ressourcenschutz, Ernährung, Umweltbelastung, Klimaveränderung usw. angerissen sind. Darin liegt eine Herausforderung an unsere Gesellschaft als Ganzes. Wenn wir uns dieser Herausforderung stellen wollen, dann müssen wir ständig mehr über die Umwelt wissen und bessere Modelle der sich in ihr abspielenden Prozesse entwickeln. Die Auswertung von Luft- und Satellitenbildern vermag vieles zur Erfassung des Zustandes unserer Umwelt und zur Beobachtung ihrer Veränderungen beizutragen. Sie kann dadurch auch helfen, die weltweiten Probleme zu lösen.

# LITERATURVERZEICHNIS

Das Zeichen * verweist auf lehrbuchartige Darstellungen, die ihrerseits umfangreiche Literaturhinweise zur Aufnahme und Auswertung von Luft- und Satellitenbildern enthalten.

ACKERMANN, F.; J.BODECHTEL; F.LANZL; D.MEISSNER: P.SEIGE & H.WINKENBACH: MOMS-02 – Ein multispektrales Stereo-Bildaufnahmesystem für die zweite deutsche Spacelab-Mission D2. Geo-Informations-Systeme 2 (1989) Nr. 3, S. 5-11.

AHOKAS, E.; J.JAAKKOLA & P.SOTKAS: Interpretability of SPOT Data for General Mapping. Organisation Européenne d'Etudes Photogrammétriques Expérimentales, Sonderveröffentlichung Nr. 24, 1990, 61 S.

ALBERTZ, J.: Sehen und Wahrnehmen bei der Luftbildinterpretation. Bildmessung u. Luftbildwesen 38 (1970) S. 25-34.

ALBERTZ, J.; A.MEHLBREUER; W.PÜHLER & G.GONSCHOREK: Luftbildinterpretation für umweltrelevante Straßenplanung. Forschung Straßenbau und Verkehrstechnik, Heft 377, BMFT, Bonn 1982, 93 S.

ALBERTZ, J.; M.KÄHLER; B.KUGLER; & A.MEHLBREUER: A Digital Approach to Satellite Image Map Production. Berliner Geowissenschaftl. Abhandlungen, Reihe A, Bd. 75.3, 1987, S. 833-872.

ALBERTZ, J.: Vom Satellitenbild zur Karte. Zeitschrift für Vermessungswesen 113 (1988) S. 411-422.

ALBERTZ, J.; H.LEHMANN; A.MEHLBREUER; F.SCHOLTEN & R.TAUCH: Herstellung hochauflösender Satelliten-Bildkarten durch Kombination multisensoraler Datensätze. Internationales Jahrbuch für Kartographie, Bd. 28, 1988, S. 11-27.

ALBERTZ, J. & W.KREILING: Photogrammetrisches Taschenbuch. 4. Aufl., Wichmann, Karlsruhe 1989, 292 S.

ALBERTZ, J.; J.BRAUERS; F.SCHOLTEN & R.TAUCH: Untersuchungen zur Auswertung von Fernerkundungsdaten verschiedener Sensoren. Technische Universität Berlin, 1991, in Vorbereitung.

AVERY, T.E.: Interpretation of Aerial Photographs. 3rd Edition, Burgess Publish. Co., Minneapolis (Minnesota) 1977, 392 S.

BADEWITZ, D.: Sozialräumliche Gliederung als Ergebnis stadtgeographischer Luftbildinterpretation. Bildmessung und Luftbildwesen 39 (1971) S. 253-261.

*BARRETT, E.C. & L.F.CURTIS: Introduction to Environmental Remote Sensing. 2nd Edition, Chapman and Hall, London/New York 1982, 352 S.

BARTELME, N.: GIS Technologie – Geoinformationssysteme, Landinformationssysteme und ihre Grundlagen. Springer, Berlin/Heidelberg/New York 1989, 280 S.

BAUER, M.: Vermessung und Ortung mit Satelliten. Wichmann, Karlsruhe 1989, 258 S.

BAUMANN, H.: Forstliche Luftbild-Interpretation. Forstdirektion Südwürttemberg-Hohenzollern, Tübingen-Bebenhausen 1957, 109 S.

BEST, R.G.: Handbook of Remote Sensing in Fish and Wildlife Management. Remote Sensing Institute, South Dakota State University, Brookings 1983.

BILL, R. & D.FRITSCH: Grundlagen der Geo-Informationssysteme. 2 Bände, Wichmann, Karlsruhe 1991, je etwa 350 S.

BLACHUT, T.J.: Stereo-Orthophoto System. Bildmessung und Luftbildwesen 39 (1971) S. 25-28.

BLACHUT, T.J.: Die Frühzeit der Photogrammetrie bis zur Erfindung des Flugzeuges. Nachrichten aus dem Karten- und Vermessungswesen, Sonderheft: Geschichte der Photogrammetrie, Band 1, IfAG, Frankfurt 1988, S. 17-62.

BODECHTEL, J. & H.G.GIERLOFF-EMDEN: Weltraumbilder – die dritte Entdeckung der Erde. List, München 1974, 208 S.

BODECHTEL, J.: Erste Ergebnisse des MOMS-Fluges auf STS-11. Zeitschrift für Flugwissenschaften und Weltraumforschung 8 (1984) S. 304-308.

BOOCHS, F.; R.GODDING, CH.V.RÜSTEN, T.RUWWE & U.TEMPELMANN: Informationsgehalt von Fernerkundungsdaten im Bereich landwirtschaftlicher Anwendungen. Zeitschrift für Photogrammetrie und Fernerkundung 57 (1989) S. 112-125.

BOON, B.: Legal Protection of Earth Observation Data and Products. Geodetical Info Magazine, July 1990, S. 25-26.

BRUNNER, K.: Zur heutigen Bedeutung von Orthophotokarten. Bildmessung u. Luftbildwesen 48 (1980) S. 151-157.

*BUCHROITHNER, M.F.: Fernerkundungskartographie mit Satellitenaufnahmen – Digitale Methoden, Reliefkartierung, geowissenschaftliche Applikationsbeispiele. Enzyklopädie »Die Kartographie und ihre Randgebiete« (Hrsg. ERIK ARNBERGER), Band IV/2. Franz Deuticke, Wien 1989, 523 S.

BURINGH, P.: The Analysis and Interpretation of Aerial Photographs in Soil Survey and Land Classification. Netherlands Journal of Agricultural Science 2 (1954) S. 16-26.

CARBONNELL, M. & EGELS, Y.: Nouveaux développements de la photogrammétrie architecturale à l'Institut Géographique National Français. Société Française de Photogrammétrie et de Télédétection, Bulletin No.77, 1980, S. 43-54.

CNES (Centre National d'Études Spatiales) & SPOT IMAGE: SPOT User's Handbook. Vol.1: Reference Manual, Vol.2: SPOT Handbook. 1988.

COLVOCORESSES, A.P.: Image Mapping with the Thematic Mapper. Photogrammetric Engineering and Remote Sensing 52 (1986) S. 1499-1505.

COLWELL, R.N. et al.: Basic Matter and Energy Relationships Involved in Remote Reconnaissance. Photogrammetric Engineering 29 (1963) S. 761-799.

*COLWELL, R.N. (Ed.): Manual of Remote Sensing. 2.Auflage, American Society for Photogrammetry and Remote Sensing, Falls Church (Virginia) 1983, 2 Bände, zusammen 2440 S.

CRAWFORD, O.G.S.: Luftbildaufnahmen von archäologischen Bodendenkmälern in England. In: Luftbild und Luftbildmessung, Nr.16, Hansa Luftbild, Berlin 1938, S. 9-18.

CURRAN, P.J.: Principles of Remote Sensing. Longman, London/New York 1985, 282 S.

DALSTED, K.J. & B.K.WORCESTER: Detection of Saline Seeps by Remote Sensing Techniques. Photogrammetric Engineering and Remote Sensing 45 (1979) S. 285-291.

DASSIÉ, J.: Manuel d'archéologie aérienne. Éditions Technip, Paris 1978, 350 S.

DEUEL, L.: Flug ins Gestern - Das Abenteuer der Luftarchäologie. 2.Aufl., C.H.Beck, München 1977, 303 S.

DIETZE, G.: Einführung in die Optik der Atmosphäre. Akademische Verlagsgesellschaft, Leipzig 1957, 263 S.

DOMIK, G.; M.KOBRICK & F.LEBERL: Analyse von Radarbildern mittels Digitaler Höhenmodelle. Bildmessung u. Luftbildwesen 52 (1984) S. 249-263.

DUBUISSON, B.L.Y. & A.A.J.BURGER: Étude de la Circulation par Interprétation de Photographies Aériennes. Photogrammetria 16 (1959/60) No.4, S. 333-339.

ENDLICHER, W.: Lokale Klimaveränderung durch Flurbereinigung – Das Beispiel Kaiserstuhl. Erdkunde 34 (1980) S. 175-190.

ENDLICHER, W. & H.GOSSMANN (Hrsg.): Fernerkundung und Raumanalyse. Klimatologische und landschaftsökologische Auswertung von Fernerkundungsdaten. Wichmann, Karlsruhe 1986, 222 S.

EOSAT (Earth Observation Satellite Company): User's Guide for Landsat Thematic Mapper Computer-Compatible Tapes. 1985.

FAGUNDES, P.M.: Das »Radam-Projekt« – Radargrammetrie im Amazonasbecken. Bildmessung u. Luftbildwesen 42 (1974) S. 47-52.

FAGUNDES, P.M.: Natural Resources Inventory. Final Report. Working Group VII/4, International Society for Photogrammetry. International Archives of Photogrammetry, Vol. 21, Part 5, Helsinki 1976.

FINSTERWALDER, R. & W.HOFMANN: Photogrammetrie. 3. Aufl. de Gruyter, Berlin 1968, 455 S.

FOITZIK, L. & H. HINZPETER: Sonnenstrahlung und Lufttrübung. Akademische Verlagsgesellschaft , Leipzig 1958, 309 S.

FRAYSSE, G. & PH.HARTL (Ed.): Remote Sensing Correlation. Forschungsbericht. Study Contract No. 1997-82-11 ED ISP D, Commission of the European Communities, 1985, 208 S.

FRICKE, W.: Herdenzählung mit Hilfe von Luftbildern. Die Erde 96 (1965) S. 206-223.

GATES, D.M.: Physical and Physiological Properties of Plants. In: Remote Sensing. National Academy of Sciences, Washington 1970, S. 224-252.

GEBHARDT, A.: Nutzung von Fernerkundungsdaten in der Pflanzenproduktion. Fortschrittsberichte für die Landwirtschaft und Nahrungsgüterwirtschaft, Akademie der Landwirtschaftwissenschaften der DDR, Band 25, Heft 5, 1987, 64 S.

GEIGER, R.: Das Klima der bodennahen Luftschicht. 4.Aufl., Vieweg, Braunschweig 1961, 646 S.

GERSTER, G.: Der Mensch auf seiner Erde. 6.Aufl., Atlantis, Zürich/Freiburg i.B. 1975, 311 S.

GLIATTI, E.L.: Modulation Transfer Analysis of Aerial Imagery. Photogrammetria 33 (1977) S. 171-191.

GÖPFERT, WOLFGANG: Raumbezogene Informationssysteme. Wichmann, Karlsruhe 1987, 278 S.

GOSSMANN, H.: Satelliten-Thermalbilder – Ein neues Hilfsmittel für die Umweltforschung? Fernerkundung und Raumordnung, Heft 16, Bonn-Bad Godesberg 1984, 117 S.

GRAHAM, R. & R.E.READ: Manual of Aerial Photography. Focal Press, London/Boston 1986, 346 S.

GRZIMEK, M. & B.GRZIMEK: Census of plains animals in the Serengeti National Park, Tanganyika. Journal Wildlife Management 24 (1960) S. 27-37.

GULAID, A.A.: Contribution of Remote Sensing to Food Security and Early Warning Systems in Drought Affected Countries in Africa. International Archives of Photogrammetry and Remote Sensing, Vol. 26, Part 7/2, 1986, S. 457-460.

HABERÄCKER, P.: Digitale Bildverarbeitung – Grundlagen und Anwendungen. 2.Aufl., Hanser, München/Wien 1987, 377 S.

HAKE, G.: Kartographie. Band I: Sammlung Göschen 2165, de Gruyter, Berlin/New York 1982, 342 S. Band II: Sammlung Göschen 2166, de Gruyter, Berlin/New York 1985, 382 S.

HARALICK, R.M.: Statistical Image Texture Analysis. In: Handbook of Pattern Recognition and Image Processing. Hrsg. T.Y.YANG & K.-S.FU. Academic Press, San Diego/New York 1986, S. 247-279.

HARTMANN, G.: Waldschadenserfassung durch Infrarot-Farbluftbild in Niedersachsen 1983. Forst- und Holzwirt 39 (1984) S. 131-143.

HASSENPFLUG, W. & G.RICHTER: Formen und Wirkungen der Bodenabspülung und -verwehung im Luftbild. Landeskundliche Luftbildauswertung im mitteleuropäischen Raum, Heft 10, Bonn-Bad Godesberg 1972, 85 S.

HAYDN, R.; G.DAHLKE; J.HENKEL; J.E.BARE: Application of the IHS Color Transform to the Processing of Multisensor Data and Image Enhancement. International Symposium on Remote Sensing of Arid and Semi-Arid Lands, Cairo (Egypt) 1982, S. 599-616.

HEATH, G.R.: Teamwork in Geographic Imagery Interpretation. Paper. Internat. Congress for Photogrammetry, Lausanne, 1968, 12 S.

HENDERSON-SELLERS, A. (Hrsg.): Satellite Sensing of a Cloudy Atmosphere – Observing the Third Planet. Taylor & Francis, London 1984, 340 S.

HILDEBRANDT, G.: Thermal-Infrarot-Aufnahmen zur Waldbrandbekämpfung. Forstarchiv 47 (1976) S. 45-52.

HILDEBRANDT, G.: 100 Jahre forstliche Luftbildaufnahme - Zwei Dokumente aus den Anfängen der forstlichen Luftbildinterpretation. Bildmessung u. Luftbildwesen 55 (1987) S. 221-224.

HÖHLE, J.: Aviopret APT 1 – Ein neues Gerät für die Photointerpretation. Bildmessung u. Luftbildwesen 48 (1980) S. 43-51.

*HUSS, J. (Hrsg.): Luftbildmessung und Fernerkundung in der Forstwirtschaft. Wichmann, Karlsruhe 1984, 406 S.

IMHOF, E.: Thematische Kartographie. de Gruyter, Berlin/New York 1972, 360 S.

JÄHNE, B.: Digitale Bildverarbeitung. Springer, Berlin usw. 1989, 331 S.

JONASSON, F. & L.OTTOSON: The Economic Map of Sweden – A Land Use Map with an Aerial Photo Background. Bildmessung u. Luftbildwesen 42 (1974) S. 81-86.

KÄHLER, M.: Radiometrische Bildverarbeitung bei der Herstellung von Satelliten-Bildkarten. Deutsche Geodätische Kommission, Reihe C, Heft 348, München 1989, 101 S.

KAUFMANN, V. & M.BUCHROITHNER: Thermalkartierung Graz – Bilddatengewinnung und -aufbereitung. Bericht, Institut für Digitale Bildverarbeitung und Graphik, Joanneum Graz, 1990, 17 S.

KELLERSMANN, H.: Farbige Luftbildkarten 1:5000 – nein danke? Bildmessung u. Luftbildwesen 53 (1985) S. 19-22.

KENNEWEG, H.: Auswertung von Farbluftbildern für die Abgrenzung von Schädigungen an Waldbeständen. Bildmessung u. Luftbildwesen 38 (1970) S. 283-290.

KENNEWEG, H.: Luftbildauswertung von Stadtbaumbeständen - Möglichkeiten und Grenzen. Mitteilungen der Deutschen Dendrologischen Gesellschaft 71 (1979) S. 159-192.

KNÖPFLE, W.: Rechnergestützte Detektion linearer Strukturen in digitalen Satellitenbildern. Zeitschrift für Photogrammetrie und Fernerkundung (BuL) 56 (1988) S. 40-47.

KÖLBL, O.: Die Rolle der Photogrammetrie in einem Landinformationssystem. Bildmessung und Luftbildwesen 49 (1981) S. 65-75.

*KONECNY, G. & G.LEHMANN: Photogrammetrie. 4.Aufl., de Gruyter, Berlin/New York 1984, 392 S.

KRÄMER, J. & E.ILLHARDT: Nutzung hochauflösender kosmischer Photoaufnahmen der Kamera KFA-1000 für die verkürzte Aktualisierung von Karten im Maßstab 1:25.000. Vermessungstechnik 38 (1990) S. 5-9.

KRAUS, K.; G. OTEPKA; J. LOITSCH & H. HAITZMANN: Digitally Controlled Production of Orthophotos and Stereo-Orthophotos. Photogrammetric Engineering and Remote Sensing 45 (1979) S. 1353-1362.

*KRAUS, K.: Photogrammetrie. Band 1 (Grundlagen und Standardverfahren). Dümmler, Bonn 1982.

*KRAUS, K.: Photogrammetrie. Band 2 (Theorie und Praxis der Auswertesysteme). Dümmler, Bonn 1984, 389 S.

*KRAUS, K. & W.SCHNEIDER: Fernerkundung. Band 1 (Physikalische Grundlagen und Aufnahmetechniken). Dümmler, Bonn 1988.

*KRAUS, K.: Fernerkundung. Band 2 (Auswertung photographischer und digitaler Bilder). Dümmler, Bonn 1990.

KRIEBEL, TH.; W.SCHLÜTER & J.SIEVERS: Zur Definition und Messung der spektralen Reflexion natürlicher Oberflächen. Bildmessung u. Luftbildwesen 43 (1975) S. 42-50.

KROESCH, V.: Der SDC-Farbmischprojektor – ein einfaches Auswertegerät für Multispektralbilder. Bildmessung u. Luftbildwesen 42 (1974) S. 53-56.

*KRONBERG, P.: Photogeologie – Eine Einführung in die Grundlagen und Methoden der geologischen Auswertung von Luftbildern. Enke, Stuttgart 1984, 268 S.

*KRONBERG, P.: Fernerkundung der Erde – Grundlagen und Methoden des Remote Sensing in der Geologie. Enke, Stuttgart 1985, 394 S.

KÜHBAUCH, W.; G.KUPFER; J.SCHELLBERG; U.MÜLLER, K.DOCKTER; U.TEMPEL-MANN: Fernerkundung in der Landwirtschaft. Luft- und Raumfahrt 11(1990) Heft 4, S. 36-45.

KUHN, H.: Digitale Erzeugung von Perspektivbildern. Deutsche Geodätische Kommission, Reihe C, Heft 347, München 1989, 93 S.

LANDAUER, G. & H.-H.VOSS: Untersuchung und Kartierung von Waldschäden mit Methoden der Fernerkundung. Abschlußdokumentation, Teil A. DLR Oberpfaffenhofen 1989, 244 S.

LANG, G.: Die Ufervegetation des Bodensees im farbigen Luftbild. Landeskundliche Luftbildauswertung im mitteleuropäischen Raum, Heft 8, Bonn-Bad Godesberg 1969, 74 S.

LENHART, K.G.: Mögliche Anwendung von METEOSAT für die Fernerkundung. Bildmessung u. Luftbildwesen 46 (1978) S. 113-122.

LEVINE, M.D.: Vision in Man and Machine. McGraw-Hill, New York 1985, 574 S.

*LÖFFLER, E.: Geographie und Fernerkundung – Eine Einführung in die geographische Interpretation von Luftbildern und modernen Fernerkundungsdaten. Teubner, Stuttgart 1985, 244 S.

LORENZ, D.: Zur Problematik der Fernerkundung der Erdoberfläche mit Hilfe thermischer Infrarotstrahlung. Bildmessung u. Luftbildwesen 39 (1971) S. 235-242.

LORENZ, D.: Die radiometrische Messung der Boden- und Wasseroberflächentemperatur und ihre Anwendung auf dem Gebiet der Meteorologie. Zeitschrift für Geophysik 39 (1973) S. 627-701.

*MATHER, P.M.: Computer Processing of Remotely Sensed Images – An Introduction. Wiley & Sons, Chichester 1987, 352 S.

MEIENBERG, P.: Die Landnutzungskartierung nach Pan-, Infrarot- und Farbluftbildern. Münchener Studien zur Sozial- und Wirtschaftsgeographie, Band 1, 1966, 133 S. mit Bildmappe.

MEIER, E. & D.NÜESCH: Geometrische Entzerrung von Bildern orbitgestützer SAR-Systeme. Bildmessung u. Luftbildwesen 54 (1986) S. 205-216.

MEIER, H.-K.: Belichtungsautomatik für Luftbildkammern. Bildmessung u. Luftbildwesen 40 (1972) S. 134-143.

MÖLLER, F.: Strahlung in der unteren Atmosphäre. Handbuch der Physik. Band 48 (Geophysik II). Springer, Berlin/Göttingen/Heidelberg 1957, S. 155-253.

MÖLLER, F.: Einführung in die Meteorologie. B.I.-Hochschultaschenbücher, Teil I: Band 276; Teil II: Band 188. Bibliographisches Institut, Mannheim/Wien/Zürich 1973, 222 und 223 S.

MONTUORI, J.S.: Image Scanner Technology. Photogrammetric Engineering and Remote Sensing 46 (1980) S. 49-61.

MULDERS, M.A.: Remote Sensing in Soil Science. Elsevier, Amsterdam 1987, 379 S.

NEUKUM, G. & G.NEUGEBAUER: Fernerkundung der Planeten und kartographische Ergebnisse. Schriftenreihe Studiengang Vermessungswesen der Hochschule der Bundeswehr, Heft 14, München 1984, 100 S.

NOORDZIJ, W.J.: Copyright and the Consequences for the User of Satellite Imagery. Geodetical Info Magazine, July 1990, S. 40-41.

NÜBLER, W.: Konfiguration und Genese der Wärmeinsel der Stadt Freiburg. Dissertation Universität Freiburg 1977. Freiburger Geographische Hefte, Heft 16, 1979.

PAPE, E.: Die Deutsche Grundkarte 1:5000 als Luftbildkarte. Bildmessung und Luftbildwesen 39 (1971) S. 194-198.

PFEIFFER; B.: Untersuchung des richtungsabhängigen Strahlungsverhaltens in multispektralen Abtastdaten. Bildmessung u. Luftbildwesen 50 (1982) S. 35-47.

PFEIFFER; B.: Richtungsabhängiges Strahlungsverhalten bei der Klassifizierung von multispektralen Flugzeugabtastdaten. Deutsche Geodätische Kommission, Reihe C, Heft 290, München 1983, 103 S.

PHILLIPSON, W.R. & W.R.HAFKER: Manual versus Digital Landsat Analysis for Delineating River Flooding. Photogrammetric Engineering and Remote Sensing 47 (1981) S. 1351-1356.

POOLE, P.J.: The Prospects for Small Format Photography in Arctic Animal Surveys. Photogrammetric Record, Vol. 13, No. 74 (1989) S. 229-236.

PLÜCKER, K. & V.VUONG: Auswertung von Luftaufnahmen zur Analyse von Verteilung und Struktur des Erholungsverkehrsaufkommens. Schriftenreihe Siedlungsverband Ruhrkohlenbezirk, Heft 58, Essen 1975, S. 43-66.

QUIEL, F.: A Branched Classification System Offering Additional Possibilities in Multispectral Data Analysis. Bildmessung u. Luftbildwesen 44 (1976) S. 182-188.

QUIEL, F.: Landnutzungskartierung mit LANDSAT-Daten. Fernerkundung in Raumordnung und Städtebau (vorm. Landeskundl. Luftbildauswertung), Heft 17, Bonn 1986, 84 S.

*REEVES, R.G. (Ed.): Manual of Remote Sensing. American Society for Photogrammetry, Falls Church (Virginia) 1975, 2 Bände, zus. 2144 S.

RHODY, B.: A new, versatile stereo-camera system for large-scale helicopter photography of forest resources in Central Europe. Photogrammetria 32 (1977) S. 183–197.

RHODY, B.: Erfassung mitteleuropäischer Hauptbaumarten im Rahmen von Waldinventuren mit Hilfe kleinformatiger Luftaufnahmen. Schweizerische Zeitschrift f. Forstwesen, 134 (1983) S. 17-36.

*RICHARDS, J.A.: Remote Sensing Digital Image Analysis – An Introduction. Springer, Berlin/Heidelberg, 1986, 281 S.

*RINNER, K. & R.BURKHARDT: Photogrammetrie. JORDAN/EGGERT/KNEISSL: Handbuch der Vermessungskunde, 10.Aufl. Band IIIa (3 Teilbände), Metzlersche Verlagsbuchhandlung, Stuttgart 1972, zus. 2321 S.

ROTT, H: Synthetic Aperture Radar Capabilities for Glacier Monitoring Demonstrated with Seasat SAR Data. Zeitschr. f. Gletscherkunde u. Glazialgeologie 16 (1980), S. 255-266.

*RÜGER, W.; J. PIETSCHNER & K.REGENSBURGER: Photogrammetrie – Verfahren und Geräte zur Kartenherstellung. VEB Verlag für Bauwesen, Berlin 1987, 368 S.

*SABINS, F.F.: Remote Sensing. Principles and Interpretation. 2.Aufl. W.H.Freeman, New York 1987, 449 S.

SCHILCHER, M. & D.FRITSCH (Hrsg.): Geo-Informationssysteme. Anwendungen – Neue Entwicklungen. Wichmann, Karlsruhe 1989, 364 S.

SCHMIDT, D.: Möglichkeiten zur Überwachung der Meeresverschmutzung mit Fernerkundungsmethoden. In: Die Nutzung von Fernerkundungsdaten in der Bundesrepublik Deutschland. BMFT-Statusseminar 1986, hrsg. Deutsche Gesellschaft für Luft- und Raumfahrt, Bonn 1986, S. 319-348.

SCHMIDT-FALKENBERG, H.: 25 Jahre Luftbild-Nachweis des Instituts für Angewandte Geodäsie. Nachrichten aus dem Karten- und Vermessungswesen, Rh. I, H. 74, Frankfurt 1978, S. 21-38.

SCHMIDT-FALKENBERG, H.: Zur Statistik der Bildflüge in der Bundesrepublik Deutschland. Bildmessung u. Luftbildwesen 47 (1979) S. 134-136.

SCHMIDT-KRAEPELIN, E.: Die Deutung des Luftbildes (Luftbild-Interpretation). In: Finsterwalder/Hofmann: Photogrammetrie. 3.Aufl. Berlin 1968, S. 387-441.

SCHNEIDER, S.: Die Verwendung der Luftbilder bei Problemen der Raumgliederung. Bildmessung u. Luftbildwesen 38 (1970) S. 295-301.

*SCHNEIDER, S.: Luftbild und Luftbildinterpretation. de Gruyter, Berlin/New York 1974, 530 S.

SCHNEIDER, S.: Gewässerüberwachung durch Fernerkundung. Der mittlere Oberrhein im Vergleich zur mittleren Saar. Landeskundliche Luftbildauswertung im mitteleuropäischen Raum, Heft 13, Bonn-Bad Godesberg 1977, 90 S.

SCHNEIDER, S. (Hrsg.): Angewandte Fernerkundung – Methoden und Beispiele. Akademie für Raumforschung und Landesplanung. Vincentz, Hannover 1984, 285 S.

SCHNEIDER, S.: Die »Geographische Methode« in der Luftbildinterpretation – nur eine historische Reminiszenz? Zeitschrift für Photogrammetrie und Fernerkundung 57 (1989) S. 139-148.

SCHREIER, S.; D. KOSMANN & A. ROTH: Design Aspects and Implementation of a System for Geocoding Satellite SAR-Images. ISPRS Journal of Photogrammetry and Remote Sensing 45 (1990) S. 1-16.

SCHÜRHOLZ, G.: Aufhängung von Kleinbildkameras in Sportflugzeugen. Bildmessung und Luftbildwesen 40 (1972) S. 202-205.

SCHÜRHOLZ, G.: Der Einsatz von Luftbild und Flugzeug in den Bereichen des Wildlife Management und der Wildbewirtschaftung. Diss. Universität Freiburg 1972, 169 S.

SCHWIDEFSKY, K.: Kontrastübertragungs-Funktion zur Bewertung der Bildgüte in der Photogrammetrie. Bildmessung und Luftbildwesen 28 (1960) S. 86-101.

*SCHWIDEFSKY, K. & F. ACKERMANN: Photogrammetrie - Grundlagen, Verfahren, Anwendungen. 7.Aufl. Teubner, Stuttgart 1976, 384 S.

SEEBER, G.: Satellitengeodäsie. de Gruyter, Berlin/New York 1989, 489 S.

SLATER, P.N.: Remote Sensing – Optics and Optical Systems. Addison-Wesley Publishing Company, Reading (Massachusetts) 1980, 575 S.

SOLF, K.D.: Fotografie – Grundlagen, Technik, Praxis. Fischer-Taschenbücher, Band 3355, Frankfurt 1986, 446 S.

STEINER, D.: Die Jahreszeit als Faktor bei der Landnutzungsinterpretation. Landeskundliche Luftbildauswertung im mitteleuropäischen Raum, Heft 5, Bad Godesberg 1961, 81 S.

STOCK, P.: Interpretation von Thermalbildern der Stadtregion Dortmund. Bildmessung und Luftbildwesen 43 (1975) S. 144-151.

STOCK, P.: Klimafunktionskarte nach Thermalluftbildern am Beispiel der Stadt Hagen. In: SCHNEIDER 1984, S. 236-243.

STRAUCH, G: Anwendungsmöglichkeiten des ersten euroipäischen Fernerkundungssatelliten ERS-1. Geo-Informations-Systeme 1 (1988) S. 30-36.

STRATHMANN, F.W.: Taschenbuch zur Fernerkundung. Herbert Wichmann, Karlsruhe 1990, 236 S.

*SWAIN, P.H. & S.M. DAVIS: Remote Sensing – The Quantitative Approach. McGraw-Hill, New York 1978, 396 S.

TRACHSLER, H.: Grundlagen und Beispiele für die Anwendung von Luftaufnahmen in der Raumplanung. Institut für Orts-, Regional- und Landesplanung, ETH Zürich, Berichte Nr. 41, 1980, 65 S.

TROLL, C.: Luftbildplan und ökologische Bodenforschung. Zeitschrift der Gesellschaft für Erdkunde 74 (1939) S. 241-298.

TROLL, C.: Methoden der Luftbildforschung. Sitzungsberichte europäischer Geographen, Würzburg 1942. Leipzig 1943, S. 121-142.

TROLL, C.: Fortschritte der wissenschaftlichen Luftbildforschung. Zeitschrift der Gesellschaft für Erdkunde 77 (1943) S. 277-311.

TROLL, C.: Luftbildforschung und Landeskundliche Forschung. Erdkundliches Wissen, Heft 12, Franz Steiner, Wiesbaden 1966, 164 S. (enthält u.a. den Nachdruck der drei zuvor genannten Veröffentlichungen).

TZSCHUPKE, W.: Erfassung neuartiger Waldschäden durch rechnergestütze Auswertung von Luftbildern und anderen Fernerkundungsaufzeichnungen. Zeitschrift für Photogrammetrie und Fernerkundung 57 (1989) S. 158-167.

ULABY, F.T.; R.K.MOORE & A.K.FUNG: Microwave Remote Sensing. Vol.I: Microwave Remote Sensing Fundamentals and Radiometry (1981), Vol.II: Radar Remote Sensing and Surface Scattering and Emission Theory (1982), Vol.III From Theory to Applications (1986). Vol. I/II: Addison-Wesley, Reading, Vol.III: Artech House, Dedham, zusammen 2162 S.

USDA (United States Department of Agriculture, Soil Conservation Service): Aerial Photo Interpretation in Classifying and Mapping Soils. Agricultural Handbook 294, Washington D.C. 1966.

USGS (United States Geological Survey): Satellite Image Mosaic New Jersey 1:500.000. Reston/Virginia 1973.

USGS (United States Geological Survey): Landsat Data Users Handbook. Revised Edition, Reston/Virginia 1979.

VDI (Verein Deutscher Ingenieure): Interpretationsschlüssel für die Auswertung von CIR-Luftbildern zur Kronenzustandserfassung von Nadel- und Laubgehölzen - Fichte, Buche und Eiche. VDI-Richtlinien 3793, Blatt 2 (Entwurf), 1990, 23 S.

VERSTAPPEN, H.TH.: Remote Sensing in Geomorphology. Elsevier, Amsterdam 1977, 214 S.

VINK, A.P.A.: Methodology of Air-Photo-Interpretation as illustrated from the Soil Sciences. Bildmessung u. Luftbildwesen 38 (1970) S. 35-44.

VÖLGER, K.: Ermittlung sozio-ökonomischer Daten für die Stadt- und Regionalplanung durch Luftbildinterpretation. Bildmessung und Luftbildwesen 37 (1969) S. 141-161.

VORBECK, E. & L.BECKEL: Carnuntum – Rom an der Donau. 2. Aufl., Otto Müller, Salzburg 1973, 114 S.

WEICHELT, H.: Spektroradiometrie und Signaturforschung. Zeitschrift für Photogrammetrie und Fernerkundung 58 (1990) S. 117-120.

WEIMANN, G.: Geometrische Grundlagen der Luftbildinterpretation. Einfachverfahren der Luftbildauswertung. Wichmann, Karlsruhe 1984, 108 S.

WEISCHET, W.: Einführung in die allgemeine Klimatologie. Teubner, Stuttgart 1977, 256 S.

WEISCHET, W.: Der Vorteil einer Baukörperklimatologie unter Anwendung von Fernerkundungsverfahren für Zwecke der Stadtplanung. In: SCHNEIDER 1984, S. 244-251.

WEISER, G. (Hrsg.): Dorfentwicklung – Das Luftbild als Planungshilfe. Ministerium für Ernährung, Landwirtschaft, Umwelt und Forsten Baden-Württemberg, Stuttgart 1984, 36 S.

WEISS, M.: Airborne Measurements of Earth Surface Temperature (Ocean and Land) in the 10-12 and 8-14 µ Regions. Applied Optics 10 (1971) S. 1280-1287.

WIGGENHAGEN, M.: Praktische Anregungen zur geometrischen Korrektur von SAR-Bildern. Zeitschrift für Photogrammetrie und Fernerkundung 57 (1989) S. 149-157.

WINIGER, M.: Der Luftmassenaustausch zwischen rand-alpinen Becken am Beispiel von Aare-, Rhein- und Saônetal – Eine Auswertung von Wettersatellitendaten. In: ENDLICHER & GOSSMANN (1986), S. 43-61.

WINKELMANN, G.: Meteorologischer Rückblick auf das Bildflug-Frühjahr 1961. Bildmessung und Luftbildwesen 29 (1961) S. 144-147.

WITT, W.: Thematische Kartographie – Methoden und Probleme, Tendenzen und Aufgaben. 2.Aufl. Jänecke, Hannover 1970, 1151 S.

*ZUIDAM, R.A. VAN: Aerial Photo-Interpretation in Terrain Analysis and Geomorphologic Mapping. Smits Publishers, The Hague 1985/86, 442 S.

## Zeitschriften

*Bildmessung und Luftbildwesen.* Seit 1926. Jetzt: Zeitschrift für Photogrammetrie und Fernerkundung.

*Geo-Informations-Systeme.* Seit 1988. Schriftleitung: W.STEINBORN, D.FRITSCH. Verlag: Herbert Wichmann, Karlsruhe.

*International Archives of Photogrammetry and Remote Sensing.* Seit 1908. Herausgeber: International Society for Photogrammetry and Remote Sensing (ISPRS). Proceedings der von der ISPRS veranstalteten Kongresse und Symposien.

*International Journal of Remote Sensing.* Seit 1980. Schriftleitung: A.P.CRACKNELL. Verlag: Taylor & Francis, London.

*ISPRS Journal of Photogrammetry and Remote Sensing.* Herausgeber: International Society for Photogrammetry and Remote Sensing. Schriftleitung: J.HOTHMER. Verlag: Elsevier Science Publishers, Amsterdam.

*Photogrammetria.* Seit 1938. Jetzt: ISPRS Journal of Photogrammetry and Remote Sensing.

*Photogrammetric Engineering and Remote Sensing.* Seit 1934. Herausgeber: American Society for Photogrammetry and Remote Sensing. Schriftleitung: J.B.CASE. Verlag: American Society for Photogrammetry and Remote Sensing, Falls Church/Virginia.

*Remote Sensing of Environment.* Seit 1969. Schriftleitung: M.BAUER. Verlag: Elsevier Science Publishing Co., New York.

*Zeitschrift für Photogrammetrie und Fernerkundung* (vormals Bildmessung und Luftbildwesen). Herausgeber: Deutsche Gesellschaft für Photogrammetrie und Fernerkundung e.V. Schriftleitung: H.-P.BÄHR, W.FÖRSTNER, F.-W.STRATHMANN. Verlag: Herbert Wichmann, Karlsruhe.

*Vermessungstechnik.* Zeitschrift für Geodäsie, Photogrammetrie und Kartographie. Seit 1953. Herausgeber: Kammer der Technik. Schriftleitung: W.ARNDT. Verlag: Verlag für Bauwesen, Berlin.

# BEZUGSQUELLEN FÜR LUFT- UND SATELLITENBILDER

Die folgenden Anschriften einiger Bezugsquellen und Auskunftsstellen sollen den Zugang zu Luft- und Satellitenbildern erleichtern. Die Liste kann jedoch nur eine Auswahl wiedergeben.

## Bezugsquellen für Luftbilder

*Deutschland*

Bayerisches Landesvermessungsamt
Alexandrastraße 4
W - 8000 München 22

Bundesarchiv
Potsdamer Str. 1, Postfach 320
W - 5400 Koblenz

Freie und Hansestadt Hamburg
Baubehörde – Vermessungsamt
Wexstraße 7
W - 2000 Hamburg 36

Hessisches Landesvermessungsamt
Schaperstraße 16
W - 6200 Wiesbaden 1

KAZ Bildmess GmbH
Karl-Rothe-Straße 10-14
O - 7022 Leipzig

Landesvermessungsamt Baden-Württembg.
Büchsenstraße 54
W - 7000 Stuttgart 1

Landesvermessungsamt Nordrhein-
Westfalen
Muffendorfer Straße 19-21
W - 5300 Bonn 2

Landesvermessungsamt Rheinland-Pfalz
Ferdinand-Sauerbruch-Straße 15
W - 5400 Koblenz 1

Landesvermessungsamt des Saarlandes
Neugrabenweg 2
W - 6600 Saarbrücken 3

Landesvermessungamt Schleswig-Holstein
Mercatorstraße 1
W - 2300 Kiel

Niedersächsisches Landesverwaltungsamt
Landesvermessung
Warmbüchenkamp 2
W - 3000 Hannover 1

Nordrhein-Westfälisches Hauptstaatsarchiv
Luftbildsammlung
Mauerstraße 55
W - 4000 Düsseldorf 30

Senator für Bau- und Wohnungswesen
Abt. V (Vermessungswesen)
Mansfelder Straße 16
W - 1000 Berlin 31

Der *Luftbild-Nachweis* des Instituts für Angewandte Geodäsie (IfAG) erscheint jeweils mit Stand vom 31.Dezember im darauffolgenden Jahr. Er kann bezogen werden von:

Institut für Angewandte Geodäsie (IfAG)
Außenstelle Berlin
Stauffenbergstraße 13
W - 1000 Berlin 30

Eine Liste der *Bildflugfirmen* findet man in:
Taschenbuch zur Fernerkundung. Hrsg. von
F.-W.STRATHMANN, Herbert Wichmann
Verlag, Karlsruhe 1990, S. 185-186

*Frankreich*

Institut Géographique National (IGN)
2 Avenue Pasteur
F - 94160 Saint Mandé

*Großbritannien*

Hunting Aerofilms
Gate Studio, Station Road
Boreham Woods Heerts WD6 1EJ

Ordnance Survey
Air Photo Cover Group
Romsey Road, Maybush
Southampton SO9 4DH

University of Cambridge
Committee for Aerial Photography
Mond Buildung, Free School Lane
Cambridge CB2 3RF

*Kanada*

The National Air Photo Library
Surveys and Mapping Branch
Departmt. of Energy, Mines and Resources
615 Booth Street
Ottawa, Ontario K1A 0E9

*Österreich*

Bundesamt für Eich- u. Vermessungswesen
Schiffamtsgasse 1-3
A - 1025 Wien

*Schweiz*

Bundesamt für Landestopographie
Seftigenstraße 264
CH - 3084 Wabern

*Vereinigte Staaten von Amerika*

Map Information Office
U.S. Department of the Interior
Geological Survey, National Center
Reston, Virginia 22092

Aerial Photography Field Office
ASCS - U.S. Department of Agriculture
2511 Parley's Way
Salt Lake City, Utah 84109

Chief, Forest Service
U.S. Department of Agriculture
Washington, D.C. 20250

# Bezugsquellen für Satellitendaten

*Deutschland*

Deutsche Forschungsanstalt für Luft- und
Raumfahrt (DLR)
Deutsches Fernerkundungsdatenzentrum
Oberpfaffenhofen
W - 8031 Wessling

Dornier GmbH
Erderkundungs-Daten-Service
Postfach 1420
W - 7990 Friedrichshafen 1

GAF Gesellschaft für Angewandte
Fernerkundung mbH
Leonrodstraße 68
W - 8000 München 19

Geospace GmbH Satellitenbilddaten
Celsiusstraße 40
W - 5300 Bonn 1

KAZ Bildmess GmbH
Karl-Rothe-Straße 10-14
O - 7022 Leipzig

SpaceMap – Gesellschaft für Fernerkundung
und Bilddatenverarbeitung mbH
Senkingstraße 1-3
W - 3200 Hildesheim

*Frankreich*

SPOT Image
16 bis Av. Edouard Belin
F - 31030 Toulouse

*Italien*

ESA – Earthnet User Services
Via Galileo Galilei
I - 00044 Frascati

*Österreich*

Geospace GmbH Satellitenbilddaten
Marie-Louisen-Straße 1a
A - 4820 Bad Ischl

*Schweden*

Satimage (Satellite Image Corporation)
P.O. Box 816
S - 98128 Kiruna

*UdSSR*

V/O Soyuzkarta
45 Volgogradskij pr.
Moscow 109125

*Vereinigte Staaten von Amerika*

Earth Observation Satellite Company
(EOSAT)
4300 Forbes Boulevard
Lanham, Maryland 20706

# SACHREGISTER

204

Freigabe der Luftbilder:

Umschlag: Reg. v. Oberbayern G 7/89 696. Abb.2: Senatsverwaltung Bau- und Wohnungswesen V, 10.6.1991; Abb.19: Reg. Präs. Darmstadt 29/74; Abb. 21: Reg. Präs. Nordwürttemberg 031/00830; Abb.83: Reg. Präs. Münster 1319/78, 6432/ 79, 7056/71, Reg. Präs. Düsseldorf 18 J 37; Abb.85: Reg. Präs. Münster 3282/78; Abb. 134: Luftamt Hamburg 1111/69; Abb.137: B.St.M.W.V. G7/9; Abb.:138: LBF-Nr. 55/84; Abb.140: Min. f. Wirtsch. u. Verk. NW, Nr. PK 72, 15.9.1954, Reg. Präs. Münster Nr. 164/75; Abb.143: LVA NW 24/75, 26/80; Abb.144: Reg. Präs. Düsseldorf 18 P 170; Abb.148: Reg. Präs. Südbaden 63/66 (5.9.67), Reg. Präs. Nordbaden 0/5486; Tafel 1: Reg. Präs. Darmstadt 23/68; Tafel 2: Reg. Präs. Münster 6432/79; Tafel 3: Reg. Präs. Darmstadt 23/68; Tafel 5: Reg. v. Oberbayern; Tafel 9: Reg. Präs. Münster 297/83, Reg. v. Oberbayern GS 300/12/87.

Folgende Personen und Institutionen haben freundlicherweise Bilder zur Verfügung gestellt oder die Entstehung des Buches in anderer Weise unterstützt:

Dr. LOTHAR BECKEL, Bad Ischl (Österreich); Prof. Dr. ULRICH BONAU, Rostock; JOSEF BRAUERS, Berlin; Dr. MANFRED BUCHROITHNER, Graz (Österreich); SIEGFRIED HABERL, Wiesbaden; Dr. RUPERT HAYDN, München; Dr.-Ing. MARTIN KÄHLER, Berlin; GERHARD KÖNIG, Berlin; HARTMUT LEHMANN, Berlin; Prof. Dr. FRANZ K. LIST, Berlin; Prof. Dr. BERND MEISSNER, Berlin; Prof. Dr. GERHARD NEUKUM, Oberpfaffenhofen; BERNHARD OESTER, Birmensdorf (Schweiz); Dr. MARTIN RUNKEL, Berlin; Prof. Dr. SIGFRID SCHNEIDER, Bonn; FRANK SCHOLTEN, Berlin; PETER-MICHAEL SCHÜLER, Karlsruhe; RÜDIGER TAUCH, Berlin; ROBERT UEBBING, Berlin; Dr. HORST WEICHELT, Potsdam; FRANZ WEWEL, Berlin; Dr. RUDOLF WINTER, Oberpfaffenhofen; KLAUS WITT, Berlin.

Bundesforschungsanstalt für Landeskunde und Raumordnung, Bonn; CNES (Centre National d'Etudes Spatiales), Paris (Frankreich); DLR Oberpfaffenhofen; ESA (European Space Agency), Paris (Frankreich); EOSAT, Lanham/Maryland (USA); Fachbereich Vermessungs- und Kartenwesen, Technische Fachhochschule Berlin; Fachgebiet Landschaftsplanung, Technische Universität Berlin; Fachgebiet Photogrammetrie und Kartographie, Technische Universität Berlin; FPK – Ingenieurbüro für Fernerkundung, Photogrammetrie und Kartographie, Berlin; GAF – Gesellschaft für Angewandte Fernerkundung mbH, München; Hansa Luftbild GmbH, Münster; Hessisches Landesvermessungsamt; Institut für Photogrammetrie und Fernerkundung, Universität Karlsruhe; KAZ Bildmeß GmbH, Leipzig; Landesamt für Flurbereinigung Baden-Württemberg, Ludwigsburg; Kern & Co AG, Aarau (Schweiz); Landmäteriverket, Stockholm (Schweden); Landschaftsverband Westfalen-Lippe, Münster; Linhof Kamerawerke, München; Optometron GmbH, München; Photogrammetrie GmbH, München; Rheinbraun AG, Köln; Senatsverwaltung für Bau- und Wohnungswesen, Abt. V, Berlin; University of Cambridge, Cambridge (Großbritannien); Wild Heerbrugg AG; Carl Zeiss, Oberkochen.